面向序列数据的多视图方法

杨　燕　江永全　李天瑞　著

科 学 出 版 社
北　京

内 容 简 介

真实世界中的序列数据随时间推移呈爆炸式增长，如何设计面向序列数据的知识发现方法是当前研究的热点之一。本书以深度学习和多视图学习为理论基础，以序列数据为研究对象，为面向序列数据分析提供多视图的学习方法与技术，同时为典型场景下的序列数据分析提供多视图深度学习解决方案，以期为序列数据分析、多视图学习领域的研究及应用提供参考。本书针对序列数据的动态性、突变性、不确定性和时空关联性等特点，探讨多视图学习理论，构建面向序列数据的多视图方法，概述基础理论与传统方法，并系统地介绍多视图序列数据应用领域的研究理论、算法及成果。

全书兼具理论性、资料性和实践性，可供从事机器学习、数据挖掘、交通工程、智慧医疗等学科领域的教研人员、研究生使用，也可供上述领域的企业工程研发人员参考。

图书在版编目(CIP)数据

面向序列数据的多视图方法 / 杨燕，江永全，李天瑞著. --北京：科学出版社，2024.6

ISBN 978-7-03-077889-5

Ⅰ. ①面… Ⅱ. ①杨… ②江… ③李… Ⅲ. ①时间序列分析
Ⅳ. ①O211.61

中国国家版本馆 CIP 数据核字（2023）第 249941 号

责任编辑：陈丽华 / 责任校对：彭　映
责任印制：罗　科 / 封面设计：墨创文化

科学出版社出版
北京东黄城根北街16号
邮政编码：100717
http://www.sciencep.com

成都锦瑞印刷有限责任公司 印刷
科学出版社发行　各地新华书店经销

*

2024年6月第　一　版　开本：B5（720×1000）
2024年6月第一次印刷　印张：12 3/4
字数：257 000

定价：169.00 元

编写委员会

主　任：杨　燕

副主任：江永全　李天瑞　张晓博　张　凡　王　浩

成　员：欧阳小草　谢朱洋　周　威　王　杰

郭原甫　刘　言　夏冬雪　吴启仪

前　　言

随着大数据时代的到来，数据呈井喷式增长，各种类型的序列数据在实际生活中随处可见，如时间序列数据是指在连续变化的时间范围内对观测目标的统计数据，文本序列是按照语法逻辑呈现的字符表达，视频序列是对目标空间投影构成的图像序列等。然而，序列数据具有动态性、突变性、不确定性和时空关联性，数据普遍呈现高维度、多通道、多变量特征关联性等特点。传统的机器学习方法处理序列数据的多重复杂特性还面临着诸多技术瓶颈，亟待新的技术与手段来实现突破。同时，随着互联网、传感器以及存储设备的普及，数据的获取和存储变得更加便捷，往往能够在多个视图下进行采集，因此数据同时存在着多视图的特性。相较于单独的视图，多视图之间通常包含一致性和互补性信息。因此，如何利用多视图方法来处理序列数据中的复杂关系与特性，构建性能更为优越的学习模型，从而更好地服务各行各业，具有重要的理论意义和广泛的应用前景。

本书针对序列数据的多重复杂特性，以面向序列数据的机器学习与深度学习为核心技术手段，考虑多视图序列数据在典型场景下的应用，具体从交通预测、社交媒体分析和高速列车工况识别三个典型应用，示范性地介绍面向序列数据的多视图方法，并拓展性地介绍面向智能医疗疾病诊断的多视图方法。本书共 6 章。第 1 章是绪论，主要概述机器学习、多视图学习以及多视图序列分析方法的发展历程，介绍多视图序列数据及其在现实世界中的应用，讨论多视图序列数据和方法面临的关键挑战。第 2 章是面向序列数据的多视图方法基础，主要介绍序列数据及其模型方法，对多视图学习进行简要概述，并在多视图学习的基础上重点阐述多视图图学习方法，最后探讨基于深度学习的多视图序列模型，为后续典型场景下面向序列数据的多视图方法奠定基础。第 3 章介绍如何利用面向序列数据的多视图方法实现交通预测。在丰富的交通数据的驱动下，构建面向交通序列数据的多视图深度学习模型，旨在捕捉交通序列数据中的时空相关性，从而提高交通预测的准确性，为构建智能交通系统提供有力支持。第 4 章重点探讨如何利用多视图学习方法应对社交媒体数据的复杂性。结合多视图学习方法，处理跨媒体分析中的多模态情感分析和图文谣言检测任务，为社交媒体智能分析提供更加全面和深入的解决方案。第 5 章将多视图学习引入高速列车工况识别任务中，从时域、频域和时频域等多个视图出发，利用多视图学习手段提取更加完备的特征信息，辅助高速列车工况识别，推进高速列车的智能化监测进程。第 6 章拓展性地讨论多视图方法在智能医疗疾病诊断中的应用。针对医疗领域中影像数据和生理信号所呈现的多视图特性，通过结合计算机图像处理技术与多视图学习方法，为病变检测提供有力的辅助手段，有效提高医疗诊断的准确性和可靠性，为智慧医疗的发展提供新思路。

本书得到国家自然科学基金项目“基于多视图融合的序列数据深度学习模型研究”(61976247) 和国家重点研发计划“城市知识库构建及语义协同挖掘”(2019YFB2101802) 的大力支持，特此感谢！感谢欧阳小草、谢朱洋、周威、王杰、王浩、刘言、张晓博、张凡、郭原甫、夏冬雪、吴启仪对本书研究内容做出的贡献。

由于作者能力有限，加之收集和组织材料不够全面，未能涵盖面向序列数据的多视图方法的最新进展，尚有大量的工作值得深入展开。书中疏漏和不足之处，恳请专家读者批评指正。

目　　录

第1章 绪　　论

本章首先简要概述机器学习、多视图学习和多视图序列分析方法，使读者对本书有一个系统的认识，然后介绍本书的研究对象，即多视图序列数据，随后列举多视图序列数据的应用场景，并对多视图序列数据及现有方法存在的挑战进行讨论。

1.1 机器学习、多视图学习及多视图序列分析方法

机器学习(machine learning)是一门多领域交叉学科，其通过对数据进行学习并不断改善自身性能，使得计算机能够模拟人类的学习行为，得到具有丰富知识的模型。机器学习是当今发展最快的技术领域之一，处于人工智能和数据科学的核心[1]。随着大数据时代的到来，深度学习(deep learning)在机器学习领域逐渐成为引领者[2]。深度学习能够对样本数据的内在规律进行建模，从而解决复杂的模式识别问题，在计算机视觉、机器翻译、自然语言处理、语音处理、推荐系统等领域取得了很多成果，推动了人工智能相关技术的发展。

在实际应用中，对于同一事物可以从多个途径或多个角度进行描述，这些描述构成了事物的多视图。例如，同一个图像可以由不同的特征描述来表示；相同的语义信息可以通过不同的语言进行表达；传感器采集的信号可以在时域和频域进行分解。这些数据被称为多视图数据，每个视图对于特定的任务都有其特定的统计属性。在传统的机器学习中，部分工作将多个视图连接成单一视图进行学习，这在小规模数据样本的情况下会导致过拟合，并且忽略了不同视图的物理意义。多视图学习探索不同视图的一致性和互补性，比单一视图的学习方法更有效，并且具有更好的泛化能力[3]。在生活中，应用多视图学习的例子随处可见。例如，跨媒体检索使用多种文本进行图像检索；视频理解通过结合图像、文本、音频等信息进行分析；自动驾驶结合激光雷达数据和图像信息进行目标识别。

近年来，在多视图场景下的序列数据得到了广泛的关注和研究。这些多视图的序列数据具有动态性、突变性、不确定性和时空关联性，并且数据普遍呈现高维度、多通道等特点，因此传统的机器学习方法往往无法充分挖掘序列数据中的知识机理与特征关联机制，如何有效分析序列数据中的隐含知识及特征一致性与

差异性成了亟待解决的问题之一。多视图序列分析方法主要以深度学习和多视图学习为理论基础，结合特征变换、特征融合等方法，探究面向序列数据的多视图学习方法。本书围绕多视图序列分析方法，介绍以下两个方面的内容。

(1)为面向序列数据分析提供基于多视图的学习方法。多视图学习通过利用多视图数据中的一致性和差异性，具有更充分的特征表示能力。将多视图学习与序列数据分析方法结合，能够挖掘不同序列数据中隐含的知识，为动态变化条件下的序列数据分析提供基于多视图的学习方法。

(2)为典型场景下的序列数据分析提供基于多视图的深度学习解决方案。针对典型场景，介绍用于多视图序列数据的深度学习算法，从动态复杂的多视图序列数据中进行特征学习、模型融合，对交通预测、社交媒体分析、高铁监测、智能医疗等相关领域的预测、分析、诊断等具有重要的支撑作用。

1.2 多视图序列数据

人类日常活动和工业社会的发展形成大量的数据，按时间顺序收集这些多源数据，得到多视图序列数据[4]。多视图序列数据具有众多潜在的应用领域，包括智能交通、气候科学、医疗健康、公共安全和多媒体等。图 1-1 列举了常见的三种多视图序列数据。

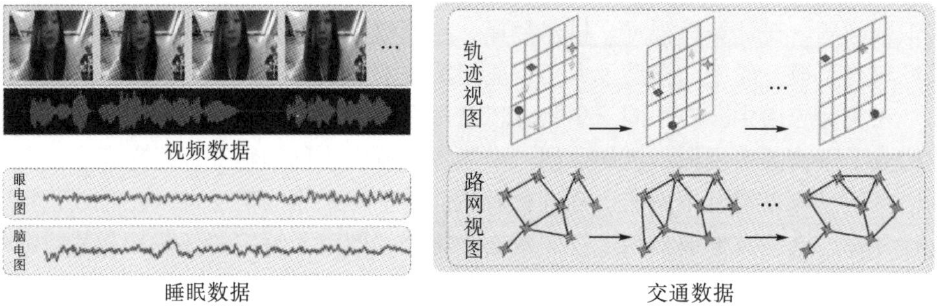

图 1-1 多视图序列数据①

视频数据可以看作图像序列伴随声音信号，以图像和音频为例，视频数据具有两个视图，并且每个视图携带不同的信息，仅通过图像或者音频无法准确判断目标对象的意图，因此结合多视图方法共同分析图像和音频能够进一步帮助计算机理解视频内容。例如，在视听视频解析(audio-visual video parsing，AVVP)[5]任务中，需要检测视频事件并将它们标记为可听、可见或可听可见。在此任务中，

① 图像来源于 CMU-MOSI 公开数据集，网址：http://multicomp.cs.cmu.edu/resources/cmu-mosi-dataset/.

事件可能会在不同的视图中发生，因此探索跨视图的时序交互成为解决问题的关键。在多模态情感分析(multimodal sentiment analysis，MSA)[6]任务中，通过多视图方法整合三种视图序列(图像、音频和文字)得到统一的多视图表示，然后进行情感分析。

睡眠数据[7]是睡眠评估和疾病诊断的基础，通常睡眠数据来自多个视图，例如，眼电图(electrooculogram，EOG)和脑电图(electroencephalogram，EEG)来自不同的信号，这些信号对区分睡眠阶段有不同程度的贡献。美国睡眠医学学会(American Academy of Sleep Medicine，AASM)标准将睡眠分为 5 个阶段：清醒期(wake)、N1 期、N2 期、N3 期和快速眼动期(rapid eye movement，REM)。值得注意的是，不同的睡眠阶段的生理信号通常有不同的显著性波形，例如，N2 期的显著性波形有睡眠纺锤波和 K 复合波，N3 期的显著性波形是δ波。从多视图的角度处理睡眠数据，有助于挖掘不同信号的变化模式和睡眠的过渡规则，从而辅助医疗诊断。

交通数据的形式具有多样性，例如，轨迹数据、网格序列数据和图序列数据等。轨迹数据记录了目标在空间中的位置变化，进一步可以分析目标的移动状态和行为习惯；网格序列数据反映了不同时刻、不同区域的人口流入、流出的趋势；图序列数据反映了随着时间的变化，交通路网的紧密连接关系。结合多种类型的交通数据能够更全面地捕获时空的依赖关系，从而做出准确的预测。Yao 等[8]使用网格序列和图序列数据作为输入，并从多视图角度出发构建了三个视图：空间视图、时间视图和语义视图，分别用于学习区域的空间依赖性、时序的上下文关系和不同区域的功能模式。

1.3　多视图序列数据的应用

本节介绍多视图序列数据的应用场景和相关的任务，包括 6 个应用场景：城市交通、社交媒体、高铁监测、智能医疗、视频理解和自动驾驶。

1.3.1　城市交通

交通作为城市发展的命脉，与社会经济、城市建设息息相关。随着人工智能渗透到各行各业，智能交通系统(intelligent transportation system，ITS)构建也逐渐成为一个广受关注的研究热点和难点，而智能交通系统的构建往往涉及交通数据预测、交通数据修复和交通信号控制等多个方面。交通数据作为一种典型的时空序列数据，通常具有复杂动态的多样化属性。

结合多视图学习的各种机器学习方法被提出用于处理不同的交通数据挖掘任务。例如，Yao 等[8]构建时间视图、空间视图和语义视图，提出了一个深度多视图时空网络框架，同时建模交通数据的空间和时间关系，从而对出行需求进行预测。针对交通数据修复任务，Li 等[9]结合数据驱动算法和协同过滤技术提出了一个多视图学习模型，该模型考虑时间和空间视图中的局部和全局变化，从现有数据中捕获更多信息，进而对缺失数据进行修复。针对交通信号控制任务，Ge 等[10]提出一种多智能体迁移强化学习方法来有效解决自适应交通信号控制问题，该方法构建了一个多视图状态编码器，其从多个角度处理输入状态，并通过迁移学习提高模型泛化能力。

1.3.2 社交媒体

随着人工智能和互联网技术的快速发展，大规模多媒体数据的智能应用需求日趋广泛，多媒体数据的融合、转换、理解、搜索、推理与推荐等方向的新问题不断涌现，推动了多媒体智能处理与分析技术的迅速发展，在学术界和产业界引起极大关注。多媒体智能需要处理不同模态的数据，如图像、文本等，这些数据在语义上具有一定的相似性，但在形式和结构上却有着巨大的差异，这种差异被称为异构。

多视图技术能够利用不同视图之间的互补性和一致性，是解决异构问题的常用技术，因此被广泛用于多媒体智能理解任务。在跨媒体检索任务中，Wang 等[11]提出一种深度半监督类别与相关坍缩跨视图学习算法，分别提取图片和文本表示，然后将它们投影到一个类别与相关性坍缩的共享空间，用于图像–文本跨媒体检索。在情感分类任务中，Liu 等[12]提出一种基于多视图一致性建模的知识蒸馏框架，用于社交媒体数据的图像–文本情感分类。在假新闻检测任务中，Zhu 等[13]基于语义、情感和风格三个视图，对新闻帖子进行建模，提出了一个记忆引导的多视图神经网络模型，用于跨领域的假新闻检测。

1.3.3 高铁监测

随着高速列车相关技术的发展，人们通过对高速列车进行长时间的监测得到大量的列车行驶数据，这些多视图序列数据在高速铁路的列车工况识别、轨道检测以及弓网检测方面具有重要的应用，保证了高速铁路系统的安全性、可靠性、可维护性和可用性。

在高速铁路的列车工况识别中，通过结合工况识别技术，分析这些多视图序列数据可用于改进高速列车走行部的设计和性能。在轨道检测任务中，多视图序列数据可以通过多个传感器或不同角度的摄像机获取轨道表面图像、轨道内部缺陷信息等，实时检测异常和判断潜在的安全风险。在弓网检测任务中，采用多视图序列分析方法可以将多种信息进行融合，同时考虑多种信息，如视觉、声音和振动等，从而提高弓网检测的准确性和鲁棒性。

1.3.4　智能医疗

医生利用智能医疗信息系统进行管理，不仅提高了工作效率，同时也积累了大量的时间序列数据，这些数据记录了信息系统各个时刻的所有重要信息。智能医疗利用深度学习技术在庞大的序列数据中挖掘有用的知识，充分利用这些知识，可以为广大患者提供更有效的服务。

在智能医疗领域有不少将深度学习与医疗序列数据相结合的方法。在疾病诊断方面，Wang 等[14]使用端到端框架自动分析多视图超声心动图诊断新生儿是否患有先天性心脏病。在医疗手术动作检测方面，Schmidt 等[15]利用具有共享视野的多个时间同步的视频来检测手术动作，以便更好地检测手术中随时发生的活动。在药物研发方面，Li 和 Cai[16]通过整合药物化学结构和蛋白质序列的多视图表示，提出了一种针对任意视图的基于低秩嵌入的单视图方法，并将其扩展到多视图方法，该方法整合两种视图用于预测药物-靶点的相互作用。

1.3.5　视频理解

随着社交网络和通信技术的发展，人们在各种场景下积累了大量的视频数据，因此需要通过智能化的方式有效地对视频数据进行处理和分析。视频理解旨在通过结合智能技术，自动地对视频中的内容进行识别和分析。

与图片和文本相比，视频数据的内容更为丰富，通常包括图像、语言和音频三种类型的数据。在视听视频解析[17]任务中，通过结合图像序列和音频信号探索跨视图的交互，并对视频事件进行识别和定位。在多模态情感分析[18]任务中，通过利用连续变化的多模态信号（图像、语言和音频）预测视频中说话人的情感倾向。在视频问答（video question answering，VideoQA）[19]任务中，结合音频、文本等其他形式的数据，通过理解视频的空间和时间信息，并根据问题的语言描述推断出正确的答案。在多模态视频摘要（multimodal video summarization）[20]任务中，将文本和视觉模态结合，通过使用视频内容的文本摘要来总结视频。

1.3.6　自动驾驶

在自动驾驶场景中，汽车通过装备多种传感器来感知周围环境。其中，相机和激光雷达是两种常用的传感器，相机能够捕获目标的纹理信息，激光雷达能够获取物体的深度、速度等信息。然而，相机获得的目标可能存在遮挡，尤其是在极端恶劣的天气情况下，此时利用激光雷达就能够捕获缺失目标。因此，基于单个视图的感知算法存在缺陷，需要结合多种传感器的互补信息来提升自动驾驶的安全性。

在目标检测任务中，Zhou 等[21]提出一种端到端多视图融合算法，可以有效地学习鸟瞰图(bird's eye view，BEV)和透视图(perspective view)的互补信息。在语义分割任务中，Hazirbas 等[22]提出了一种编码器-解码器的网络结构，其中编码器部分由两个网络分支组成，分别从 RGB 图像和深度图像中提取特征，并随着网络的深入将深度特征融合到 RGB 特征图中。在深度估计任务中，Xiao 等[23]结合 RGB 图像和深度信息进行感知，并在实验中比较多传感器和单传感器的深度估计。

1.4 挑战与思考

本节介绍多视图序列数据以及现有方法存在的 4 个挑战，并针对具体问题讨论技术发展现状。4 个挑战具体为视图内动态、多视图异构、跨视图交互以及不完备多视图序列。

1.4.1 视图内动态

序列数据按时间顺序对目标进行观测和记录，表现出不同时刻的动态。如图 1-2 所示，对于同一个视频，以图像和音频两个视图为例，图像序列展示了演讲者持续的面部表情变化，音频序列记录了演讲者的情绪起伏。城市序列数据在时间和空间维度上连续不断产生变化，并且每个维度都具有复杂的动态性，在时间维度上交通流量随时间的演变呈现明显的规律性，例如，早晚高峰期交通流量明显增大；同一路段的检测流量受人的出行影响，往往表现出紧密性、周期性和趋势性。在犯罪预测中，导致犯罪的因素可能会随时间发生变化(例如，工作日和节假日有不同的犯罪模式)。早期的序列建模方法是基于特定任务提出的。例如，早期的空气质量预测任务是通过随机森林和反距离加权建模；传统的交通预测方法包括高斯过程(Gauss Process)、马尔可夫链(Markov chain)、自回归差分滑动平均(autoregressive integrated moving average，ARIMA)等模型。然而，序列数据动态变化过程中常常呈现突变性、时空关联性等特点，传统的机器学习方法难以充分对序列数据的复杂动态变化进行建模。深度学习因其强大有效的特征学习能力与特征表达能力被广泛应用于机器学习的众多领域，其通过模拟人脑机制的多层非线性结构，得以充分挖掘数据中隐含的深层特征关系与知识机理。

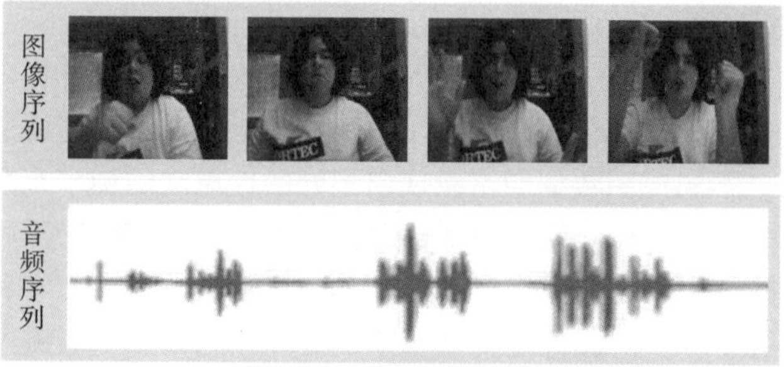

图 1-2　多视图序列的动态性①

为了解决城市序列数据的多视图动态问题，充分提取各个视图的动态特征，Sun 等[24]结合多视图学习和图神经网络构建了一个多视图图卷积网络捕获人群流量、外部条件等多种不同因素的依赖关系，用于预测城市区域的人群流量。在空气质量预测中，为了捕获每个气象序列的时间依赖性，Du 等[25]利用双向长短期记忆(long short-term memory，LSTM)网络从多元时间序列中学习长期时间特征。此外，还有一些基于注意力的结构来处理时序动态。在交通预测中，Dai 等[26]对于时间维度，提出了一种时间自注意力机制，能够随着时间演变的交通量变化学习交通数据的动态。为了解决序列预测中的累积误差放大问题，Zheng 等[27]直接对历史输入进行编码，并通过变换注意力生成未来时间步长，从而缓解误差传播问题。

在情感分析中，为了对序列的上下文进行建模，Wu 等[28]引入了 LSTM 网络进行建模，显示序列动态。在多模态视频处理中，Yu 等[29]提出了一种多模态金字塔注意力网络，用于捕获并集成用于视听事件定位和视听视频解析的多级时间特征。为了解决同一个视图在时序上重复出现相同内容，Tian 等[5]通过自注意力自适应地聚合有用信息。

视图的动态变化还存在一些问题需要进一步探索。例如，时序定位问题，以声音定位任务为例，在大多数情况下，声音与视觉里的声源相互关联，即音频和视觉事件通常同时发生，而声音定位任务旨在为输入的音频查找和定位视觉中与声音相关的区域。此外，多视图的时序显著性检测也有待探索。早期的工作将视觉信息作为输入，从图像中检测最显著的部分，但人类的感知通常是结合其他感官，因此要想进一步探索人类的注意力机制，需要对来自多感官的数据进行显著性分析。

① 图像来源于 CMU-MOSI 公开数据集，网址：http://multicomp.cs.cmu.edu/resources/cmu-mosi-dataset/.

1.4.2 多视图异构

多视图序列由来自多个数据域的一系列视图组成，这些视图通常是异构的。如图 1-3 所示，不同视图数据通常表现出不同的性质和结构，有各自的分布。例如，以图片和文本等为代表的跨媒体数据，图像和文本数据以不同的形式呈现，图像通常由网格像素组成，内容对人类来说是直观的，而由文字和符号组成的文本数据遵循语言逻辑，比图像更抽象复杂；在高速列车工况监测中，高速列车的传动系统零件多、结构复杂，仅凭借单一传感器的信息进行故障诊断，可靠性不高，需要考虑多传感器数据的异构性，将多个传感器的信息进行融合诊断。

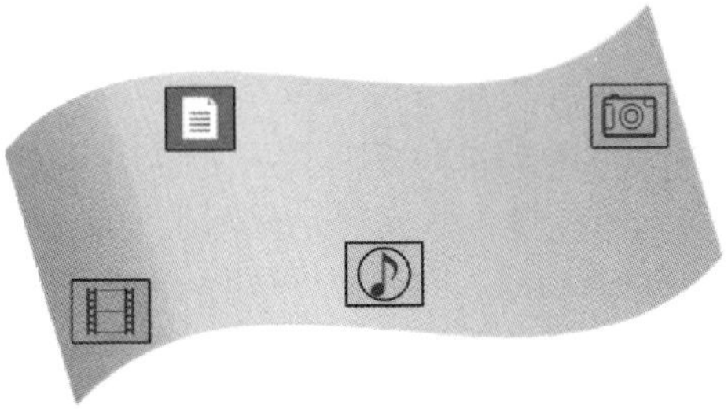

图 1-3 多视图数据的异构性[4]

在交通预测中，为了解决不同视图的异构性，编码器-解码器结构用于实现模态之间的转换。Abdelraouf 等[30]提出了一种基于注意力的编码器-解码器模型，使用卷积 LSTM 网络捕获多个序列的时空关系来预测交通速度。Li 和 Moura[31]采用编码器-解码器架构，将空间信息和辅助信息作为编码器输入，解码器预测未来的空间信息。

在社交媒体中的信息抽取任务中，Wang 等[32]提出一个场景图驱动的多模态多粒度多任务学习框架，构建了场景图作为视觉内容的结构表示，并引入多粒度门控聚合机制，以捕捉模态间的相互作用，从而为命名实体识别提取关键特征。在图文跨模态情感分析中，Truong 和 Lauw[33]通过预训练的网络提取图片特征，并通过图片特征和注意力机制获得基于图片的文本表示，其中图片特征主要用来进一步加强文本的表示，从而充分利用文本信息。

在多传感器数据融合中，Dong 等[34]提出了一种基于 LSTM 网络的诊断方法，可以有效地提取时间序列中的长期相关性，并自适应地从高速列车牵引变流器多传感器信号中学习隐藏的故障特征。刘玉梅等[35]提出基于多测点信息融合的高速列车齿轮箱故障诊断方法，由于列车齿轮箱监测测点较多，并且不同测点对故障的反应敏感程度不同，为了充分利用多测点信息，采用了一种相关函数融合算法与模糊 C 均值聚类相结合的高速列车齿轮箱故障诊断方法。

多视图的异构还有一些可探索的方向。通常多模态数据来自多个源域并且存在差异，对于多模态域适应，每个模态具有不同的结构和内容，也可能具有不同的域偏移。以多模态情感分析为例，源域和目标域具有不同模态的不同表示，文本模态作为源域，音频和视频模态作为目标域。通过将多视图与域适应技术结合，可关联文本和音频-视频不同的视图。

1.4.3　跨视图交互

多视图序列在单个视图内具有时间动态，并且不同视图序列之间存在动态交互。例如，城市中各个区域的交通流量会受到气象条件和城市路网结构的影响；城市的空气质量会受到能耗数据和气象数据的影响。如图 1-4 所示，图像序列与文本序列之间存在动态交互，即图像中的面部表情与文本表达的情感存在语义交互。在交通预测中，城市数据从不同源收集的各种序列数据往往呈现不同的结构，它们不仅具有时间和空间上的变化，而且还存在复杂的动态交互。在多媒体视频中，这些视图序列包含特定视图的补充信息，以视频情感分析为例，通常将文本作为主要模态，图像和音频作为辅助模态。

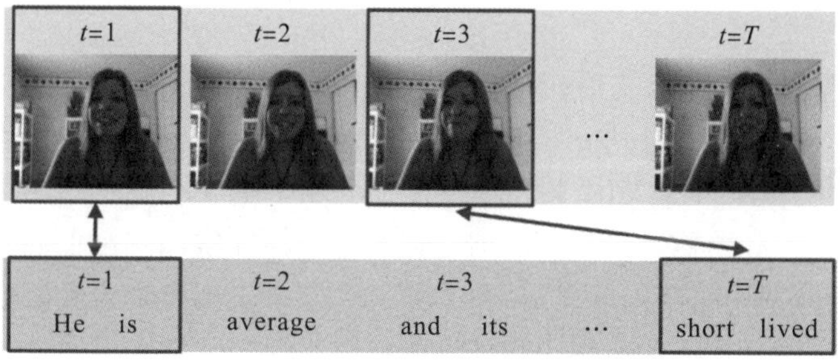

图 1-4　跨视图交互①

在交通预测中，有许多研究探索时空相关性的方法，其中一种方法是首先对局部空间进行建模，然后使用循环神经网络挖掘时序动态，例如，将卷积网络与循环网络相结合。Bai 等[36]将图卷积神经网络（graph convolutional network，GCN）与 LSTM 网络相结合，其中图卷积网络捕获的局部空间相关性被输入到多层 LSTM 网络中以对时序关系进行建模。此外，结合注意力机制和编码器-解码器结构也用于时空动态关系建模。Shi 等[37]使用基于注意力的编码器对空间、时间和周期进行建模，解码器引入了时间注意力来探索时间步长的依赖性。

① 图像来源于 CMU-MOSI 公开数据集，网址：http://multicomp.cs.cmu.edu/resources/cmu-mosi-dataset/.

在多模态视频处理中，为捕获模态间的交互，Tang 等[38]提出多路多模态转换器，通过跨模态块同时探索每种模态的多路多模态相互关系。为了对跨视图的语义动态建模，Mai 等[39]采用对比学习来实现特征级和语义级的交互，同时进行模态内/模态间对比学习和半对比学习，可以充分探索跨模态交互，学习样本间和类间关系，并减少模态间的差距。

在多视图医学影像处理中，Liu 等[40]提出一种发散融合注意力模块用于跨视图上下文建模和语义依赖挖掘，解决了不同视图的未对齐数据之间的长期相关性问题。Chen 等[41]提出一种新的特征级融合方法，该方法捕获乙酸和碘图像视图之间的综合相关性，并充分利用这两个视图中的信息。该融合方法基于注意力机制，允许一个视图辅助另一个视图，或者允许两个视图相互辅助，以更好地促进特征学习。

此外，探索跨视图交互还可以结合多视图的一致性，多视图数据在空间、时间或语义上存在一致性，这些一致性在相关的任务中被联合使用。以视听学习为例，音频和视觉从不同的角度对事物进行描述，因此语义一致性起着重要作用。根据多模态语义一致性，可以进一步探索跨模态检索。例如，可以使用图像作为输入来检索文本、视频等。

1.4.4 不完备多视图序列

多视图数据从不同的来源收集数据，一些人为因素、通信延迟和传感器故障通常会导致时序数据部分或全部丢失，因此数据丢失是一种非常普遍的现象。换句话说，理想完整的多视图序列数据是很少见的。图 1-5 列举了不同类型的缺失数据。图 1-5(a)是完整的多视图序列，每个视图在训练和测试期间都是完整的，不同的视图相互配对；图 1-5(b)和图 1-5(c)分别表示训练阶段和测试阶段存在缺失数据；图 1-5(d)表示在训练和测试阶段都存在缺失数据。

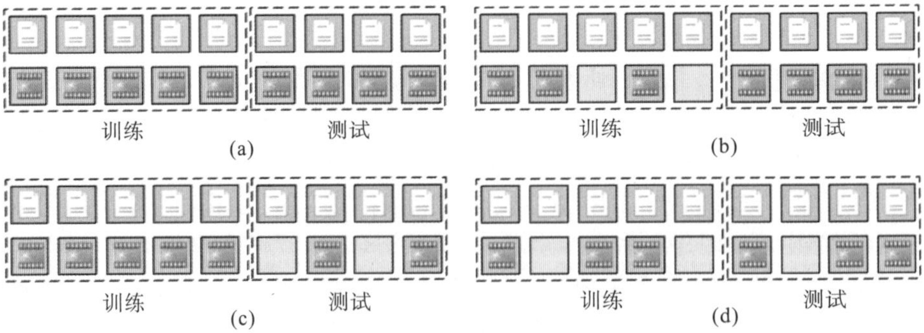

图 1-5　视图缺失的多视图数据[4]

使用自动编码器重建缺失数据是一种解决方案。自动编码器的作用是将源数据编码为潜在特征，然后使用解码器将潜在特征解码为目标域数据。Dumpala 等[42]提出深度典型相关的跨模态自动编码器，将深度典型相关分析（deep canonical correlation analysis，DCCA）与跨模态自动编码器相结合，在训练期间可以使用音频和视觉模态，但在测试期间只有一种模态可用。Zhao 等[43]提出缺失模态想象网络（missing modality imagination network，MMIN）来处理不确定的缺失模态问题。MMIN 通过学习鲁棒的联合多模态表示，在不同缺失模态条件下利用给定的可用模态来预测缺失模态的表示。在无监督的情况下，Zhang 等[44]通过结构约束构建潜在表示来重建完整视图，提出了对抗策略以进一步提高完整表示。Zeng 等[45]考虑普遍的多模态缺失情况，提出一种标签辅助变换编码器网络用于覆盖单模态和多模态缺失情况，从而引导网络对缺失模态的关注，以处理丢失模态的问题。

还有一些方法可以探索并用于不完备的多视图序列。例如，多模态的迁移学习，其适用于解决采集数据分布不平衡的问题。多模态迁移学习假设一种模态可以将知识转移到辅助数据中的另一种模态，并且数据之间存在知识转移，则主数据中的可用模态可以将知识转移到缺失模态。此外，元学习也是一种学习到学习的算法，在训练数据上学习多个任务并在测试期间处理新任务，元学习为与任务无关的小样本学习提供了知识迁移。

参考文献

[1] Jordan M I, Mitchell T M. Machine learning: trends, perspectives, and prospects. Science, 2015, 349(6245): 255-260.

[2] Pouyanfar S, Sadiq S, Yan Y L, et al. A survey on deep learning: algorithms, techniques, and applications. ACM Computing Surveys, 2018, 51(5): 1-36.

[3] Xu C, Tao D C, Xu C. A survey on multi-view learning. [2013-04-20]. http://arxiv.org/abs/1304.5634v1.

[4] Xie Z Y, Yang Y, Zhang Y L, et al. Deep learning on multi-view sequential data: a survey. Artificial Intelligence Review, 2023, 56(7): 6661-6704.

[5] Tian Y P, Li D, Xu C L. Unified multisensory perception: weakly-supervised audio-visual video parsing. Proceedings of the European Conference on Computer Vision, 2020: 436-454.

[6] Zadeh A, Chen M H, Poria S, et al. Tensor fusion network for multimodal sentiment analysis. Proceedings of the 2017 Conference on Empirical Methods in Natural Language Processing, 2017: 1103-1114.

[7] Phan H, Chén O Y, Tran M C, et al. XSleepNet: multi-view sequential model for automatic sleep staging. IEEE Transactions on Pattern Analysis and Machine Intelligence, 2021, 44(9): 5903-5915.

[8] Yao H X, Wu F, Ke J T, et al. Deep multi-view spatial-temporal network for taxi demand prediction. Proceedings of the AAAI Conference on Artificial Intelligence, 2018, 32(1): 2588-2595.

[9] Li L C, Zhang J, Wang Y G, et al. Missing value imputation for traffic-related time series data based on a multi-view learning method. IEEE Transactions on Intelligent Transportation Systems, 2019, 20(8): 2933-2943.

[10] Ge H W, Gao D W, Sun L, et al. Multi-agent transfer reinforcement learning with multi-view encoder for adaptive traffic signal control. IEEE Transactions on Intelligent Transportation Systems, 2022, 23(8): 12572-12587.

[11] Wang X, Hu P, Liu P, et al. Deep semisupervised class-and correlation-collapsed cross-view learning. IEEE Transactions on Cybernetics, 2022, 52(3): 1588-1601.

[12] Liu H, Li K, Fan J P, et al. Social image-text sentiment classification with cross-modal consistency and knowledge distillation. IEEE Transactions on Affective Computing, 2023, 14(4): 3332-3344.

[13] Zhu Y C, Sheng Q, Cao J, et al. Memory-guided multi-view multi-domain fake news detection. IEEE Transactions on Knowledge and Data Engineering, 2023, 35(7): 7178-7191.

[14] Wang J, Liu X F, Wang F Y, et al. Automated interpretation of congenital heart disease from multi-view echocardiograms. Medical Image Analysis, 2021, 69: 101942.

[15] Schmidt A, Sharghi A, Haugerud H, et al. Multi-view surgical video action detection via mixed global view attention. Proceedings of the 24th International Conference on Medical Image Computing and Computer Assisted Intervention, 2021: 626-635.

[16] Li L M, Cai M L. Drug target prediction by multi-view low rank embedding. IEEE/ACM Transactions on Computational Biology and Bioinformatics, 2019, 16(5): 1712-1721.

[17] Cheng H Y, Liu Z Y, Zhou H, et al. Joint-modal label denoising for weakly-supervised audio-visual video parsing. Proceedings of the European Conference on Computer Vision, 2022: 431-448.

[18] Hazarika D, Zimmermann R, Poria S. MISA: modality-invariant and-specific representations for multimodal sentiment analysis. Proceedings of the 28th ACM International Conference on Multimedia, 2020: 1122-1131.

[19] Tapaswi M, Zhu Y K, Stiefelhagen R, et al. MovieQA: understanding stories in movies through question-answering. Proceedings of the IEEE Conference on Computer Vision and Pattern Recognition, 2016: 4631-4640.

[20] Palaskar S, Libovický J, Gella S, et al. Multimodal abstractive summarization for How2 videos. Proceedings of the 57th Annual Meeting of the Association for Computational Linguistics, 2019: 6587-6596.

[21] Zhou Y, Sun P, Zhang Y, et al. End-to-end multi-view fusion for 3D object detection in LiDAR point clouds. Proceedings of the Conference on Robot Learning, 2019: 923-932.

[22] Hazirbas C, Ma L N, Domokos C, et al. FuseNet: incorporating depth into semantic segmentation via fusion-based CNN architecture. Proceedings of the 13th Asian Conference on Computer Vision, 2017: 213-228.

[23] Xiao Y, Codevilla F, Gurram A, et al. Multimodal end-to-end autonomous driving. IEEE Transactions on Intelligent Transportation Systems, 2022, 23(1): 537-547.

[24] Sun J K, Zhang J B, Li Q F, et al. Predicting citywide crowd flows in irregular regions using multi-view graph convolutional networks. IEEE Transactions on Knowledge and Data Engineering, 2022, 34(5): 2348-2359.

[25] Du S D, Li T R, Yang Y, et al. Deep air quality forecasting using hybrid deep learning framework. IEEE Transactions on Knowledge and Data Engineering, 2021, 33(6): 2412-2424.

[26] Dai S J, Wang J S, Huang C, et al. Dynamic multi-view graph neural networks for citywide traffic inference. ACM Transactions on Knowledge Discovery from Data, 2023, 17(4): 53.

[27] Zheng C P, Fan X L, Wang C, et al. GMAN: a graph multi-attention network for traffic prediction. Proceedings of the AAAI Conference on Artificial Intelligence, 2020, 34(1): 1234-1241.

[28] Wu Y, Zhao Y Y, Yang H, et al. Sentiment word aware multimodal refinement for multimodal sentiment analysis with ASR errors. Proceedings of the Association for Computational Linguistics, 2022: 1397-1406.

[29] Yu J S, Cheng Y, Zhao R W, et al. MM-pyramid: multimodal pyramid attentional network for audio-visual event localization and video parsing. Proceedings of the 30th ACM International Conference on Multimedia, 2022: 6241-6249.

[30] Abdelraouf A, Abdel-Aty M, Yuan J H. Utilizing attention-based multi-encoder-decoder neural networks for freeway traffic speed prediction. IEEE Transactions on Intelligent Transportation Systems, 2022, 23(8): 11960-11969.

[31] Li Y, Moura J M F. Forecaster: a graph transformer for forecasting spatial and time-dependent data. Proceedings of the European Conference on Artificial Intelligence, 2019: 1293-1300.

[32] Wang J, Yang Y, Liu K Y, et al. M3S: scene graph driven multi-granularity multi-task learning for multi-modal NER. IEEE/ACM Transactions on Audio, Speech, and Language Processing, 2022, 31: 111-120.

[33] Truong Q T, Lauw H W. VistaNet: visual aspect attention network for multimodal sentiment analysis. Proceedings of the AAAI Conference on Artificial Intelligence, 2019, 33(1): 305-312

[34] Dong H H, Chen F Z, Wang Z P, et al. An adaptive multisensor fault diagnosis method for high-speed train traction converters. IEEE Transactions on Power Electronics, 2021, 36(6): 6288-6302.

[35] 刘玉梅, 乔宁国, 庄娇娇, 等. 基于多传感器数据融合的轨道车辆齿轮箱异常检测. 吉林大学学报(工学版), 2019, 49(5): 1465-1470.

[36] Bai L, Yao L N, Kanhere S S, et al. Spatio-temporal graph convolutional and recurrent networks for citywide passenger demand prediction. Proceedings of the 28th ACM International Conference on Information and Knowledge Management, 2019: 2293-2296.

[37] Shi X M, Qi H, Shen Y M, et al. A spatial-temporal attention approach for traffic prediction. IEEE Transactions on Intelligent Transportation Systems, 2021, 22(8): 4909-4918.

[38] Tang J J, Li K, Hou M, et al. MMT: multi-way multi-modal transformer for multimodal learning. Proceedings of the 31th International Joint Conference on Artificial Intelligence, 2022: 3458-3465.

[39] Mai S J, Zeng Y, Zheng S J, et al. Hybrid contrastive learning of tri-modal representation for multimodal sentiment analysis. IEEE Transactions on Affective Computing, 2023, 14(3): 2276-2289.

[40] Liu D, Gao Y H, Zhangli Q L, et al. TransFusion: multi-view divergent fusion for medical image segmentation with transformers. Proceedings of the International Conference on Medical Image Computing and Computer-Assisted Intervention, 2022: 485-495.

[41] Chen T T, Ma X J, Liu X C, et al. Multi-view learning with feature level fusion for cervical dysplasia diagnosis. Medical Image Computing and Computer Assisted Intervention, 2019: 329-338.

[42] Dumpala S H, Sheikh I, Chakraborty R, et al. Audio-visual fusion for sentiment classification using cross-modal autoencoder. Proceedings of the Neural Information Processing Systems, 2019: 1-4.

[43] Zhao J M, Li R C, Jin Q. Missing modality imagination network for emotion recognition with uncertain missing modalities. Proceedings of the 59th Annual Meeting of the Association for Computational Linguistics and the 11th International Joint Conference on Natural Language Processing, 2021: 2608-2618.

[44] Zhang C Q, Cui Y J, Han Z B, et al. Deep partial multi-view learning. IEEE Transactions on Pattern Analysis and Machine Intelligence, 2022, 44(5): 2402-2415.

[45] Zeng J D, Zhou J T, Liu T Y. Robust multimodal sentiment analysis via tag encoding of uncertain missing modalities. IEEE Transactions on Multimedia, 2022, 25: 6301-6314.

第 2 章　面向序列数据的多视图方法基础

本章首先介绍序列数据及其模型方法，使读者初步具备序列数据和相关模型的基础知识，然后对多视图学习进行概述，进一步在多视图学习的基础上介绍多视图图学习方法，包括基于自适应近邻图的多视图学习和基于领域多核学习的多视图学习，最后探讨基于深度学习的多视图序列模型。

2.1　序列数据及其模型方法

本节首先对序列数据的概念进行阐述，介绍序列数据的特性，包括动态性、特征关联性和结构相似性；然后回顾序列数据模型，包括经典的时间序列分析模型和深度学习下的序列模型。

2.1.1　序列数据

首先，介绍一些与序列数据相关的概念。在数学里，序列(sequence)是对象的枚举集合，其允许元素重复并且遵循顺序规则。序列数据(sequence data)是 2018 年公布的计算机科学技术名词，定义为有先后次序的一组(有限或无限多个)数据[1]。

可以看到，序列数据的一个特点是具有“顺序”关系，数据中的元素依赖于其他元素。在实际生活中，这样的序列数据随处可见。比如，常见的时间序列数据是在连续变化的时间范围内对观测目标的统计，文本序列是按照语法逻辑呈现的字符表达，视频序列是对目标空间投影构成的图像序列……对这些数据进行挖掘，从中找到序列的工作模式，有助于进一步分析和做出决策。

下面介绍序列数据的一些特性。

(1) 序列数据的变化具有动态性。对于每个序列数据，变化按时间顺序记录，呈现不同时隙的动态。序列数据中不同时间的数据点相互依赖，如果忽略时间粒度的动态信息，序列变化的规律性则难以通过建模来体现。例如，在视频图像中，连续的图像帧记录了目标在一段时间内的行为动作以及周围环境的变化；在空气质量预报中，空气质量监测站记录未来几小时或一天的变化，这些时间序列呈现出动态变化，甚至一些意想不到的外部因素也可能导致突变；文本表达的意见“我认为是……但是……”，文字的转折会造成语义不一致，前后时刻传达的情感可能相矛盾，因此特定时刻的信息将推动情感的识别。

(2)序列数据的特征具有关联性。序列数据在时序上或空间上具有相关性，挖掘序列数据的依赖关系能够更全面、更准确地进行数据建模。例如，对文本分析时需要结合上下文考虑，因为同一个词在不同的语言环境下表达的意义会相应地改变；在交通预测中，相邻路段之间呈现空间关联的特性，如图 2-1 所示，不同区域在不同时刻的流入和流出受到周边地区甚至其他偏远地区的影响；在空气质量预报中，同一个检测站点的观测数据受到多方面外部因素的影响，这些不同的因素与空气质量之间存在复杂的关系。

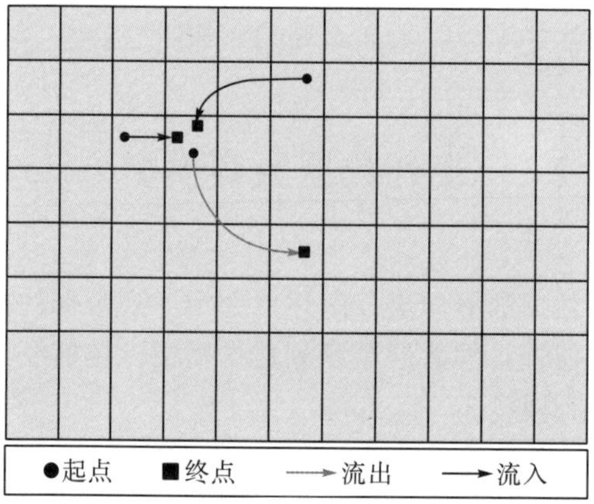

图 2-1　不同区域在不同时刻的流入和流出

(3)序列数据的结构具有相似性。观察序列数据的结构模式，有利于更好地捕获序列数据的动态变化，并将这种模式扩展到相似的任务上。如图 2-2 所示，在

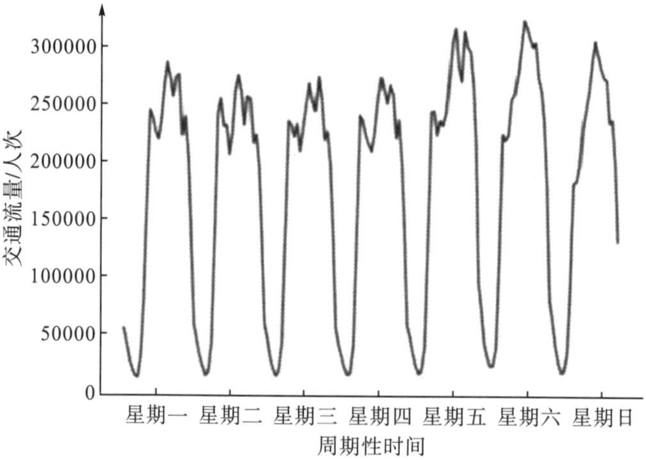

图 2-2　交通流量的周期变化

交通预测中，检测到同一路段的交通流量往往呈现周期性，每天的流量变化有固定的规律，这种周期性规律也适用于其他路段；在犯罪预测中，导致犯罪的因素可能会随着时间而改变，工作日和节假日的犯罪频率明显不同；在疾病防控中，通过学习历史数据观察季节性流行病的扩散模式，有助于防控中心做出预防决策。

2.1.2　经典的时间序列分析模型

早期的序列预测模型是基于统计模型提出的。自回归(autoregressive，AR)模型用于描述随时间变化的过程，例如，库存预测、气候变化等。此外，自回归模型及其变体如自回归滑动平均(autoregressive moving average，ARMA)模型、ARIMA 模型用于故障预测与健康管理(prognostics and health management，PHM)。还有一些基于高斯过程、马尔可夫链的模型用于交通预测。这里简要介绍几种典型的序列预测模型，并给定输入序列数据 $\{x_1,x_2,x_3,\cdots,x_{t-1}\}$，预测第 t 个时间步的数据 x_t。

1. 自回归模型

AR 模型假设序列数据为线性关系，使用 $\{x_1,x_2,x_3,\cdots,x_{t-1}\}$ 作为输入，并预测 x_t，具体过程如式(2-1)所示。

$$x_t = c + \sum_{i=1}^{p} \alpha_i x_{t-i} + u_t \tag{2-1}$$

其中，c 是常数项；p 是 AR 模型的阶数；u_t 是随机扰动项；α_i 是对 $t-1$ 个时刻的线性组合。当随机扰动项是一个白噪声 ε_t 时，则具体过程如式(2-2)所示。

$$x_t = c + \sum_{i=1}^{p} \alpha_i x_{t-i} + \varepsilon_t \tag{2-2}$$

因此，AR 模型是利用自身序列数据进行预测，只适用于受自身历史影响的数据预测，不适用于受外部影响较大的数据。

2. 滑动平均模型

对于 AR 模型，若随机扰动项不是白噪声，通常认为是 q 阶的滑动平均，具体过程如式(2-3)所示。

$$u_t = \varepsilon_t + \sum_{n=1}^{q} \beta_n \varepsilon_{t-n} \tag{2-3}$$

其中，β_n 是线性组合，若 $x_t = u_t$，则当前时刻的值与历史值没有关系，只依赖于历史白噪声的线性组合，即历史白噪声间接影响当前的预测，具体过程如式(2-4)所示。

$$x_t = \varepsilon_t + \sum_{n=1}^{q} \beta_n \varepsilon_{t-n} \tag{2-4}$$

3. 自回归滑动平均模型

将 AR(p)模型与 MA(q)模型结合，得到更为一般的 ARMA(p,q)模型，具体过程如式(2-5)所示。

$$x_t = \sum_{i=1}^{p} \alpha_i x_{t-i} + \varepsilon_t + \sum_{n=1}^{q} \beta_n \varepsilon_{t-n} \tag{2-5}$$

从式(2-5)中可以看出，ARMA 模型将时间序列建模为历史信息以及随机扰动项，并且如果是平稳序列，不会随着时间而变化。

4. 马尔可夫链

马尔可夫链表示观测序列的联合概率分布，假设关于 x_t 的条件概率分布是关于 x_{t-1} 的函数，则具体过程如式(2-6)所示。

$$P(x_1, x_2, x_3, \cdots, x_t) = \prod_{n=1}^{t} p(x_n \mid x_1, x_2, x_3, \cdots, x_{n-1}) \tag{2-6}$$

其中，n 表示时间步。在马尔可夫链中，假设当前状态仅依赖于前一个时刻，则与 AR 模型为一阶自回归模型相似，具体过程如式(2-7)所示。

$$P(x_1, x_2, x_3, \cdots, x_t) = \prod_{n=1}^{t} p(x_n \mid x_{n-1}) \tag{2-7}$$

2.1.3 深度学习下的序列模型

由于序列数据存在多通道、多变量的特征差异性，传统的机器学习往往无法充分挖掘序列数据中的知识机理与特征关联机制，因此如何有效分析序列数据中的隐含属性及特征一致性与差异性成了亟待解决的问题之一。当前对序列数据进行建模的方案是使用基于循环神经网络及其衍生的网络。这里主要回顾几种常见的深度序列模型。

1. 循环神经网络

循环神经网络(recurrent neural network，RNN)是一种特殊的神经网络结构，是处理序列数据的模型，其使用序列的先前输出状态来预测下一个状态，即一个序列当前的输出与先前的输出有关。RNN 克服了传统机器学习方法对输入和输出数据的许多限制[2]。图 2-3 为 RNN 的网络结构。RNN 会对历史信息进行记忆并用于当前时刻的计算输出，网络隐藏层之间的节点相互关联。RNN 隐藏层的输入包括输入层以及前一时刻隐藏层的输出。RNN 具体过程如式(2-8)所示。

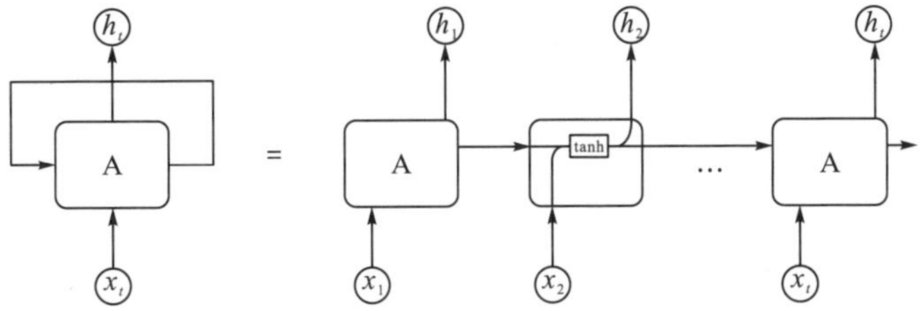

图 2-3　RNN 的网络结构

$$h_t = \sigma\left(x_t \boldsymbol{W}_x + h_{t-1}\boldsymbol{W}_h + b\right) \tag{2-8}$$

其中，h_t 表示 t 时刻的隐层状态；h_{t-1} 表示前一个时刻的隐层状态；x_t 表示 t 时刻输入；$\boldsymbol{W}_x$ 和 $\boldsymbol{W}_h$ 分别表示输入数据和隐层状态的转换矩阵；b 表示更新隐层状态的偏置项；σ 表示激活函数。

2. 长短期记忆网络

长短期记忆(LSTM)网络在结构上与传统 RNN 相似，但结构更为复杂。当序列数据的时间间隔较长时，RNN 在实践中无法解决长期依赖的问题，根本原因是梯度消失。LSTM 网络是 RNN 的变种，其关键在于引入了记忆单元这样的概念，并且由三个门来控制记忆单元的状态，三个门为遗忘门、输入门和输出门，分别用 f_t, i_t, O_t 表示。图 2-4 是 LSTM 的网络结构。具体来说，对于输入的信息 x_t 和先前的隐层状态 h_{t-1}，遗忘门 f_t 决定记忆单元需要丢弃哪些信息，哪些信息应该保留；而输入门 i_t 则是根据输入的信息 x_t 和隐层状态 h_{t-1} 决定给记忆单元添加哪些新的信息，并对记忆单元进行更新；输出门 O_t 根据输入的信息 x_t 和先前的隐层状态 h_{t-1} 来控制记忆单元 C_t 的隐层状态输出 h_t。该模型的具体过程如式(2-9)所示。

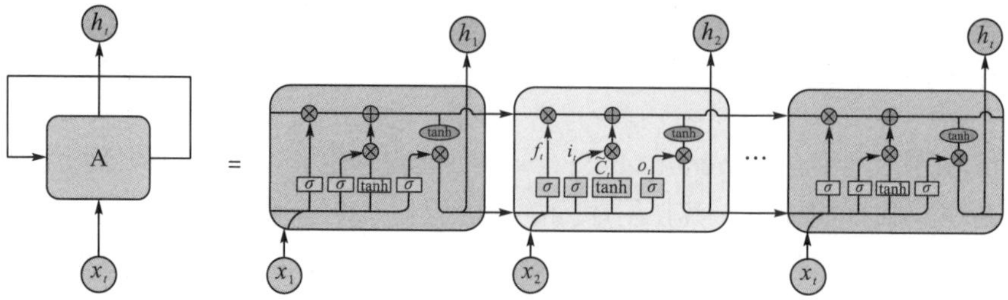

图 2-4　LSTM 的网络结构

$$
\begin{aligned}
f_t &= \sigma\left(W_f[x_t,h_{t-1}]+b_f\right)\\
i_t &= \sigma\left(W_i[x_t,h_{t-1}]+b_i\right)\\
O_t &= \sigma\left(W_O[x_t,h_{t-1}]+b_O\right)\\
C_t &= \tanh\left(W_C[x_t,h_{t-1}]+b_C\right)\\
h_t &= O_t * \tanh(C_t)
\end{aligned}
\tag{2-9}
$$

其中，σ 是激活函数；W_f,W_i,W_O,W_C 分别是遗忘门、输入门、输出门以及记忆单元的可学习参数；b_f,b_i,b_O,b_C 分别是遗忘门、输入门、输出门以及记忆单元的偏置项。

3. 门控循环单元

门控循环单元(gated recurrent unit，GRU)是 LSTM 网络的一种变体，效果与 LSTM 网络相当，但网络参数更少。图 2-5 是 GRU 的模型结构。从 LSTM 和 GRU 的公式可以看出，两者都有门控单元，用于决定是否保留前一个时刻的状态以及是否接收当前时刻的外部输入。LSTM 网络使用遗忘门和输入门来实现门控机制，而 GRU 只用了一个更新门。

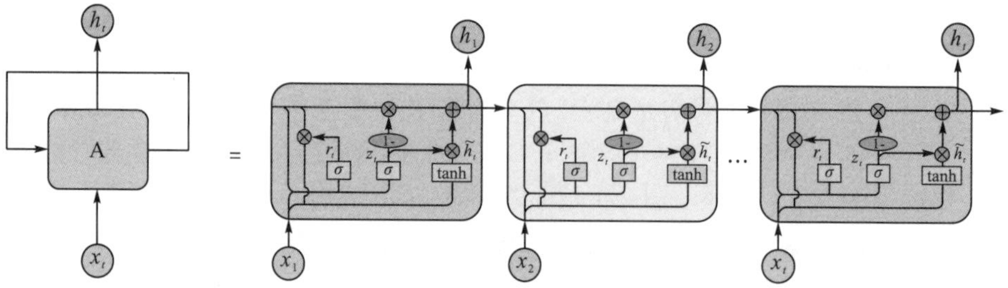

图 2-5　GRU 的模型结构

GRU 能够容易地记住长期依赖问题，对于很久之前出现过的重要信息，在遗忘门或者更新门不重置记忆单元的情况下，网络会一直记住先前的重要信息，对未来的预测将继续产生影响。此外，GRU 可以在不同状态之间提供一条捷径，使得在梯度传播时不会消失太快，从而减少梯度消失带来的问题。GRU 的具体过程如式(2-10)所示。

$$\begin{cases} z_t = \sigma\left(W_z x_t + U_z h_{t-1}\right) \\ r_t = \sigma\left(W_t x_t + U_t h_{t-1}\right) \\ \widehat{h}_t = \tanh\left[W x_t + U\left(r_t \odot h_{t-1}\right)\right] \\ h_t = \left(1 - z_t\right) \odot h_{t-1} + z_t \odot \widehat{h}_t \end{cases} \tag{2-10}$$

其中，z_t 表示更新门控；r_t 表示重置门；h_t 表示 t 时刻的隐层状态；$\hat{h}_t$ 表示 t 时刻的候选隐层状态；W_z、W_t、W、U_z、U_t、U 表示网络可学习参数。

4. Seq2Seq 模型

在机器翻译任务中，当输入和输出是不定长的序列时，即输入序列长度为 n，输出序列长度为 m，通常采用 Seq2Seq(sequence to sequence)模型。图 2-6 表示 Seq2Seq 模型结构，这是一种编码器-解码器结构。编码器对输入序列进行编码得到隐藏层编码(code)，解码器根据隐藏层编码生成可变长度的输出。在编码器中，RNN 接收当前时刻的信息 x_t 和先前的状态 h_{t-1} 作为输入，而编码器通常根据不同的任务进行结构调整。

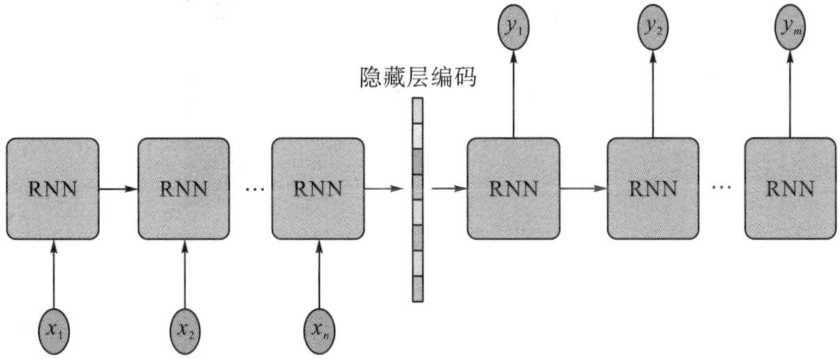

图 2-6　Seq2Seq 模型结构

2.2　多视图学习概述

本节先对多视图数据进行阐述，并介绍多视图的两个性质，即一致性和互补性；然后简要地介绍 5 种多视图学习算法，包括协同学习、多核学习、多视图子空间学习、多视图图学习以及多任务多视图学习。

2.2.1 多视图数据

在传统的数据收集过程中，一个数据集中的所有数据对象是在同一个视角/视图(view)(如同一个传感器或者数据源)进行特征采集的。由于数据对象只在单一视角下进行观测收集，所以收集的数据是单视角的。随着互联网、传感器和存储设备的深入普及，数据的获取和存储变得更加便捷，使得数据呈现出新的特点。在当前大数据时代，数据往往能够在多个视角下进行采集获取。多个视角下采集获取的数据形成了多视图数据(multi-view data)[3]。如图 2-7 所示，同一条新闻被多家新闻机构报道；分享在网上的照片往往附有相应的标题或文字内容；一个文档可以被翻译成多种语言；一张图片可以由多种特征进行编码表示。

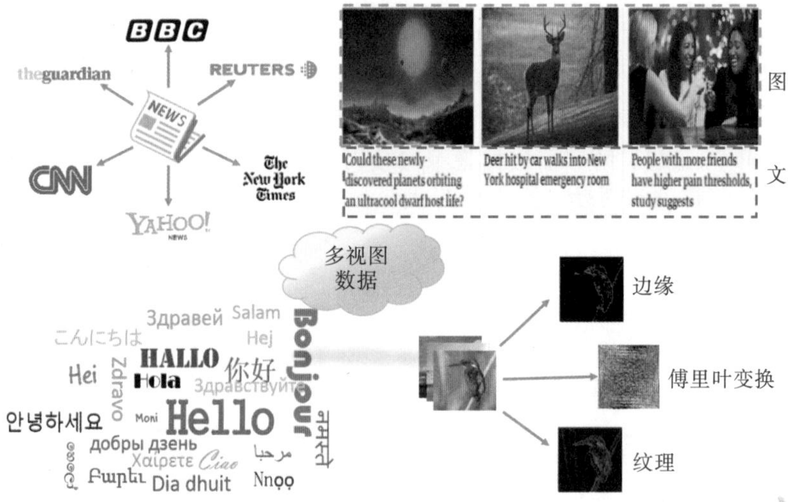

图 2-7 多视图数据[4]

这些在不同视角下的数据观测值拓展了数据的表征宽度。在这些视图中，每一个单独的视图可以满足于特定的机器学习或数据分析任务需求，然而不同视图之间通常包含一致和互补的信息。例如，对于一条同时被图片和文本所描述的新闻，图片表现出更多的视觉信息，而文本则表现出更多的语义信息。类似于人类所倡导的从多视角看问题的思维，机器学习综合利用多视图数据，构建出性能更为优越的学习模型，更好地服务于各行各业，具有重要的理论意义和实用价值。多视图算法之所以能够成功应对多视图数据，离不开应用在算法和模型中的两个基本原则，即一致性原则和互补性原则。

Li 等[3]曾给出一致性原则和互补性原则的示例。下面引入相关介绍：假定有一个由两个视角描述的数据对象，该数据对象被映射到一个特征空间，如图 2-8

所示。在映射空间中，数据特征由 A、B、C 三部分构成。从图中可以观察到：①一些成分(A 部分和 C 部分)只存在于特定视角中(视角 1 中的 A 部分和视角 2 中的 C 部分)，这些特有的成分形成了两个视角的互补性；②一些成分(B 部分)由两个视角共有，其共有成分形成了两个视角的一致性。结合该示例和 Xu 等[5]的工作，一致性原则和互补性原则可被概述为如下内容。

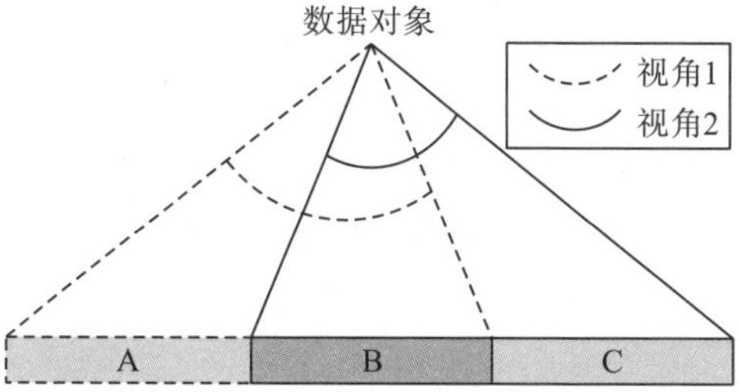

图 2-8　一致性原则和互补性原则的示例

性质 1.1　(一致性原则) 给定一个多视图数据，最大化所有视图上假设的一致性将降低每一个视图上假设的错误率。

一致性原则旨在最大化多个视图的一致性。基于概率近似正确(probably approximately correct，PAC)理论，Dasgupta 等[6]给出了基于一致性准则的泛化错误上界分析。假定一个数据集 X 具有两个视图，记为 $X=\{X^1,X^2\}$，则该数据集中的样本 (x_i,y_i) 表示为 (x_i^1,x_i^2,y_i)，其中 y_i 是该样本的标签。Dasgupta 等[6]证明了两个视角上假设的一致性和它们错误率之间的不等式关系，具体如式(2-11)所示。

$$P(f^1 \neq f^2) \geqslant \max\{P_{\text{err}}(f^1),P_{\text{err}}(f^2)\} \tag{2-11}$$

其中，$P_{\text{err}}(\cdot)$ 表示视图错误率。从这个不等式，可以得出两个视角上假设的不一致性错误概率是每一个独立视角上假设错误率的上界。因此，最小化两个视图上假设的不一致性能够降低每一个视图上假设的错误率。换句话说，最大化两个视图上假设的一致性将降低每一个视图上假设的错误率。

性质 1.2　(互补性原则) 给定一个多视图数据集，多个视图比单视图能够更加全面、准确地表示数据对象，并且不同视图之间包含互补信息。

互补性原则是指多视图数据的每一个视角可能包含其他视角没有的信息或知识，使用多个视角能够更加全面、准确地描述数据对象。这里通过一个例子来说明：在图像处理领域，一张图片可以用不同类型的特征算子进行编码，例如，局部二值模式(local binary pattern，LBP)、尺度不变特征变换(scale-invariant feature transform，SIFT)和方向梯度直方图(histogram of oriented gradient，HOG)，其中 LBP 包含丰富的纹理特征信息，SIFT 对图像的光照、噪声和旋转特性鲁棒，HOG 对图像的边缘信息敏感。不同的算子形成不同视角的特征数据，并且不同视角的数据包含该视角下特有的信息。在这种情况下，如果每一个视角利用其他视角中的特有信息并交换，实现互补，同时所有视角上的聚类性能都达到最大化，则每个视角上的聚类结果将得到提升。因此，利用不同视角中潜在的互补性信息能够更好地表示图片，从而输出更准确的图片聚类结果。

通过调研可以发现，一致性原则和互补性原则是两个应用在多视图算法中的基本原则[7]。与此同时，多视图学习比单视图学习具有更充分的特征表示能力，有利于提取序列数据中的一致性特征和差异性特征。多视图学习充分利用不同视图之间的多样性，有效挖掘视图间和视图内的一致性与互补性特征，融合数据结构中的隐含知识，不仅能够用于分析序列数据中的特征关联性与内在动态变化规律，同时也有助于解决序列数据分析中的信息不完整和不确定性问题，为在序列数据分析背景下挖掘不同特征之间的隐含知识机理提供了坚实的理论基础。

2.2.2 多视图学习

1. 协同学习

协同学习(co-learning)/协同训练(co-training)旨在交互迭代地训练多个训练器，训练器之间交换彼此的信息，最大化不同训练器的训练效果，从而达到所有训练器的一致性。在多视图场景下，每个视图分别用一个训练器进行处理。基于协同学习的多视图聚类算法利用先验的信息或者从每个视角中学到的知识引导训练不同视角上的训练器。通过迭代执行此策略，使得所有视角的聚类结果趋同，并且在所有视角上达成最大化的共识。以两个视图为例，基于协同学习的多视图算法框架如图 2-9 所示，两个训练器被交替训练，以便通过使用先验信息或通过相互学习知识来最大化两个不同视图的一致性。

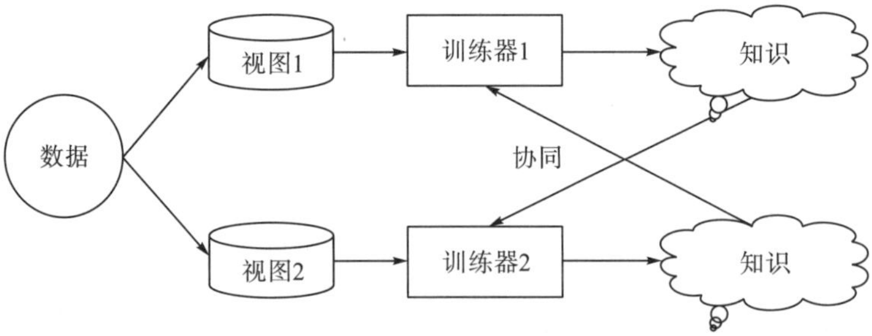

图 2-9 基于协同学习的多视图算法框架[8]

需要注意的是，协同训练的成功主要依赖于三个假设。①充分性假设：每个视图本身就足以完成学习任务；②兼容性假设：目标函数在两个视图中大概率导出相同的共现特征预测；③条件独立假设：所有视图都提供条件独立的学习标签。但在实践中，通常很难满足条件独立性假设。因此，已经研究了几个较弱的假设，例如，弱条件依赖假设、较弱的“扩展”假设和差异假设。

协同训练的研究可以追溯到 20 世纪 90 年代 Blum 和 Mitchell[9]关于半监督多视图学习的研究工作。他们在提出协同训练时证明，当双视角充分冗余且满足条件独立性时，协同训练可以将初始弱分类器的性能提高到任意精度，算法 2-1 是标准的协同训练算法[9]。在此之后，国内外学者围绕协同训练的假设条件开展了理论分析工作，如弱依赖性、弱膨胀性和不一致性。协同训练算法也产生了多种变体，典型代表包括协同最大期望(co-expectation maximization，Co-EM)算法，协同正则化(co-regularization)、协同测试(co-testing)、协同聚类(co-clustering)和三体训练(tri-training)算法。

算法 2-1　协同训练算法

输入：标记数据集 L 和未标记数据集 U
输出：输出分类器 f_1 和 f_2
1. repeat
2. 使用视图 1 的数据集 L_1 和视图 2 的数据集 L_2 分别训练分类器 f_1 和 f_2；
3. 从数据集 U 中随机抽取 $2p+2n$ 个示例构建未标记测试集 u，并从数据集 U 中移除抽取的 $2p+2n$ 个示例；
4. 用分类器 f_1 和 f_2 分别对未标记数据集 u 进行测试，得到对应的分类结果 R_1 和 R_2；
5. 将 R_1 分类结果(正面的 p 个和负面的 n 个)加入数据集 L_2，将 R_2 分类结果(正面的 p 个和负面的 n 个)加入数据集 L_1；
6. until U 为空集

围绕协同训练及其变体，国内外学者开展了多视图聚类的研究工作。Kumar 和 Daumé 提出了一种协同训练方法，应用于多视图谱聚类问题，如算法 2-2 所示(简洁起见以两个视图为例)，使得一个视角的相似性矩阵被另一个视角的谱嵌入约束[10]。与半监督学习不同，无监督学习设置中没有标签数据，因此，原型协同训练算法不能直接用于多视图聚类。然而，协同训练的动机仍然与无监督学习问题相同。换句话说，它将搜索仅限于与其他观点一致的假设(聚类)。假设真正的底层聚类将一个点分配给同一个聚类，而不管视图如何，就像在大多数基于协同训练的多视图聚类方法中所做的那样，将一个视图中获取的谱嵌入用来约束另一个视图的相似度图。通过迭代执行这个过程，两个视图的聚类趋向于彼此。

算法 2-2　多视图谱聚类的协同学习方法
输入：两个视图的数据集 X_1 和 X_2，最大迭代次数 T
输出：最终的图相似矩阵 S^1 和 S^2，最终的图拉普拉斯矩阵 L_1 和 L_2，最终的判别特征向量 U^1 和 U^2
1. 对两个视图数据集 X_1 和 X_2 分别计算图相似矩阵 S^1 和 S^2；
2. 初始化图拉普拉斯矩阵 L_1 和 L_2，以及判别特征向量 U^1 和 U^2；
3. repeat
4. 　用 U^2 对 S^1 进行谱嵌入，得到新的相似矩阵 S^1；
5. 　用 U^1 对 S^2 进行谱嵌入，得到新的相似矩阵 S^2；
6. 　计算新的拉普拉斯矩阵 L_1 和 L_2，新的特征向量 U^1 和 U^2；
7. until 达到最大迭代次数 T

2. 多核学习

核函数是实现映射关系内积的一种方法，将低维特征空间映射到高维空间，使得低维特征空间线性不可分的模式在高维空间可能实现线性可分。核函数包括线性核函数、多项式核函数、高斯核函数等，其中高斯核函数最为常用。多核学习最初是为提高可能的核函数的搜索空间容量而开发的，例如，线性核、多项式核和高斯核，以实现良好的泛化。由于多核学习中的核自然对应于不同的视图，因此多核学习已被广泛应用于处理多视图数据。给定一个具有 m 个视图的数据集，基于多核学习的多视图聚类算法的一般框架如图 2-10 所示，使用不同的预定义核来处理不同的视图。然后将这些核以线性或非线性方式组合，得到统一的核。需要指出的是，多核学习的一个关键是选择合适的核函数并将它们组合起来。

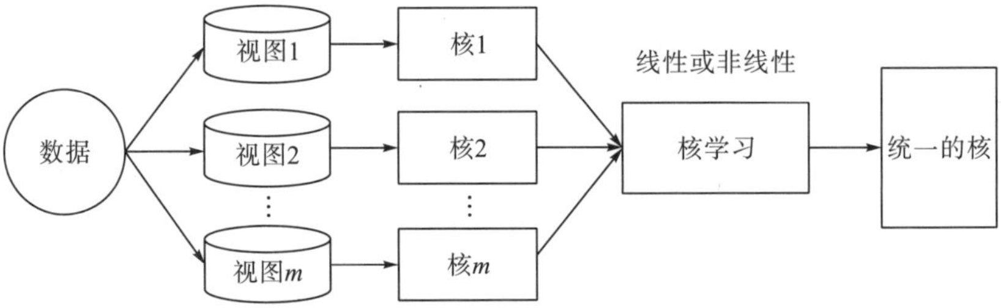

图 2-10　基于多核学习的多视图算法的一般框架[8]

多核学习的挑战之一是选择合适的核函数(例如，线性核、多项式核或高斯核)，将原始低维空间映射到高维空间。多视图数据的一般方法是使用几个核函数的线性组合，同时要考虑不同核的权重。此外，不同视图的权重也是多视图聚类的一个重要因素。为此，Zhang 等[11]提出了一种自动加权的多核多视图聚类算法，可以同时对视图和核进行加权；图 2-11 给出了所提出算法的流程。首先，它对每个视图进行核主成分分析(kernel principal component analysis，KPCA)，以降低原始数据的维数，并产生低维多视图数据；然后，将设计的加权高斯核应用于低维多视图数据，并更新每个视图和聚类中心的权重；经过有限的迭代，得到最终的聚类结果。

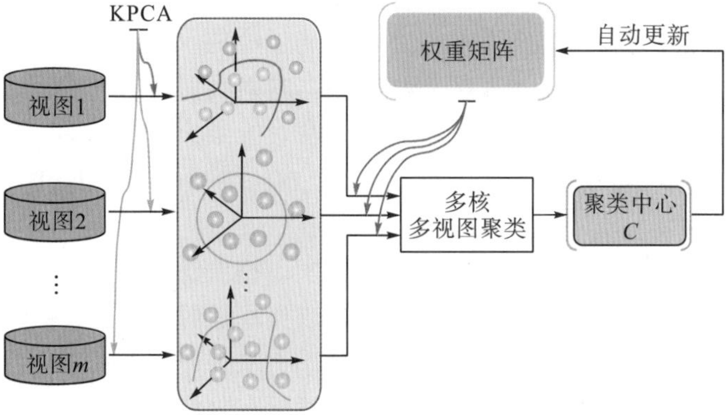

图 2-11　自动加权的多核多视图聚类流程[8]

值得注意的是，所设计的加权高斯核融合了高斯核和多项式核的优点，具体如式(2-12)所示。

$$
\begin{aligned}
K(x,y) &= \left[\exp\left(-\frac{\|x-y\|^2}{2\sigma^2}\right)+R\right]^p \\
&= \sum_{q=0}^{p}\binom{p}{q}R^{p-q}\exp\left(-\frac{q\|x-y\|^2}{2\sigma^2}\right) \\
&= R^p+\sum_{q=0}^{p}\binom{p}{q}R^{p-q}\exp\left(-\frac{\|x-y\|^2}{2\sigma^2/q}\right)
\end{aligned} \tag{2-12}
$$

给定具有 m 个视图、n 个样本和 k 个簇的多视图数据，基于 k 均值(k-means)算法和多核学习的目标函数如式(2-13)所示。

$$
\begin{aligned}
&\min\sum_{v=1}^{m}\sum_{i=1}^{n}\omega_{i,v}\sum_{j=1}^{k}\delta_{ij}\left\|\phi^v(x_i^v)-\phi^v(c_j^v)\right\|^2 \\
&\text{s.t. } \omega_{i,v}\geqslant 0,\prod\nolimits_v\omega_{i,v}=1
\end{aligned} \tag{2-13}
$$

其中，$\omega_{i,v}$ 是第 i 个样本在第 v 个视图的权重；c_j^v 是聚类中心；δ_{ij} 是指示变量，如果 $x_i\in c_j$，那么 $\delta_{ij}=1$，否则 $\delta_{ij}=0$；ϕ^v 是第 v 个视图的核映射函数，通过在式(2-13)中插入设计的高斯核 $K(x,y)=\phi(x)\cdot\phi(y)$，式(2-13)改写为

$$
\begin{aligned}
&\min\sum_{v=1}^{m}\sum_{i=1}^{n}\omega_{i,v}\sum_{j=1}^{k}2\delta_{ij}\left[(1+R)^p-K(x_i^v,c_j^v)\right] \\
&\text{s.t. } \omega_{i,v}\geqslant 0,\prod\nolimits_v\omega_{i,v}=1
\end{aligned} \tag{2-14}
$$

该公式继承了 k-means 算法和核的性质，设计的核融合了高斯核和多项式核的优点。

3. 多视图子空间学习

子空间学习假设输入视图是从潜在子空间生成的，从而获得由多个视图共享的潜在子空间。子空间学习旨在将高维的数据映射到低维的子空间，在映射的同时保留数据特有的局部特性，从而有效地缓解“维数灾难”问题。多视图子空间聚类将每个视图数据映射到一个低维子空间，随后从所有子空间中学习得到一个隐空间。

多视图子空间聚类假设所有视图共享所学习得到的隐空间，并在隐空间中完成数据的一致性表征，最后完成聚类任务。该类算法的常见框架如图 2-12 所示，其中两种典型的一致性数据表征学习方法是：①从多个子空间中直接学习数据的一致性表征；②预先学习得到一个隐空间，然后在隐空间中获取数据的一致性表征。所学习得到的一致性表征随后用于输出最终聚类结果。

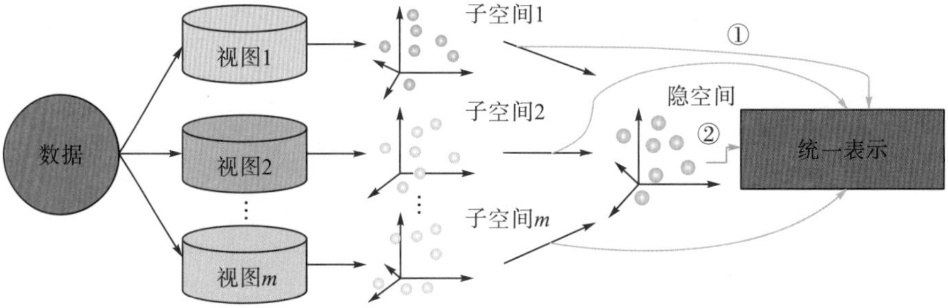

图 2-12 多视图子空间学习框架[8]

多视图数据往往是不完整的，即数据对象具有不完整的特征集。基于子空间学习，Yin 等[12]研究了针对不完整和未标记的多视图数据的不完整多视图学习。图 2-13 显示了所提出的子空间学习模型，该模型为不完整的多视图数据学习统一的潜在表示，其直接优化了类指标矩阵，为不完整的特征集建立了桥梁。特征选择是处理高维和冗余特征的有效手段，可用于保留视图间数据和视图内数据的结构以增强学习性能。为此，Yin 等[12]提出了一个目标函数以及一种有效的优化算法。令 $\boldsymbol{X}=\left[\boldsymbol{X}_c^v,\hat{\boldsymbol{X}}^v\right]\in\mathbb{R}^{d_v\times(n_c^v+\hat{n}^v)}$ 表示第 v 个视图中的数据矩阵，其中 $\boldsymbol{X}_c^v\in\mathbb{R}^{d_v\times n_c^v}$ 和 $\hat{\boldsymbol{X}}^v\in\mathbb{R}^{d_v\times\hat{n}^v}$ 分别表示完整和部分实例的第 v 个视图中的数据矩阵。同样，$\boldsymbol{Y}=\left[\boldsymbol{Y}_c^v,\hat{\boldsymbol{Y}}^v\right]\in\mathbb{R}^{(n_c^v+\hat{n}^v)\times k}$ 表示第 v 个视图的类别标签。为了学习类指示矩阵，它为每个视图学习一个投影矩阵 $\boldsymbol{U}^v\in\mathbb{R}^{d_v\times k}$，以便将它们的原始空间投影到一个统一空间，目标函数被表述为

$$\min_{\boldsymbol{U},\boldsymbol{Y}}\sum_{i=1}^{m}\left\|\left[\boldsymbol{X}_c^v,\hat{\boldsymbol{X}}^v\right]^{\mathrm{T}}\boldsymbol{U}^i-\left[\boldsymbol{Y}_c^v,\hat{\boldsymbol{Y}}^v\right]\right\|_{\mathrm{F}}^2+\beta\sum_{i=1}^{m}\left\|\boldsymbol{U}^i\right\|_{21}+\gamma\sum_{p=1}^{m}\sum_{q=1}^{m}\mathrm{Tr}\left[\left(\boldsymbol{U}^p\right)^{\mathrm{T}}\boldsymbol{X}^i\boldsymbol{L}_{pq}\left(\boldsymbol{X}\right)^{\mathrm{T}}\boldsymbol{U}^q\right]$$

$$\text{s.t.}\, \boldsymbol{Y} \in \{0,1\}^{n\times k}, \boldsymbol{Y}\mathbf{1}_k = \mathbf{1}_n \tag{2-15}$$

式(2-15)中$\mathbf{1}_k$表示全 1 的 k 维向量，$\mathbf{1}_n$表示全 1 的 n 维向量，且式中包含三个项：使用投影矩阵将每个不完整视图投影到由 $\boldsymbol{Y}$ 定义的潜在空间，基于 L_{21} 正则化地对每个视图的特征选择以及视图间和视图内数据相似性，其保留了由拉普拉斯矩阵 $\boldsymbol{L}_{pq}$ 定义的项。此外，对 $\boldsymbol{Y}$ 施加的约束保证每个样本仅属于一个类。

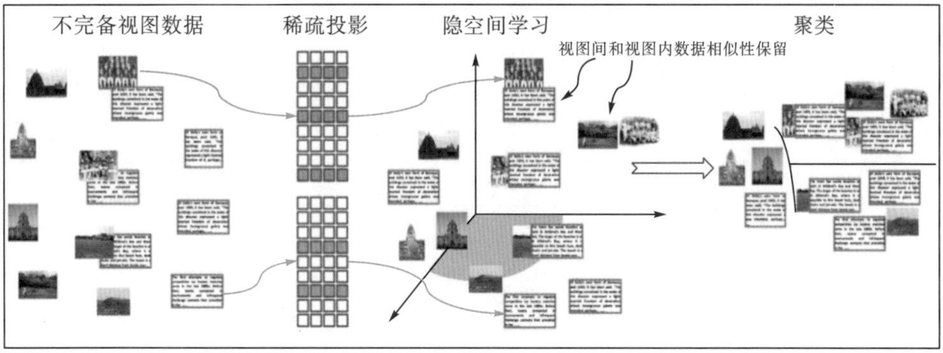

图 2-13　用于文本和图片的子空间模型[12]

4. 多视图图学习

图(或网络)常用于表示数据对象之间的关联性。图中的每个节点对应一个数据对象，边表示数据对象之间的关系。基于谱图的聚类算法是最经典的聚类算法之一。在实际应用中，谱图理论结合矩阵性质，将聚类问题转换为求解图矩阵的特征值和特征向量问题。基于图的多视图聚类旨在从每个视图上构建的初始图中学习融合图，然后在融合图上使用图切割算法或其他谱图技术，获取最终聚类结果。当前多视图的图聚类算法的常见结构如图 2-14 所示。

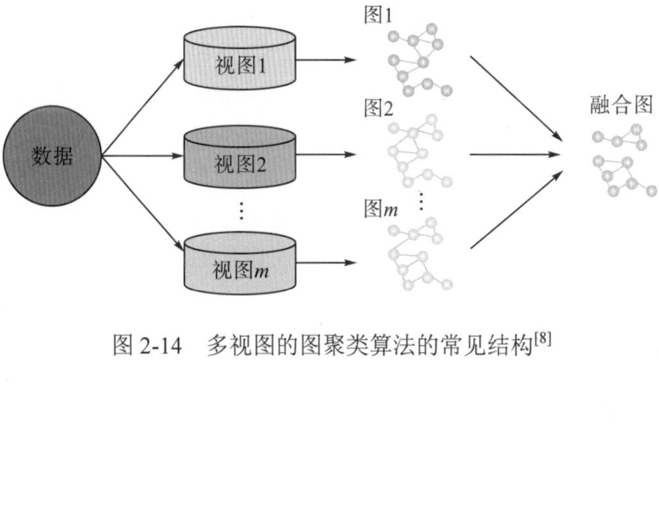

图 2-14　多视图的图聚类算法的常见结构[8]

多视图图聚类算法的一般计算过程可以归纳为以下三个步骤。

步骤 1：使用各个视图的数据为每一个视图构建初始图(图构建过程)；

步骤 2：从所有构建的初始图中学习出一个融合图(图融合过程)；

步骤 3：在融合图上输出聚类结果(图聚类过程)。

基于图的聚类算法是一类经典的聚类算法，如算法 2-3 所示，给定数据矩阵 $\boldsymbol{X} \in \mathbb{R}^{d \times n}$，传统的图聚类算法将 n 个数据对象划分成 c 个簇/类。传统的图聚类算法有谱聚类和图切割。由于多视图图聚类可以在任意形状的数据空间上进行构建，通过对多个视图探索数据点之间的邻域关系受到广泛关注，本书将在 2.3 节介绍两种多视图学习方法，重点关注图的构建以及图的融合。

算法 2-3　基于图的聚类算法

输入：数据集 X，聚类数目 c

输出：聚类结果

1. 构建数据的图矩阵 $\boldsymbol{S} \in \mathbb{R}^{n \times n}$，其中的每一个元素 s_{ij}，表示数据对象 x_i 和 x_j 的相似性(亲和性)；
2. 计算图拉普拉斯矩阵 $\boldsymbol{L}_s = \boldsymbol{D}_s - (\boldsymbol{S}^{\mathrm{T}} + \boldsymbol{S})/2$，其中 $\boldsymbol{D}_s$ 是对角矩阵，并且其对角线第 i 个元素是 $\sum_j (s_{ij} + s_{ji})/2$；
3. 计算映射矩阵 $\boldsymbol{F} \in \mathbb{R}^{n \times r}$（通常 $n < r$），其目标函数为 $\min\limits_{\boldsymbol{F} \in \mathbb{R}^{n \times r}} \mathrm{Tr}(\boldsymbol{F}^{\mathrm{T}} \boldsymbol{L}_s \boldsymbol{F})$；
4. 在映射矩阵 $\boldsymbol{F}$ 上使用简单聚类算法(如 k-means 算法)将数据分成 c 个簇/类。

---

5. 多任务多视图学习

随着大数据时代的到来，各式各样的数据形式和数据分布与日俱增，不同任务所获得的数据既有差异性也有关联性。例如，歌曲分类是常见的分类问题，英文歌曲分类与中文歌曲分类由于音调、旋律、歌词的不同具有一定的差异性，但它们又因为风格、曲种等特征的相似而具有一定的关联性。因此，在对英文歌曲分类时，如果能借鉴从中文歌曲分类中学习到的知识，就能大幅度提高英文歌曲分类的准确率，反之亦然。这样的学习范式被称为多任务学习(multi-task learning)。与单任务学习相比，多任务学习能够避免为每一个任务设计学习器，一定程度上降低了时间复杂度，此外，不同任务包含的数据分布之间存在内在的关联关系，挖掘多个任务之间的特征，并共享到目标任务中能够有效提升学习性能。

多视图数据的出现同时影响着多任务学习的研究，一些研究场景同时具有多视图特性与多任务特性，针对这些特殊的学习场景，如何既抓住多视图间隐含知识又学习多任务间潜在关联是一个值得深入思考的问题。例如，关于英文歌曲和中文歌曲的分类/聚类问题是一个多任务问题，而每个任务中的歌曲通常又包含多个视图（歌词、音调等），这种学习过程称为多任务多视图学习(multi-task multi-view learning)。

多任务多视图学习框架如图 2-15 所示。对 m 个学习任务，首先通过第一次变换，将原始空间中第 m 个任务的第 v 个视图的数据样本转换到视图空间，该步骤使得样本更具判别性，其中每个变换矩阵依赖于不同的任务和视图。值得一提的是，视图空间可被视为一个公共的潜在空间，被同一任务内的所有视图所共享。然后，通过第二次变换，将数据样本从视图空间映射到任务空间。假设第二次变换的变换矩阵包含两部分：共享特征变换矩阵 $\boldsymbol{R}_{\mathrm{s}}$ 与特有特征变换矩阵 $\boldsymbol{R}_{\mathrm{c}_m}$ 。共享特征变换矩阵 $\boldsymbol{R}_{\mathrm{s}}$ 为所有任务所共享，而特有特征变换矩阵 $\boldsymbol{R}_{\mathrm{c}_m}$ 仅对应第 m 个任务。当然，在第二次变换时，相同任务内的不同视图做相同变换，因为第一次变换使得任务内所有视图被映射到同一视图空间。换言之，视图空间为任务内不同视图提供了统一公共空间，使得不同视图的特征被映射到同一度量范围，而任务空间考虑任务间的共享信息与任务内的特有信息，从而实现多任务多视图聚类场景下的知识共享。

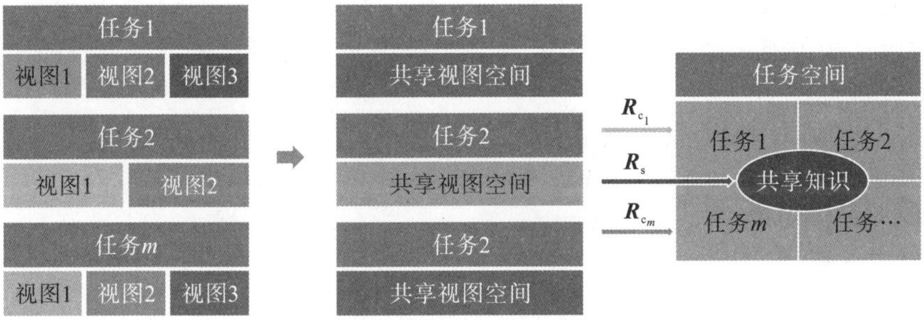

图 2-15　多任务多视图学习框架[13]

2.3　多视图图学习方法

本节重点介绍两种多视图图学习方法，即基于自适应近邻图的多视图学习和基于领域多核学习的多视图学习。基于自适应近邻图的多视图学习通过构建自适应近邻图来表示数据之间的连接关系，然后采用自动加权的多视图融合方法整合多个视图；基于领域多核学习的多视图学习在核空间中构建邻接矩阵，并采用多核学习的后融合多视图方法得到融合图。

2.3.1　基于自适应近邻图的多视图学习

1. 图的表示

基于图的多视图表示是一类代表性方法。此类方法中图用于表示数据对象之间的关系。通常数据对象之间的关系可以使用相似度进行度量，这种图被称为相似图或亲和图。图中顶点对应数据对象，边的权重表示数据对象之间的相似关系。在实际的计算过程中，图通常以矩阵的形式参与计算，这里将其称为图矩阵。本节介绍了两种初始图构建方法。

现有工作中两种常用的图结构是全连接图和 K 近邻图。给定数据矩阵 $\boldsymbol{X} \in \mathbb{R}^{d \times n}$，其中 d 是数据特征维度，n 是数据样本个数，全连接图和 K 近邻图的结构形式如下。

(1) 全连接图：对于数据对象 $\boldsymbol{x}_i$，图中会在数据对象 $\boldsymbol{x}_i$ 与所有其他数据对象之间存在边连接。

(2) K 近邻图：对于数据对象 $\boldsymbol{x}_i$，图中会在数据对象 $\boldsymbol{x}_i$ 与其前 k 个近邻对象之间存在边连接。

鉴于图以矩阵的形式参与实际计算，令 $\boldsymbol{S} \in \mathbb{R}^{n \times n}$ 表示所构建的图矩阵。另外，这里声明本节中符号 $\boldsymbol{S}$ 不在特殊说明的情况下，均表示图矩阵。在所构建的图中，如果顶点 i 和顶点 j 之间有边连接，则图矩阵中元素 s_{ij} 可以采用以下三种相似度度量方法进行定义。

(1) 二值 (0-1) 相似度：$s_{ij} = 1$。

(2) 余弦相似度：$s_{ij} = \dfrac{(\boldsymbol{X}_i)^{\mathrm{T}} \boldsymbol{X}_j}{\|\boldsymbol{X}_i\| \|\boldsymbol{X}_j\|}$。

(3) 高斯核相似度：$s_{ij} = \exp\left(\dfrac{-\|\boldsymbol{X}_i - \boldsymbol{X}_j\|}{2\sigma} \right)$，其中，$\sigma$ 是缩放因子。

以上三种相似度度量方法是基于统计学的计算方法，这类方法依赖所定义的度量规则。一般来说，二值相似度度量方法比较简单且性能表现不佳；余弦相似度度量没有考虑数据的局部几何结构；高斯核相似度度量是一种基于距离的度量，通常对数据中的噪声和异常点较敏感。此外，全连接图和 K 近邻图这两种图结构属于硬连接结构。在实际问题中，更倾向于软连接结构图，如自适应近邻图。

2. 自适应近邻图

图以矩阵的形式参与计算，图中连接的边使用相似度进行刻画。基于统计的相似度度量计算方法往往依赖所定义的度量规则，并且对数据中的噪声和异常点较敏感。另外，全连接图和 K 近邻图属于固定的连接图结构，这指的是图中顶点全部连接或只有 k 个顶点相连接。在实际问题中，更倾向于由数据驱动模型自动学习数据连接图，并且期望所学习的图是自适应近邻图。本节介绍自适应近邻图学习方法[14]。

Wright 等[15]的研究发现稀疏表达对数据中存在的噪声和离群点鲁棒。另一个研究动机是构建相似度图矩阵，使得图中较小距离的两个数据对象（或称数据点）

之间的边对应一个较大的相似度值，而较大距离的两个数据对象之间的边对应一个较小的甚至是零相似度值。为此，本节采用稀疏表达的方法构造相似度图矩阵。给定数据矩阵 $\boldsymbol{X}\in\mathbb{R}^{d\times n}$，可以将自适应近邻图学习[16]问题建模为

$$\min_{S}\sum_{i,j=1}^{n}\left\|\boldsymbol{X}_i-\boldsymbol{X}_j\right\|_2^2 s_{ij}+\alpha\sum_{v=1}^{m}\sum_{i=1}^{n}\left\|\boldsymbol{s}_i\right\|_1 \quad \text{s.t. } s_{ii}=0, 0\leqslant s_{ij}\leqslant 1 \tag{2-16}$$

其中，$\boldsymbol{X}_i$ 是数据矩阵 X 的第 i 个数据；$\boldsymbol{X}_j$ 是数据矩阵 $\boldsymbol{X}$ 的第 j 个数据；s_{ij} 是第 i 个数据和第 j 个数据之间的相似度；s_{ii} 是每个数据点自身的相似度为零；α 是稀疏因子。

接下来约束 $\mathbf{1}^{\mathrm{T}}\boldsymbol{s}_i=1$，这使得式(2-16)中的第二项为常量。也就是说，约束 $\mathbf{1}^{\mathrm{T}}\boldsymbol{s}_i=1$ 等同于在 $\boldsymbol{S}$ 上进行稀疏约束。然后，上述问题演变为

$$\min_{S}\sum_{i,j=1}^{n}\left\|\boldsymbol{X}_i-\boldsymbol{X}_j\right\|_2^2 s_{ij} \quad \text{s.t. } s_{ii}=0, 0\leqslant s_{ij}\leqslant 1, \mathbf{1}^{\mathrm{T}}\boldsymbol{s}_i=1 \tag{2-17}$$

容易观察到式(2-17)中有一个平凡解，即只有一个数据点(该数据点和 $\boldsymbol{x}_i$ 的距离最近)与 $\boldsymbol{x}_i$ 之间的相似度度量值为 1，而所有其他的数据点与 $\boldsymbol{x}_i$ 之间的值为 0。为了避免出现平凡解，在式(2-17)中引入约束，表示为

$$\min_{S}\sum_{i,j=1}^{n}\left\|\boldsymbol{X}_i-\boldsymbol{X}_j\right\|_2^2 s_{ij}+\beta\sum_{v=1}^{m}\sum_{i=1}^{n}\left\|\boldsymbol{s}_i\right\|_2^2 \quad \text{s.t. } s_{ii}=0, 0\leqslant s_{ij}\leqslant 1, \mathbf{1}^{\mathrm{T}}\boldsymbol{s}_i=1 \tag{2-18}$$

这个约束项的作用是使得每一个数据点与 $\boldsymbol{x}_i$ 的相似度等于 $1/n$。现在，优化式(2-18)能够利用数据矩阵构建一个相似度图矩阵。下面介绍如何优化公式并实现自适应近邻学习。这里参考了 Nie 等[17]的工作，给出公式的闭式解，其中求解的过程中结合了 K 近邻思想。

令 $d_{ij}=\left\|\boldsymbol{X}_i-\boldsymbol{X}_j\right\|_2^2$，并进一步令 $\boldsymbol{d}_i$ 是一个向量且其第 j 个元素是 d_{ij}，则公式能够以向量的形式表示，具体为

$$\min_{\boldsymbol{s}_i}\sum_{i,j=1}^{n}\left\|\boldsymbol{s}_i+\frac{\boldsymbol{d}_i^{v}}{2\beta}\right\|_2^2 \quad \text{s.t. } s_{ii}=0, 0\leqslant s_{ij}\leqslant 1, \mathbf{1}^{\mathrm{T}}\boldsymbol{s}_i=1 \tag{2-19}$$

其中，关于约束 $0\leqslant s_{ij}\leqslant 1$ 和 $\mathbf{1}^{\mathrm{T}}\boldsymbol{s}_i=1$ 的拉格朗日函数表示为

$$\ell(\boldsymbol{s}_i,\eta,\xi)=\frac{1}{2}\left\|\boldsymbol{s}_i+\frac{\boldsymbol{d}_i}{2\beta}\right\|_2^2-\eta\left(\mathbf{1}^{\mathrm{T}}\boldsymbol{s}_i-1\right)-\boldsymbol{\xi}^{\mathrm{T}}\boldsymbol{s}_i \tag{2-20}$$

式中，$\boldsymbol{s}_i$ 是相似度矩阵 s 中第 i 行的相似度向量；$\boldsymbol{d}_i$ 是第 i 个数据的距离向量，表示第 i 个数据与其他数据之间的距离；β是诱导因子；η 是拉格朗日系数标量；$\boldsymbol{\xi}^{\mathrm{T}}$

是拉格朗日系数向量。对式(2-20)求关于 $\boldsymbol{s}_i$ 的偏导，并令偏导等于 0，可得

$$\boldsymbol{s}_i+\frac{\boldsymbol{d}_i}{2\beta}-\eta\mathbf{1}-\xi=0 \tag{2-21}$$

那么，式(2-21)中 $\boldsymbol{s}_i$ 的第 j 个元素表示为

$$s_{ij}+\frac{d_{ij}}{2\beta}-\eta-\xi_j=0 \tag{2-22}$$

根据 KKT(Karush-Kuhn-Tucker)条件，$s_{ij}\xi_j=0$。将式(2-22)两边同时乘以 s_{ij} 并变换，可以得出 s_{ij} 的解(记为 $\hat{s}_{ij}$)，如式(2-23)所示。

$$\hat{s}_{ij}=\left(-\frac{d_{ij}}{2\beta}+\eta\right)_+ \tag{2-23}$$

假定 $d_{i1},\cdots,d_{in}$ 是从小到大进行排列的。因为 $\boldsymbol{s}_i$ 的学习结合了近邻思想，即 $\boldsymbol{s}_i$ 中至多有 k 个非 0 值，则 $\boldsymbol{s}_i$ 的学习需要满足 $\hat{s}_{ik}>0$ 且 $\hat{s}_{i,k+1}=0$。由此可得

$$-\frac{d_{ik}}{2\beta}+\eta>0\text{且}\frac{-d_{i,k+1}}{2\beta}+\eta\leqslant 0 \tag{2-24}$$

由式(2-23)和约束项 $\mathbf{1}^{\mathrm{T}}\boldsymbol{s}_i=1$ 可以推出：

$$\sum_{j=1}^{k}\left(-\frac{d_{ij}}{2\beta}+\eta\right)=1\Rightarrow\eta=\frac{1}{k}+\frac{1}{2k\beta}\sum_{j=1}^{k}d_{ij} \tag{2-25}$$

有如下关于 β 的不等式关系：

$$\begin{cases}\beta>\dfrac{k}{2}d_{ik}-\dfrac{1}{2}\displaystyle\sum_{j=1}^{k}d_{ij}\\ \beta\leqslant\dfrac{k}{2}d_{i,k+1}-\dfrac{1}{2}\displaystyle\sum_{j=1}^{k}d_{ij}\end{cases} \tag{2-26}$$

成立。为了使得学习到的 $\hat{\boldsymbol{s}}_i$ 能够自适应近邻个数 k，则参数为

$$\beta=\frac{k}{2}d_{i,k+1}-\frac{1}{2}\sum_{j=1}^{k}d_{ij} \tag{2-27}$$

向量 $\hat{\boldsymbol{s}}_i$ 中元素 $\hat{s}_{ij}$ 的求解结果为

$$\hat{s}_{ij}=\begin{cases}\dfrac{d_{i,k+1}-d_{ij}}{kd_{i,k+1}-\displaystyle\sum_{h=1}^{k}d_{ih}}, & j\leqslant k\\ 0, & j>k\end{cases} \tag{2-28}$$

以上介绍了给定一个单视图数据集后，自适应近邻图的学习方法。

3. 自动加权的多视图融合

给定具有 m 个视图的数据矩阵 $\left\{\boldsymbol{X}^1,\cdots,\boldsymbol{X}^m\right\}$，其中 $\boldsymbol{X}^v=\left\{\boldsymbol{x}_1^v,\cdots,\boldsymbol{x}_n^v\right\}\in\mathbb{R}^{d_v\times n}$ 为第

v 个视角的数据矩阵；d_v 为第 v 个视角的特征维度；n 为数据对象/示例个数。假定构建出每一个视图的相似度图矩阵 $\boldsymbol{S}^v$（$v=1,\cdots,m$），下面介绍一种能够自动加权每一个视角的图矩阵来学习一致性图矩阵 $\boldsymbol{U}\in\mathbb{R}^{n\times n}$ 的图融合方法[1]。形式上，通过求解以下优化问题来学习一致性图矩阵 $\boldsymbol{U}$，具体过程如式(2-29)所示。

$$\min_{\boldsymbol{U}}\sum_{v=1}^{m}w_v\left\|\boldsymbol{U}-\boldsymbol{S}^v\right\|_{\mathrm{F}}^2 \qquad (2\text{-}29)$$
$$\text{s.t. } \forall i,u_{ij}\geqslant 0,\boldsymbol{1}^{\mathrm{T}}\boldsymbol{u}_i=1$$

其中，$\boldsymbol{u}_i\in\mathbb{R}^{n\times 1}$ 是列向量；u_{ij} 是列向量 $\boldsymbol{u}_i$ 中的第 j 个元素；w_v 是第 v 个视角的权重。根据定理 2.1，视图权重 $\boldsymbol{w}=\{w_1,\cdots,w_m\}$ 能够从模型中自动推算出。

定理 2.1　假定视角权重 $\boldsymbol{w}$ 是一组确切值，求解式(2-29)等同于求解式(2-30)。

$$\min_{\boldsymbol{U}}\sum_{v=1}^{m}\sqrt{\left\|\boldsymbol{U}-\boldsymbol{S}^v\right\|_{\mathrm{F}}^2} \qquad (2\text{-}30)$$
$$\text{s.t. } \forall i,u_{ij}\geqslant 0,\boldsymbol{1}^{\mathrm{T}}\boldsymbol{u}_i=1$$

证明　式(2-30)的拉格朗日(Lagrange)函数如式(2-31)所示。

$$\sum_{v=1}^{m}\sqrt{\left\|\boldsymbol{U}-\boldsymbol{S}^v\right\|_{\mathrm{F}}^2}+\theta(\varLambda,\boldsymbol{U}) \qquad (2\text{-}31)$$

其中，$\varLambda$是拉格朗日乘子；$\theta(\varLambda,\boldsymbol{U})$是约束项。对式(2-31)求关于 $\boldsymbol{U}$ 的偏导，并令偏导等于 0，得

$$\sum_{v=1}^{m}w_v\frac{\partial\left\|\boldsymbol{U}-\boldsymbol{S}^v\right\|_{\mathrm{F}}^2}{\partial\boldsymbol{U}}+\frac{\partial\theta(\varLambda,\boldsymbol{U})}{\partial\boldsymbol{U}}=0 \qquad (2\text{-}32)$$

其中

$$w_v=\frac{1}{2\sqrt{\left\|\boldsymbol{U}-\boldsymbol{S}^v\right\|_{\mathrm{F}}^2}} \qquad (2\text{-}33)$$

假定 w_v 是由式(2-33)所给定的某一个确切值，那么很容易得出式(2-29)的拉格朗日函数的偏导等于式(2-32)。因此，求解式(2-29)等同于求解式(2-30)。此时，视图权重 $\boldsymbol{w}$ 由式(2-33)决定。

可以看出，式(2-32)是式(2-30)的拉格朗日函数关于变量 $\boldsymbol{U}$ 的导函数。将权重 w_v 的计算式(2-33)代入式(2-32)，能够得知式(2-32)等于式(2-29)的拉格朗日函数关于变量 $\boldsymbol{U}$ 的导函数。

2.3.2　基于领域多核学习的多视图学习

1. 核空间中的邻接矩阵构造

基于图谱理论的多视图算法在许多场景中已被证明是有效的，但是仍存在如

下缺陷。首先，从信息融合的角度来看，可在原始数据级、特征级和决策级进行信息融合[18]，构建公共相似图的算法本质上是特征级的信息融合[14]。然而，从相似图的角度来看，一是不同视图描述对象的视图、可分类性存在较大差异；二是由于实际应用中广泛存在的信息缺失、噪声等因素容易造成某个视图的相似图失真，强制所有视图共享一个公共相似图可能导致最终结果不理想[19]。

核方法由于能有效建模数据点之间的非线性关系而被广泛应用到聚类分析中。在这里介绍一种基于邻域多核学习的后融合方法[20]，与基于全局自表达的核方法不同，仅考虑近邻数据，无须学习整个数据集的自表达关系，从而在保持局部非线性结构的同时减轻计算负荷，这对在高维空间进行学习建模的核方法尤为重要。

对于给定的数据集 $\boldsymbol{X}=\{\boldsymbol{x}_1,\boldsymbol{x}_2,\cdots,\boldsymbol{x}_n\}\in\mathbb{R}^{m\times n}$，相似图(或称之为邻接矩阵) $\boldsymbol{S}$ 最常见的构建方法是 K 近邻图，即将 $\boldsymbol{x}_i$ 与距其最近的 k 个数据点进行连接，两点之间边的权重由高斯核函数 $s_{ij}=\exp(-\|\boldsymbol{x}_i-\boldsymbol{x}_j\|^2/2\sigma^2)$ 确定。该方法的问题在于，实际应用中受噪声和离群点等因素影响，超参数 σ 难以确定。文献[15]指出，稀疏表达对噪声和离群点鲁棒。通常假定，两点之间边的权重应和距离成反比，故采用稀疏表达构建数据矩阵的相似图 $\boldsymbol{S}$[14]，具体过程为

$$\min_{\boldsymbol{S}}\sum_{i,j=1}^{n}\|\boldsymbol{x}_i-\boldsymbol{x}_j\|^2 s_{ij}+\xi\|\boldsymbol{s}_{i:}\|_1 \quad \text{s.t. } s_{ij}\geqslant 0 \tag{2-34}$$

对邻接矩阵 $\boldsymbol{S}$ 进行归一化，使得 $\boldsymbol{S}^{\mathrm{T}}\mathbf{1}=1$，则式(2-34)的第二项成为常数项，即此处的归一化操作等价于对 $\boldsymbol{S}$ 进行稀疏化约束。故式(2-34)可改写为

$$\min_{\boldsymbol{S}}\sum_{i,j=1}^{n}\|\boldsymbol{x}_i-\boldsymbol{x}_j\|^2 s_{ij} \quad \text{s.t. } s_{ij}\geqslant 0,\boldsymbol{S}^{\mathrm{T}}\mathbf{1}=1 \tag{2-35}$$

但式(2-35)有平凡解，即对 $k=\operatorname{argmin}_j\|\boldsymbol{x}_i-\boldsymbol{x}_j\|^2$ 的点 $\boldsymbol{x}_k$，$s_{ik}=1$；其他所有 $j\neq k$ 的点 $\boldsymbol{x}_j$ 对应的 s_{ij} 都为零。因此，本节对式(2-35)加入一个先验约束得

$$\min_{\boldsymbol{S}}\sum_{i,j=1}^{n}\|\boldsymbol{x}_i-\boldsymbol{x}_j\|_2^2 s_{ij}+\xi\|\boldsymbol{S}\|_F^2 \quad \text{s.t. } s_{ij}\geqslant 0,\boldsymbol{S}^{\mathrm{T}}\mathbf{1}=1 \tag{2-36}$$

上述的邻接矩阵 $\boldsymbol{S}$ 的构建基于原始输入空间的欧氏距离，采用该距离测度进行聚类，通常要求数据集本身线性可分，而该条件在真实数据上往往难以成立。为克服该局限性，用核技巧将原始的输入数据映射到高维特征空间，以提高数据的可分离性。

具体地，令 $(\varPhi:\mathbb{R}^m\to\boldsymbol{H})$ 为从原始输入空间 $\mathbb{R}^m$ 到核空间 $\boldsymbol{H}$ 的非线性映射，

则包含 n 个样本的原始输入数据集 $\boldsymbol{X}=\left(\boldsymbol{x}_1,\boldsymbol{x}_2,\cdots,\boldsymbol{x}_n\right)\in\mathbb{R}^{m\times n}$ 可以映射到 $\boldsymbol{\Phi}(\boldsymbol{X})=\left[\boldsymbol{\Phi}\left(\boldsymbol{x}_1\right),\boldsymbol{\Phi}\left(\boldsymbol{x}_2\right),\cdots,\boldsymbol{\Phi}\left(\boldsymbol{x}_n\right)\right]$。定义半正定核函数矩阵 $\boldsymbol{K}=\boldsymbol{\Phi}\left(\boldsymbol{X}\right)^{\mathrm{T}}\boldsymbol{\Phi}\left(\boldsymbol{X}\right)$，则数据样本在核空间的内积可以用 $k_{ij}=\boldsymbol{\Phi}\left(\boldsymbol{x}_i\right)^{\mathrm{T}}\boldsymbol{\Phi}\left(\boldsymbol{x}_j\right)$ 表述。在上述核函数矩阵 $\boldsymbol{K}$ 的定义中，不需要显示定义非线性映射 $\boldsymbol{\Phi}(\boldsymbol{X})$，从而显著减少核函数矩阵的计算量。利用 k_{ij} 将式(2-36)映射到核空间，得到核空间的相似图 $\boldsymbol{S}$ 构造如式(2-37)所示。

$$\min_{\boldsymbol{S}}\sum_{i,j=1}^{n}\left(k_{ii}-2k_{ij}+k_{jj}\right)s_{ij}+\xi\|\boldsymbol{S}\|_{\mathrm{F}}^2 \quad (2\text{-}37)$$
$$\text{s.t. } s_{ij}\geqslant 0,\boldsymbol{S}^{\mathrm{T}}\mathbf{1}=1$$

可验证，式(2-36)是式(2-37)采用线性核时的一个特例。

2. 邻域多核学习的后融合多视图方法

通过求解式(2-37)，可得到每个视图的相似图 $\boldsymbol{S}^v$，继而通过谱聚类进行聚类分析。然而，传统的谱聚类需要一个附加的 k-means 步骤来获得最终的聚类结果，而这个附加的聚类步骤可能会带来额外的 PAC 边界[21]。故此，在一个统一框架下对相似图构造和聚类分析进行协同求解[20]，使得所构造的相似图的连通分量的数目正好等于聚类数目，从而省除附加的 k-means 步骤。

根据图谱理论，令 $\boldsymbol{S}\in\mathbb{R}^{n\times n}$ 为数据集 $\boldsymbol{X}$ 的邻接矩阵，定义其度矩阵(degree matrix)为 $\boldsymbol{D_S}=\mathrm{Diag}(\boldsymbol{S}^{\mathrm{T}}\mathbf{1})$，其中，$\mathrm{Diag}(\boldsymbol{y})$ 代表以其参数向量 $\boldsymbol{y}$ 为对角元素的对角矩阵。$\boldsymbol{S}$ 的拉普拉斯矩阵可以定义为 $\boldsymbol{L_S}=\boldsymbol{D_S}-\boldsymbol{S}$。拉普拉斯矩阵 $\boldsymbol{L_S}$ 具有如下重要性质。

定理 2.1　拉普拉斯矩阵 $\boldsymbol{L_S}$ 的特征值 0 的重数 c 等于 $\boldsymbol{S}$ 所对应的图中连通分量的个数。

定理 2.1 在聚类分析中的意义在于，如果拉普拉斯矩阵的秩 $\mathrm{Rank}\left(\boldsymbol{L_S}\right)=n-c$，则对应的图正好包含 c 个全连通分量，因此不需要附加的 k-means 聚类就可以得到最终的聚类结果。受定理 2.1 的启发，对式(2-37)添加一个低秩约束，使得所构造的相似图的连通分量数目正好等于聚类数目，具体如式(2-38)所示。

$$\min_{\boldsymbol{S}}\sum_{i,j=1}^{n}\left(k_{ii}-2k_{ij}+k_{jj}\right)s_{ij}+\xi\|\boldsymbol{S}\|_{\mathrm{F}}^2 \quad (2\text{-}38)$$
$$\text{s.t. } s_{ij}\geqslant 0,\boldsymbol{S}^{\mathrm{T}}1=1,\mathrm{Rank}\left(\boldsymbol{L_S}\right)=n-c$$

由于低秩约束不易处理，且 $\boldsymbol{L_S}$ 依赖于优化变量 $\boldsymbol{S}$，直接求解式(2-38)非常困难。然而，利用 $\boldsymbol{L_S}$ 半正定特性，可将式(2-38)转化为易于求解的等价形式。

由于所有半正定矩阵的特征值皆大于或等于零，令 $\sigma_i(\boldsymbol{L_S})$ 表示 $\boldsymbol{L_S}$ 的第 i 个最小特征值，约束 $\mathrm{Rank}\left(\boldsymbol{L_S}\right)=n-c$ 等价于 $\sum_{i=1}^{c}\sigma_i\left(\boldsymbol{L_S}\right)=0$。据 KyFan 定理[22]，最小的

c 个特征值之和可求解为

$$\sum\nolimits_{i=1}^{c}\sigma_i\left(\boldsymbol{L_S}\right)=\min_{\boldsymbol{F}^{\mathrm{T}}\boldsymbol{F}=\boldsymbol{I}}\mathrm{Tr}(\boldsymbol{F}^{\mathrm{T}}\boldsymbol{L_s}\boldsymbol{F}) \tag{2-39}$$

式(2-39)的解 $\boldsymbol{F}^*\in\mathbb{R}^{n\times c}$ 由 $\boldsymbol{L_S}$ 的 c 个最小特征值对应的特征向量构成。从聚类的求解过程可知，$\boldsymbol{F}^*$ 恰为邻接矩阵 $\boldsymbol{S}$ 的谱嵌入，谱聚类算法正是通过对 $\boldsymbol{F}^*$ 进行 k-means 聚类而得到最终的聚类结果。

将式(2-38)中的约束 $\mathrm{Rank}\left(\boldsymbol{L_S}\right)=n-c$ 用式(2-39)进行替换，则式(2-38)可转换为

$$\min_{\boldsymbol{S},\boldsymbol{F}}\sum_{i,j=1}^{n}\left(k_{ii}-2k_{ij}+k_{jj}\right)s_{ij}+\xi\|\boldsymbol{S}\|_{\mathrm{F}}^2+\lambda\,\mathrm{Tr}(\boldsymbol{F}^{\mathrm{T}}\boldsymbol{L_s}\boldsymbol{F}) \tag{2-40}$$
$$\text{s.t. } s_{ij}\geqslant 0,\boldsymbol{S}^{\mathrm{T}}\mathbf{1}=1,\boldsymbol{F}^{\mathrm{T}}\boldsymbol{F}=\boldsymbol{I}$$

当式(2-40)中的参数λ设置为一个足够大的值时，其解 $\boldsymbol{F}^*$ 可使式(2-38)中约束 $\mathrm{Rank}\left(\boldsymbol{L_S}\right)=n-c$ 得到满足。

现有基于图谱理论的多视图聚类大多先利用各视图的邻接矩阵 $\boldsymbol{S}^v$ 学习一个公共邻接矩阵 $\boldsymbol{U}$，然后基于 $\boldsymbol{U}$ 进行聚类分析。但从邻接矩阵的角度来看，因不同视图描述对象的角度、可分类性存在较大差异，且信息缺失、噪声等现象易造成单个视图的邻接矩阵 $\boldsymbol{S}^v$ 失真，迫使所有视图共享一个公共邻接矩阵可能会导致最终聚类结果不理想。从类别指示矩阵 $\boldsymbol{Y}$ 来看，由于不同视图的数据都是从不同角度描述同一个样本集合，该集合的类别指示矩阵 $\boldsymbol{Y}$ 是一个跨越不同视图的全局结构，且 $\boldsymbol{Y}$ 并不由各视图邻接矩阵 $\boldsymbol{S}^v$ 直接求解得到，对 $\boldsymbol{S}^v$ 的聚类性能差异和信息失真，$\boldsymbol{Y}$ 比公共邻接矩阵 $\boldsymbol{U}$ 更加鲁棒。因此，当将聚类方案扩展到多视图时，先对每个视图求解式(2-40)得到邻接矩阵 $\boldsymbol{S}^{v^*}$ 和对应的谱嵌入 $\boldsymbol{F}^{v^*}$，然后再求解统一的分类指示矩阵 $\boldsymbol{Y}$。

具体而言，对于单个视图，由式(2-40)中 $\boldsymbol{F}$ 的相关目标函数项 $\mathrm{Tr}(\boldsymbol{F}^{\mathrm{T}}\boldsymbol{L_s}\boldsymbol{F})$ 和约束 $\boldsymbol{F}^{\mathrm{T}}\boldsymbol{F}=\boldsymbol{I}$ 可知，$\boldsymbol{F}$ 的最优解 $\boldsymbol{F}^*$ 有旋转不变性，即因为对任意正交矩阵 $\boldsymbol{R}\in\mathbb{R}^{n\times n}$，有 $\mathrm{Tr}\left(\boldsymbol{F}^{\mathrm{T}}\boldsymbol{L_s}\boldsymbol{F}\right)=\mathrm{Tr}\left(\boldsymbol{R}^{\mathrm{T}}\boldsymbol{F}^{\mathrm{T}}\boldsymbol{L_s}\boldsymbol{F}\boldsymbol{R}\right)$ 和 $\boldsymbol{R}^{\mathrm{T}}\boldsymbol{F}^{\mathrm{T}}\boldsymbol{F}\boldsymbol{R}=\boldsymbol{I}$，因此，若 $\left\{\boldsymbol{S}^*,\boldsymbol{F}^*\right\}$ 是式(2-40)的解，则 $\left\{\boldsymbol{S}^*,\boldsymbol{F}^*\boldsymbol{R}\right\}$ 也是。

对某个视图 $\boldsymbol{X}^v$ 而言，其谱嵌入 $\boldsymbol{F}^v$ 是其分类指示矩阵 $\boldsymbol{Y}^v$ 的一组正交基，同时，因不同视图有公共的类别指示矩阵 $\boldsymbol{Y}$，因此，虽各视图的谱嵌入 $\boldsymbol{F}^v$ 存在差异，但是式(2-40)关于 $\boldsymbol{F}^v$ 解 $\boldsymbol{F}^{v^*}$ 具有旋转不变性，皆为 $\boldsymbol{Y}$ 的正交基，故可通过求解 $\boldsymbol{F}^v$ 的最优旋转实现谱嵌入矩阵 $\boldsymbol{F}^v$ 的信息融合，得到最优公共分类指示矩阵 $\boldsymbol{Y}^*$。因此，构建基于谱旋转的后融合模型如式(2-41)所示。

$$\min_{\boldsymbol{S}^v,\boldsymbol{F}^v,\boldsymbol{R}^v,\boldsymbol{Y}}\sum_{v}\sum_{i,j=1}^{n}d_{ij}^v s_{ij}^v+\xi\|\boldsymbol{S}^v\|_{\mathrm{F}}^2+\lambda\,\mathrm{Tr}[(\boldsymbol{F}^v)^{\mathrm{T}}\boldsymbol{L}_{\boldsymbol{S}^v}\boldsymbol{F}]+\gamma\|\boldsymbol{Y}-\boldsymbol{F}^v\boldsymbol{R}^v\|_F^2 \tag{2-41}$$
$$\text{s.t. } s_{ij}^v\geqslant 0,(\boldsymbol{S}^v)^{\mathrm{T}}\mathbf{1}=1,(\boldsymbol{F}^v)^{\mathrm{T}}\boldsymbol{F}^v=\boldsymbol{I},\boldsymbol{Y}\in\mathrm{Ind},(\boldsymbol{R}^v)^{\mathrm{T}}\boldsymbol{R}^v=\boldsymbol{I}$$

其中，$d_{ij}^v = k_{ii}^v - 2k_{ij}^v + k_{jj}^v$，$v$ 表示第 v 个视图；Ind 表示类别指示矩阵。式(2-41)中目标函数的最后一项$\|\boldsymbol{Y} - \boldsymbol{F}^v\boldsymbol{R}^v\|_{\mathrm{F}}^2$可视为各个视图的谱嵌入矩阵的最佳旋转与统一类别指示矩阵 $\boldsymbol{Y}$ 之间的差异的正则化项。这一项的值越大，表明该视图的类簇结构与统一类别指示矩阵的差异越大，在信息融合中应该取更小的权重。式(2-41)没有考虑该权重，因此考虑不同视图在聚类融合中的贡献差异，引入一个权重向量 $\boldsymbol{w}$，用其分量 $\boldsymbol{w}_v$ 描述不同视图的权重差异，将式(2-41)改写为

$$\begin{aligned}&\min_{\boldsymbol{S}^v,\boldsymbol{F}^v,\boldsymbol{R}^v,\boldsymbol{Y},\boldsymbol{w}} \sum_v \sum_{i,j=1}^n d_{ij}^v s_{ij}^v + \xi\|\boldsymbol{S}^v\|_{\mathrm{F}}^2 + \lambda\,\mathrm{Tr}((\boldsymbol{F}^v)^{\mathrm{T}}\boldsymbol{L}_{\boldsymbol{S}^v}\boldsymbol{F}) + \frac{\gamma}{\boldsymbol{w}_v}\|\boldsymbol{Y} - \boldsymbol{F}^v\boldsymbol{R}^v\|_{\mathrm{F}}^2 \\ &\mathrm{s.t.}\ d_{ij}^v = k_{ii}^v - 2k_{ij}^v + k_{jj}^v,\ s_{ij}^v \geqslant 0, (\boldsymbol{S}^v)^{\mathrm{T}}\boldsymbol{1} = 1, (\boldsymbol{F}^v)^{\mathrm{T}}\boldsymbol{F}^v = \boldsymbol{I}, \boldsymbol{Y} \in \mathrm{Ind}, \\ &\qquad (\boldsymbol{R}^v)^{\mathrm{T}}\boldsymbol{R}^v = \boldsymbol{I}, \boldsymbol{1}^{\mathrm{T}}\boldsymbol{w} = 1\end{aligned} \tag{2-42}$$

从上述分析可知，模型是对谱嵌入矩阵而不是样本邻接矩阵进行信息融合。

虽然式(2-42)描述的模型可在核空间中以统一框架学习邻接矩阵和聚类指示矩阵，但仍面临核函数的选择问题：核方法的性能与核函数的选择高度相关。但针对特定问题预先选择一个最佳核函数非常困难。在多视图学习中，此问题更加棘手，因为各视图数据之间的非线性关系可能互不相同，对于某个视图而言最佳的核函数却不一定适用于另一个视图。为了克服单个核函数的局限性，将式(2-42)描述的单核模型扩展到多核，从多个预先定义的核函数的凸线性组合中自动学习最佳核函数，从而避免核函数选择的问题。

若共有 m 个候选核函数$\{\boldsymbol{K}_t\}_{t=1}^m$，则相应地有 m 个不同的核空间$\{\boldsymbol{H}_t\}_{t=1}^m$。多核学习需要利用候选核函数生成一个新核函数，并保证所构建的新核函数仍满足 Mercer 条件[23]。使用映射$\hat{\boldsymbol{\Phi}}(x) = \left[\sqrt{p_1}\boldsymbol{\Phi}_1(\boldsymbol{x}), \sqrt{p_2}\boldsymbol{\Phi}_2(\boldsymbol{x}), \cdots, \sqrt{p_m}\boldsymbol{\Phi}_m(\boldsymbol{x})\right]$连接所有核空间，生成如式(2-43)所示的核函数。

$$\tilde{\boldsymbol{K}}(\boldsymbol{x},\boldsymbol{y}) = \sum_{t=1}^m p_t\boldsymbol{K}_t(\boldsymbol{x},\boldsymbol{y}), \sum_{t=1}^m \sqrt{p_t} = 1 \tag{2-43}$$

其中，向量 $\boldsymbol{p}$ 为核函数的权重向量，$p_t \geqslant 0(\forall t)$。由式(2-43)所生成的核函数矩阵 $\tilde{\boldsymbol{K}}$ 是多个半正定矩阵的凸组合，从而可以保证 $\tilde{\boldsymbol{K}}$ 是半正定的，满足 Mercer 条件[23]。

将式(2-43)代入式(2-42)，并调整参数位置，最终得到基于多核学习的后融合多视图聚类模型如式(2-44)所示。

$$\begin{aligned}&\min_{\boldsymbol{S}^v,\boldsymbol{F}^v,\boldsymbol{R}^v,\boldsymbol{Y},\boldsymbol{w},\boldsymbol{p}} \sum_v \sum_{i,j=1}^n \mu d_{ij}^v s_{ij}^v + \alpha\|\boldsymbol{S}^v\|_{\mathrm{F}}^2 + \lambda\,\mathrm{Tr}\left[(\boldsymbol{F}^v)^{\mathrm{T}}\boldsymbol{L}_{\boldsymbol{S}^v}\boldsymbol{F}\right] + \frac{\gamma}{\boldsymbol{w}_v}\|\boldsymbol{Y} - \boldsymbol{F}^v\boldsymbol{R}^v\|_{\mathrm{F}}^2 \\ &\mathrm{s.t.}\ d_{ij}^v = \tilde{k}_{ii}^v - 2\tilde{k}_{ij}^v + \tilde{k}_{jj}^v, \tilde{\boldsymbol{K}} = \sum_{t=1}^m p_t\boldsymbol{K}_t(\boldsymbol{x},\boldsymbol{y}), p_t \geqslant 0(\forall t), \sum_{t=1}^m p_t = 1, \\ &\quad s_{ij}^v \geqslant 0, (\boldsymbol{S}^v)^{\mathrm{T}}\boldsymbol{1} = 1, (\boldsymbol{F}^v)^{\mathrm{T}}\boldsymbol{F}^v = \boldsymbol{I}, \boldsymbol{Y} \in \mathrm{Ind}, (\boldsymbol{R}^v)^{\mathrm{T}}\boldsymbol{R}^v = \boldsymbol{I}, \boldsymbol{1}^{\mathrm{T}}\boldsymbol{w} = 1\end{aligned} \tag{2-44}$$

其中，μ 为超参数。

2.4 基于深度学习的多视图序列模型

本节介绍基于神经网络的多视图序列模型，包括基于网格的多视图序列模型、基于时序的多视图序列模型以及基于图的多视图序列模型。基于网格的多视图序列模型讲述网格数据和卷积神经网络，然后介绍应用于多视图序列数据的多视图卷积网络；基于时序的多视图序列模型讲述时序数据和循环神经网络，然后介绍应用于多视图序列数据的多视图时序网络；基于图的多视图序列模型讲述图数据和图神经网络，然后介绍应用于多视图序列数据的多视图图网络。

2.4.1 基于网格的多视图序列模型

1. 网格数据与卷积神经网络

图 2-16 列举了图像数据以及移动轨迹数据，图像中的每个像素点按照坐标规则地排列在网格里，轨迹数据则是沿着时间维度记录了目标在网格中的移动位置。网格数据量化了每个网格中的点(如事件、轨迹点、交通流量、气象数据等)，每个网格内的数据都被视为一个区域的统计。例如，在自动驾驶中，将场景中的点云数据划分为给定分辨率的 3D 矩形网格[24]以获得体素(voxel)网格或鸟瞰图，然后可以应用 3D 卷积神经网络(convolutional neural network，CNN)进行特征提取。在交通流量预测中，将整个城市按照经纬度划分为 $n\times n$ 个网格，每个区域按行列索引，网格按照时间间隔聚合。通过网格化，CNN 可以提取不同区域的空间特征。使用循环神经网络 RNN 对跨多个时间片的网格数据进行建模，可以分析不同区域之间的时空动态关系。

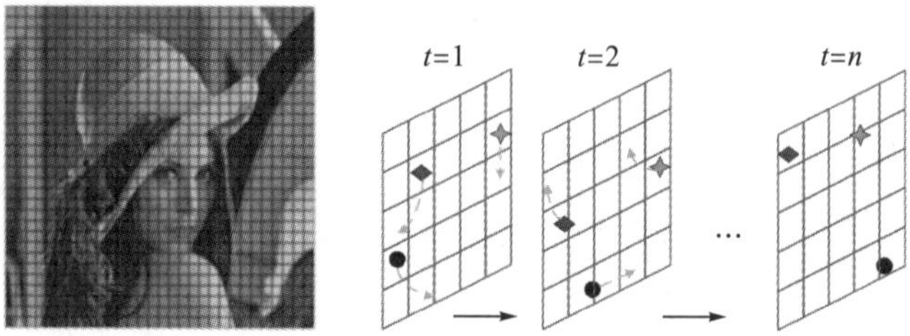

图 2-16 网格数据

CNN 是 LeCun 等于 1989 年在人工神经网络理论的基础上提出的一种图像多层次表达的神经网络模型[25]。图 2-17 是卷积神经网络结构，它通常由卷积层、池化层和全连接层组成。CNN 在处理规则的网格数据方面具有出色的性能，式(2-45)是 CNN 在二维图像上的计算过程。

$$f'_{x,y} = \sum_{i=-\frac{k}{2}}^{\frac{k}{2}} \sum_{j=-\frac{k}{2}}^{\frac{k}{2}} f_{x+i,y+j} \cdot g_{i,j} \tag{2-45}$$

其中，f 是输入图像特征；g 是卷积核，卷积核大小为 k 并且为奇数；f' 是卷积后的图像特征。CNN 可以视为在输入网格上从左到右和从上到下移动固定大小的卷积核(如大小为 3×3、5×5)，在对应位置进行内积运算，得到高维特征表示。通过堆叠多个卷积层，实现自底向上的底层信息到高层语义特征的学习。

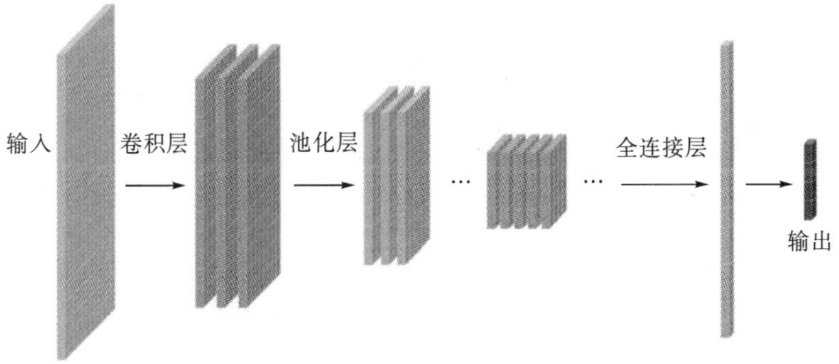

图 2-17　卷积神经网络结构

由于对空间结构具有强大的提取与学习能力，CNN 已成为计算机视觉领域的核心技术之一，更是有诸多学者对 CNN 展开了从理论到实践应用的研究，提出了很多经典的 CNN 模型。例如，Krizhevsky 等[26]提出了 Alex 网络，首次使用了 ReLU 激活函数、最大池化方法与 Dropout 训练策略，同时提出了局部响应归一化层(local response normalization，LRN)，开启了 CNN 相关研究的新篇章。Girshick 等[27]提出了一种区域卷积神经网络(region convolutional neural network，R-CNN)的目标检测模型，使用 CNN 来进行候选区域特征提取，实现了深度学习在目标检测上的成功应用。研究表明，网络层的深度对模型精度起着至关重要的作用，但是随着网络层深度的增加，模型会出现性能退化现象，即模型最终收敛之后准确率降低。为了解决由模型深度增加而引起的退化现象，He 等[28]提出一种残差网络结构 ResNet，其内部的残差模块使用了跳跃连接实现同等映射，并且没有增加额外参数。

2. 多视图卷积网络

与单视图的CNN相比，多视图CNN考虑在多个视图中学习卷积表示，如3D目标识别。Su 等[29]提出了多视图卷积网络(multi-view convolutional neural network，MVCNN)，将来自目标的多个二维视图信息集成到一个单一紧凑的表示中。如图2-18所示，具有3D旋转的多视图图像分别通过共享的CNN_1提取基于视图的特征，并通过多视图池化层聚合多视图信息输入到后继网络CNN_2。MVCNN从12个不同的视图渲染一个3D形状，试图结合来自不同视图的有用信息，以便学习更全面的表示用于后续的任务。MVCNN 的形式化表示如式(2-46)所示。

$$f_s = \max\left(f_1, f_2, \cdots, f_n\right) \tag{2-46}$$

其中，f_n是由卷积网络CNN_1提取到的各视图特征；$\max(\cdot)$函数是池化操作；f_s是聚合得到的多视图特征，用于后续任务。

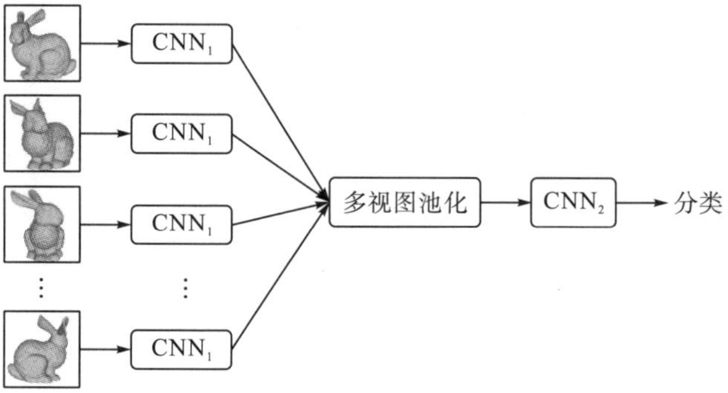

图2-18 用于三维图形识别的多视图卷积网络[29]

随着理论与模型的日益完善，CNN 已被广泛应用于多视图序列数据。在情感识别领域，Hossain 和 Muhammad[30]提出了一种基于语音和视频数据的情感识别系统，该系统利用 CNN 分别处理语音和视频信号，然后使用极限学习机(extreme learning machine，ELM)融合两个CNN的输出，最后采用支持向量机(support vector machine，SVM)对融合后的结果分类。Zhang 等[31]设计了时空残差网络分支，分别用于捕捉交通时空中的紧密度、周期性和趋势性；用深度时空残差网络[31]为不同的分支分配权重，并动态整合三个残差神经网络的输出，从而预测不同地区的人流量。Simonyan 和 Zisserman[32]提出了双流网络(two-stream convolutional network)，其由两个分支组成：空间流卷积网络和时间流卷积网络。双流卷积神经网络的结构如图2-19所示，其中，空间流卷积网络以单帧视觉图像为输入，学习静态图像的外观特征(空间特征)；时间流卷积网络以多帧光流图像为输入，通过提取帧间的时序特征以捕捉运动时序信息。

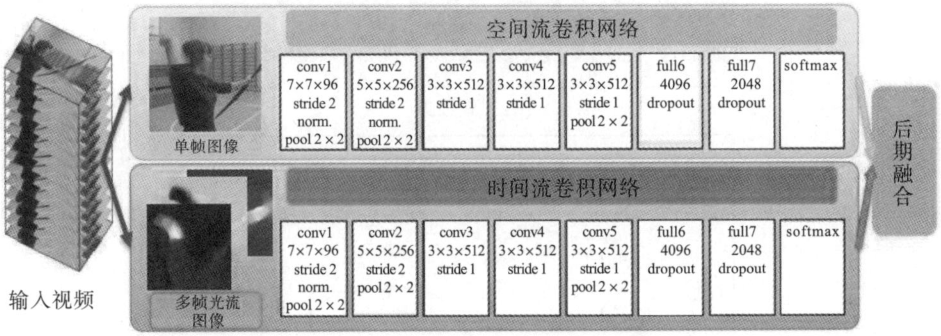

图 2-19　双流卷积神经网络的结构[32]

2.4.2　基于时序的多视图序列模型

1. 时序数据与循环神经网络

时间序列是一种典型的序列数据，它是在连续且均匀分布的时间点采集得到的序列。例如，在机械故障诊断中，设备的频率是等间隔采样的。图 2-20(a)展示了音频数据的示例；如图 2-20(b)所示，视频数据被视为按时间顺序记录的一系列图像；图 2-20(c)是轨迹数据的示例，轨迹数据也被视为一个时间序列，它周期性地记录目标的移动位置。时序数据并不是序列数据的唯一情况，还有其他类型数据，如文本数据。序列数据(特别是时空序列)由于其独特的动态性、突变性、不确定性以及时空关联性，近年来成为热门研究方向之一。由于传统机器学习算法强健的理论支撑，许多研究者基于其理论定义针对序列学习进行了一系列探究。

循环神经网络 RNN 提供了一套动态的并结合知识记忆和存储的机器学习理论框架，故具有对序列数据循环处理和复杂转换的能力，是目前最流行的深度学习网络之一，同时也是近年来研究的热门方向之一。然而，随着序列长度的增加，RNN 可能出现梯度消失、梯度爆炸等问题，因此，近年来众多学者针对其潜在的缺陷进行了深入研究。Hochreiter 和 Schmidhuber[33]构建了 LSTM 网络，实现了对隐藏层输入、输出激活以及循环控制，有效减缓了梯度消失和梯度爆炸的影响，使得神经元能够学习长时依赖关系。在此基础上，Cho 等[34]提出了 GRU，将遗忘门和输入门组合成一个更新门，并合并细胞状态和隐层状态。

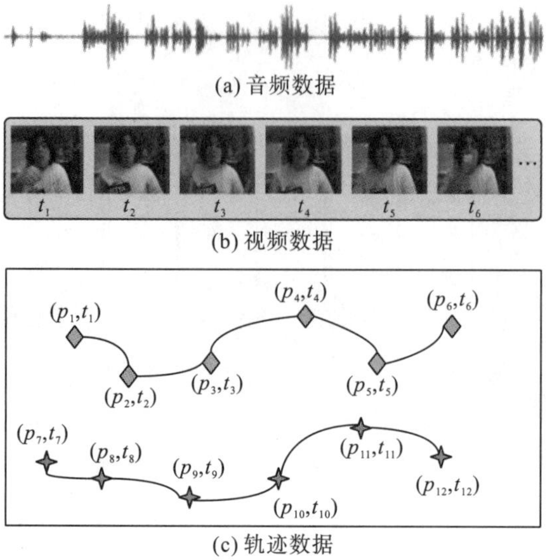

(a) 音频数据

(b) 视频数据

(c) 轨迹数据

图 2-20 序列数据

对于序列数据，如文本、轨迹数据、时间序列数据等，需要使用一些特征变换和特征嵌入的方法来处理。对于时间序列数据，通常使用多层感知器(multilayer perceptron，MLP)将其映射为潜在向量。Cheng 等[35]应用全连接层(fully connected layers，FCL)来提取兴趣点(point of interest，POI)特征和气象特征(如天气、温度、湿度等)。Du 等[36]提出深度空气质量预测框架用于 $PM_{2.5}$ 预测，设置 1×1 卷积来转换多个时间序列数据，利用双向 LSTM 网络学习来自多元时间序列的长期时间特征。

2. 多视图时序网络

随着 RNN 及其扩展模型理论与方法的逐渐成熟和完善，针对各相关领域及产业中的特定问题，众多学者提出了相应的变体与优化算法用于解决实际问题。

一系列基于 RNN 的方法用于多视图序列数据。为克服现有时间序列数据处理方法只考虑单视图而导致信息不充分的缺陷，Li 等[37]提出一种多视图双线性判别映射方法用于提取多视图多元时间序列数据之间的可判别特征。在乘客需求预测中，三个 LSTM 网络分别用于对时空地图、外部气象数据和时间数据进行建模[38]。进一步地，考虑到视图内的共享序列特征以及视图间的互补序列特征，Zadeh 等[39]提出记忆融合网络用于多视图序列学习，其包括 LSTM 网络、三角-记忆注意力网络和多视图门限记忆网络。图 2-21 为记忆融合网络[39]的结构。首先，使用三个独立的 LSTM 网络分别为语言、视觉和声音构建模态嵌入子网络，以提取各视图内动态；其次，通过三角-记忆注意力网络捕获 t 时间步的跨视图交互；最后，多视图门限记忆网络用于存储跨视图交互的历史记录，作为LSTM网络的统一记忆用于描述多视图序列。

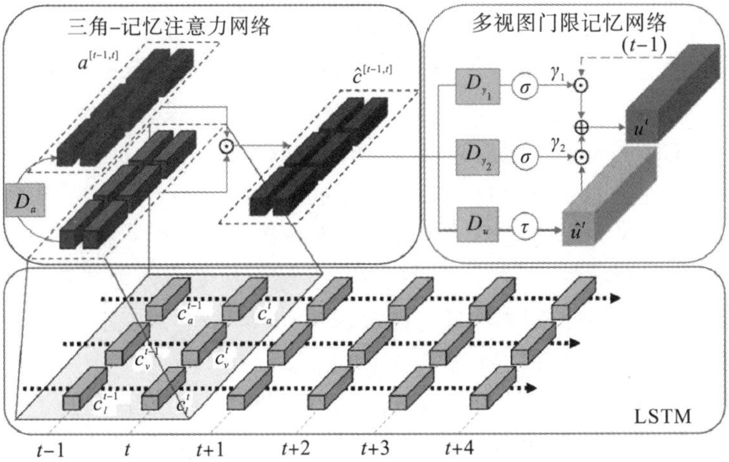

图 2-21　记忆融合网络的结构[39]

2.4.3　基于图的多视图序列模型

1. 图数据与图神经网络

图数据是由一系列边连接的顶点的集合，每个边都被分配了一个权重。图数据用于许多领域，包括交通路网、社交网络、推荐系统以及分子结构等。在社交网络中，每个人都是一个顶点，相互之间有关系的人通过边连接起来，每条边都有一个方向，形成有向图。在交通预测中，交通道路网络自然地被建模为图，以道路网络为例，路段表示为边，空间地图中嵌入的节点表示这些路段的交点。如图 2-22 所示，黑色节点表示关注的中心路段，灰色节点表示连接到中心路段的道路。通过对图结构的挖掘，可以获取中心路段及其周围道路之间的拓扑关系。

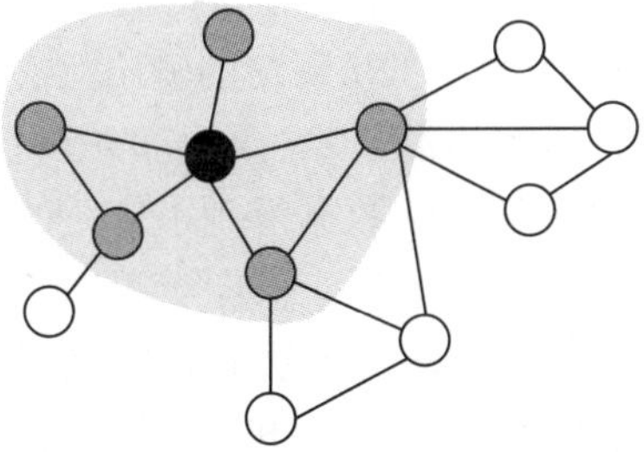

图 2-22　交通路网

可见，图数据是非欧几里得数据(知识图谱、分子结构、社交网络等)，区别于常见的欧几里得数据(图像、文本、语音等)，因此传统的 CNN 不能直接应用在图数据上，即无法使用预定义大小的卷积核进行卷积运算。如何在图数据中利用卷积来提取空间特征成为亟待解决的问题，众多学者开始研究用神经网络处理这类数据。近年来，图卷积神经网络[40](graph convolutional nueral network，GCN)在非欧几里得数据的应用上快速发展，取得了可喜的成果。GCN 通常分为两类，即基于谱的 GCN 和基于空间的 GCN。基于谱的 GCN 定义了在傅里叶域中的卷积运算[40]，基于空间的 GCN 直接在图结构上利用卷积来聚合来自邻居的信息。

基于谱的 GCN 从信号处理的角度引入卷积核来定义图卷积。Song 等[41]提出一种时空同步图卷积网络，可以通过时空同步建模机制有效地捕获复杂的局部时空相关性。为了满足中长期预测任务的要求，Yu 等[42]引入时空图卷积网络，将交通网络建模为图，并使用谱卷积提取空间特征。

基于空间的 GCN 模拟了传统 CNN 的卷积操作，图卷积是基于节点的空间关系。Wang 等[43]将起点-终点(origin-destination，OD)矩阵转换为语义图，然后对语义图进行卷积运算。图注意力网络[44](graph attention network，GAT)是另一种图神经网络，它通过注意力机制计算相邻节点的权重，而无须知道图的结构。Pan 等[45]提出一种元图注意力网络(meta-graph attention network)，它使用注意力机制[46]来捕获节点之间的动态空间相关性，并从元知识中生成注意力权重。

2. 多视图图神经网络

随着 GCN 理论的不断发展，一系列基于 GCN 的方法用于多视图序列数据。针对各领域及特定问题，众多学者提出了相应的模型用于解决实际问题。

人们日常出行产生了大量的交通数据，通常包括交通流量、事故、轨迹、空间地图、路网等时空数据，交通数据的挖掘与分析已成为极为重要的问题。针对时空数据，图卷积网络和循环神经网络结合的时空图网络成为解决问题的关键技术[47]。图 2-23 是针对单视图的时空图卷积网络结构，其由两个部分组成：图卷积网络和 LSTM 网络。具体来说，将连续变化的图数据作为输入，用图卷积网络分别为每个时刻的图数据提取空间相关的特征，然后送入 LSTM 网络并沿时间维度建模时序上的依赖关系，最后将 LSTM 网络的输出状态用于预测。

然而，交通数据受外部因素(如天气、事故)的影响，且数据形式多样，因此从多视图的角度处理这类复杂的时空数据得到了广泛的应用。Bai 等[38]提出一个端到端的深度学习框架，包括三个组件：①图卷积递归神经网络，用于提取历史乘客需求数据中的时空相关性；②两个多层 LSTM 网络分别表示外部气象序列数据和时间序列数据；③一个编码器-解码器模块，用于融合上述两个组件的输出并进行解码，以预测未来的多个值。Wang 等[43]预测人群流量和 OD 轨迹，提出了多任务对抗时空网络模型，如图 2-24 所示，包含私有时空编码器、共享时空编码器和时空解码器。在私有时空编码器中，图像和图数据表示形式不同，不能被统一的神经网络处理，因此提出异构时空网络(heterogeneous spatial-temporal network，HSTN)，分别学习图像和图数据表示，得到任务特定的特征。共享时空编码器旨在学习所有任务共享的共同特征，并采用对抗学习进一步提纯共享特征以减少信息冗余。时空解码器将学习到的任务特定的特征和共享特征相结合作为输入，在时间队列中采用注意力机制学习时间依赖性并做出预测。

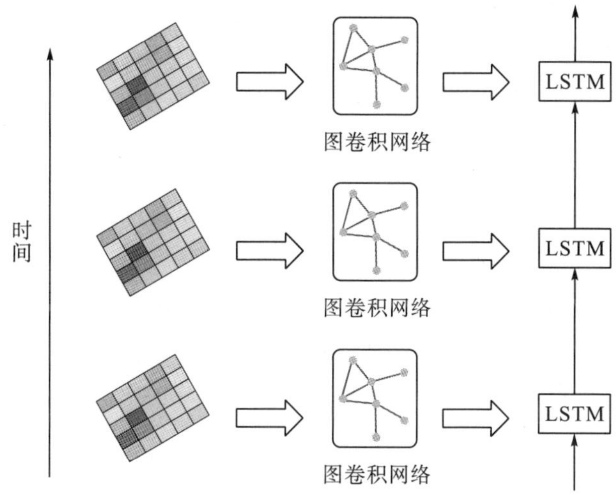

图 2-23　单视图的时空图卷积网络结构

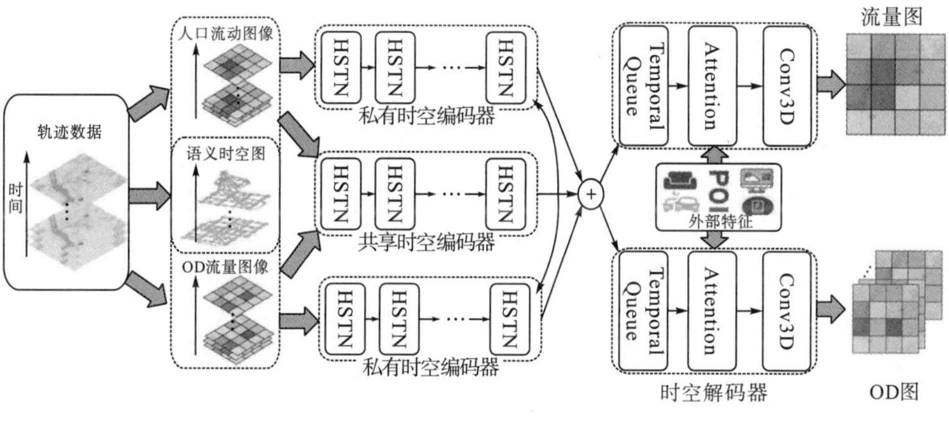

图 2-24　多任务对抗时空网络模型[43]

参考文献

[1] 余前帆.《计算机科学技术名词》(第三版)正式公布. 中国科技术语, 2019, 21(2): 10.

[2] 杨丽, 吴雨茜, 王俊丽, 等. 循环神经网络研究综述. 计算机应用, 2018, 38(S2): 1-6.

[3] Li S Y, Jiang Y, Zhou Z H. Partial multi-view clustering. Proceedings of the AAAI Conference on Artificial Intelligence, 2014, 28(1): 1968-1974.

[4] Wang H, Yang Y, Li T. Multi-view clustering via concept factorization with local manifold regularization. Proceedings of the International Conference on Data Mining, 2016: 1245-1250.

[5] Xu C, Tao D C, Xu C. A survey on multi-view learning. [2013-04-20]. http://arxiv.org/abs/1304.5634v1.

[6] Dasgupta S, Littman M L, McAllester D. PAC generalization bounds for co-training. Proceedings of the Neural Information Processing Systems, 2002: 375-382.

[7] 刘新旺. 多视图学习的基础理论和方法研究. 中国基础科学, 2022, 24(3): 27-34.

[8] Yang Y, Wang H. Multi-view clustering: a survey. Big Data Mining and Analytics, 2018, 1(2): 83-107.

[9] Blum A, Mitchell T. Combining labeled and unlabeled data with co-training. Proceedings of the 11th Annual Conference on Computational Learning Theory, 1998: 92-100.

[10] Kumar A, Iii H D. A co-training approach for multi-view spectral clustering. Proceedings of the 28th International Conference on Machine Learning, 2011: 393-400.

[11] Zhang P R, Yang Y, Peng B, et al. Multi-view clustering algorithm based on variable weight and MKL. Proceedings of the International Joint Conference on Rough Sets, 2017: 599-610.

[12] Yin Q Y, Wu S, Wang L. Unified subspace learning for incomplete and unlabeled multi-view data. Pattern Recognition, 2017, 67: 313-327.

[13] Zhang Y L, Yang Y, Li T R, et al. A multitask multiview clustering algorithm in heterogeneous situations based on LLE and LE. Knowledge-Based Systems, 2019, 163: 776-786.

[14] Wang H, Yang Y, Liu B. GMC: graph-based multi-view clustering. IEEE Transactions on Knowledge and Data Engineering, 2020, 32(6): 1116-1129.

[15] Wright J, Yang A Y, Ganesh A, et al. Robust face recognition via sparse representation. IEEE Transactions on Pattern Analysis and Machine Intelligence, 2009, 31(2): 210-227.

[16] Nie F P, Wang X Q, Huang H. Clustering and projected clustering with adaptive neighbors. Proceedings of the 20th ACM SIGKDD International Conference on Knowledge Discovery and Data Mining, 2014: 977-986.

[17] Nie F P, Wang X Q, Jordan M I, et al. The constrained Laplacian rank algorithm for graph-based clustering. Proceedings of the AAAI Conference on Artificial Intelligence, 2016: 1969-1976.

[18] Liu X W, Zhu X Z, Li M M, et al. Late fusion incomplete multi-view clustering. IEEE Transactions on Pattern Analysis and Machine Intelligence, 2019, 41(10): 2410-2423.

[19] Nie F P, Tian L, Li X L. Multiview clustering via adaptively weighted procrustes. Proceedings of the 24th ACM SIGKDD International Conference on Knowledge Discovery and Data Mining, 2018: 2022-2030.

[20] 夏冬雪，杨燕，王浩，等. 基于邻域多核学习的后融合多视图聚类算法. 计算机研究与发展，2020，57(8)：1627-1638.

[21] Sun S L, Shawe-Taylor J, Mao L. PAC-Bayes analysis of multi-view learning. Information Fusion, 2017, 35: 117-131.

[22] Fan K. On a theorem of weyl concerning eigenvalues of linear transformations: I. Proceedings of the National Academy of Sciences of the United of America, 1949, 35(11): 652-655.

[23] Gönen M, Alpaydin E. Multiple kernel learning algorithms. Journal of Machine Learning Research, 2011, 12: 2211-2268.

[24] Zhou Y, Tuzel O. VoxelNet: end-to-end learning for point cloud based 3d object detection. Proceedings of the IEEE Conference on Computer Vision and Pattern Recognition, 2018: 4490-4499.

[25] LeCun Y, Bengio Y, Hinton G. Deep learning. Nature, 2015, 521(7553): 436-444.

[26] Krizhevsky A, Sutskever I, Hinton G E. ImageNet classification with deep convolutional neural networks. Communications of the ACM, 2017, 60(6): 84-90.

[27] Girshick R, Donahue J, Darrell T, et al. Rich feature hierarchies for accurate object detection and semantic segmentation. Proceedings of the 2014 IEEE Conference on Computer Vision and Pattern Recognition, 2014: 580-587.

[28] He K M, Zhang X Y, Ren S Q, et al. Deep residual learning for image recognition. Proceedings of the 2016 IEEE Conference on Computer Vision and Pattern Recognition, 2016: 770-778.

[29] Su H, Maji S, Kalogerakis E, et al. Multi-view convolutional neural networks for 3D shape recognition. Proceedings of the IEEE International Conference on Computer Vision, 2015: 945-953.

[30] Hossain M S, Muhammad G. Emotion recognition using deep learning approach from audio-visual emotional big data. Information Fusion, 2019, 49: 69-78.

[31] Zhang J B, Zheng Y, Qi D K. Deep spatio-temporal residual networks for citywide crowd flows prediction. Proceedings of the AAAI Conference on Artificial Intelligence, 2017: 1655-1661.

[32] Simonyan K, Zisserman A. Two-stream convolutional networks for action recognition in videos. Proceedings of the Neural Information Processing Systems, 2014, 27: 568-576.

[33] Hochreiter S, Schmidhuber J. Long short-term memory. Neural Computation, 1997, 9(8): 1735-1780.

[34] Cho K, van Merrienboer B, Gulcehre C, et al. Learning phrase representations using RNN encoder-decoder for statistical machine translation. Proceedings of the 2014 Conference on Empirical Methods in Natural Language Processing, 2014: 1724-1734.

[35] Cheng W Y, Shen Y Y, Zhu Y M, et al. A neural attention model for urban air quality inference: learning the weights of monitoring stations. Proceedings of the AAAI Conference on Artificial Intelligence, 2018, 32(1): 2151-2158.

[36] Du S D, Li T R, Yang Y, et al. Deep air quality forecasting using hybrid deep learning framework. IEEE Transactions on Knowledge and Data Engineering, 2021, 33(6): 2412-2424.

[37] Li S, Li Y L, Fu Y. Multi-view time series classification: a discriminative bilinear projection approach. Conference on Information and Knowledge Management, 2016: 989-998.

[38] Bai L, Yao L N, Kanhere S S, et al. Spatio-temporal graph convolutional and recurrent networks for citywide passenger demand prediction. Proceedings of the 28th ACM International Conference on Information and Knowledge Management, 2019: 2293-2296.

[39] Zadeh A, Liang P P, Mazumder N, et al. Memory fusion network for multi-view sequential learning. Proceedings of the AAAI Conference on Artificial Intelligence, 2018, 32(1): 5634-5641.

[40] Kipf T N, Welling M. Semi-supervised classification with graph convolutional networks. Proceedings of the International Conference on Learning Representations, 2017: 1-14.

[41] Song C, Lin Y F, Guo S N, et al. Spatial-temporal synchronous graph convolutional networks: a new framework for spatial-temporal network data forecasting. Proceedings of the AAAI Conference on Artificial Intelligence, 2020, 34(1): 914-921.

[42] Yu B, Yin H T, Zhu Z X. Spatio-temporal graph convolutional networks: a deep learning framework for traffic forecasting. Proceedings of the 27th International Joint Conference on Artificial Intelligence, 2018: 3634-3640.

[43] Wang S Z, Miao H, Chen H, et al. Multi-task adversarial spatial-temporal networks for crowd flow prediction. Proceedings of the 29th ACM International Conference on Information and Knowledge Management, 2020: 1555-1564.

[44] Veličković P, Cucurull G, Casanova A, et al. Graph attention networks. Proceedings of the International Conference on Learning Representations, 2018: 1-12.

[45] Pan Z Y, Liang Y X, Wang W F, et al. Urban traffic prediction from spatio-temporal data using deep meta learning. Proceedings of the 25th ACM SIGKDD International Conference on Knowledge Discovery and Data Mining, 2019: 1720-1730.

[46] Bahdanau D, Cho K, Bengio Y. Neural machine translation by jointly learning to align and translate. Proceedings of the International Conference on Learning Representations, 2015: 1-15.

[47] Zhao L, Song Y J, Zhang C, et al. T-GCN: a temporal graph convolutional network for traffic prediction. IEEE Transactions on Intelligent Transportation Systems, 2020, 21(9): 3848-3858.

第3章　交通预测中面向序列数据的多视图方法

本章主要介绍交通预测任务中面向序列数据的多视图方法。首先对交通序列数据预测以及现有研究进行概述，然后介绍三种基于多视图的交通序列预测模型，包括结合深度灵活结构化时空模型、基于多视图的时空自适应图卷积网络以及基于多任务学习的多城市交通流预测模型。

3.1　交通序列数据预测概述

随着物联网和传感器技术的飞速发展，城市大数据爆发式增长，如城市交通数据、城市气象数据和城市能耗数据等。因此，以城市大数据为驱动，以机器学习方法为技术的城市计算作为新兴学科广受关注。同时，由于时间的序列关系和空间的结构关系，城市数据往往以时空序列模式呈现。如何基于机器学习技术，有效挖掘城市数据的时空序列模式，帮助决策者及时做出正确的决策是城市计算的重点和难点。以交通数据为例，作为城市发展的命脉，城市中每天都会产生海量交通数据，有效提取其中蕴含的价值信息，帮助构建智能交通系统，是城市计算中最为关键的一环。本章旨在以深度学习为基础，结合多视图学习、多任务学习、图学习、注意力机制和特征融合等方法，构建面向交通序列数据的新型多视图深度学习模型，有效挖掘数据的时空依赖关系，提高交通预测性能，帮助构建智能交通系统，为城市计算处理其他城市序列数据提供新的思路。

不少学者提出了各种基于机器学习的方法来解决这一关键任务，其主要分为以下几类：①基于传统机器学习的交通预测；②基于 CNN 的交通预测；③基于 RNN 的交通预测；④基于混合模型的交通预测。

基于传统机器学习的方法大多将交通数据视为时间序列，然后采用传统的时序分析方法建模数据的时序依赖。例如，Lippi 等[1]提出两个新的支持向量回归模型，它们能有效捕获交通流量的季节性变化，从而进行更准确的预测。进一步，研究者们考虑到交通数据具有时序依赖的同时还具有路网空间信息，因此 Deng 等[2]提出了一种用于道路网络的潜在空间模型，该模型学习潜在空间中顶点的属性，这些属性同时捕获了拓扑关系和时间属性。这些方法针对交通预测任务虽然取得了一定的效果，但是由于城市化进程不断加快，交通数据爆发式增长，传统的机器学习方法已难以应对海量的数据。深度学习因其自身强大的特征提取能力可以有效处理大数据任务，从而被广大学者推崇。

基于 CNN 的方法将交通流量视为二维图像数据，并采用 CNN 提取交通数据的空间特征。例如，Ma 等[3]提出一种基于 CNN 的方法，该方法通过一个二维时空矩阵将交通数据转换为图像格式，然后应用 CNN 提取交通特征并进行预测。Zhang 等[4]提出一个基于 CNN 的深度残差网络，该网络通过学习人群流量的周期性、趋势性和邻近性来联合预测人群的入流和出流。CNN 作为最常见的深度学习模型之一，因其出色的二维图像数据处理能力，在计算机视觉领域被广泛应用。针对交通数据，基于 CNN 的方法虽然能够有效刻画数据的空间拓扑关系，但对时序依赖的建模仍存在一定的缺陷。

基于 RNN 的方法利用 RNN 及其各种变体(如 LSTM 网络和 GRU 网络)的记忆能力来捕获交通序列的短期和长期时间依赖。例如，Fu 等[5]使用 LSTM 网络和 GRU 神经网络方法来预测短期交通流量。Zhao 等[6]提出一个新的基于 LSTM 网络模型，该模型通过许多存储单元组成的二维网络来考虑交通系统中的时空相关性，从而实现更好的预测性能。RNN 同样作为最常见的深度学习模型之一，依靠自身的门控单元设计，具有良好的时序记忆能力，帮助捕获数据的时序依赖。针对具有时空特性的交通数据，大多基于 RNN 的方法仅能刻画数据的时序相关性，而忽略了数据的空间关系。

基于混合模型的方法利用不同的神经网络来充分有效地提取交通数据的时空特征，大大提高了模型的预测性能。例如，Yao 等[7]提出一个深度多视图时空网络框架，该模型由时间视图、空间视图和语义视图三部分组成，从而全面考虑了交通数据的时空特性。Lv 等[8]通过对 RNN 和 CNN 的合理整合，提出一种新的网络模型，该模型采用 CNN 提取周边区域的特征反馈给 RNN，用于学习时序模式，从而通过参考周边区域动态来实现更准确的交通速度预测。Zhao 等[9]结合 GCN 和 GRU 提出一种新的基于神经网络的流量预测方法，即时间图卷积网络模型(temporal graph convolutional network，T-GCN)，该模型利用 GCN 学习复杂的拓扑结构以捕获空间依赖性，同时利用 GRU 学习交通数据的动态变化以捕获时间依赖性。Zheng 等[10]提出一种图多注意力网络(graph multi-attention network，GMAN)，该网络采用编码器-解码器架构，其中编码器和解码器都由多个时空注意块组成，以模拟时空因素对交通状况的影响。基于混合模型的方法能够结合不同神经网络的优势，充分挖掘交通数据中蕴含的时空信息，因此相较于基于单一网络模型的方法，它能实现更加优越的性能。

随着城市计算受到越来越多的关注，各种各样的方法被提出用于学习城市交通数据中丰富的知识，从而助力智能交通系统的构建。因交通数据同时具有时间依赖关系和空间拓扑结构，现有大多数模型对充分提取交通序列数据的特征仍然存在一定的局限性。因此，如何有效且充分地挖掘数据中的潜在信息，仍是交通预测任务中亟待解决的重点和难点。本章以深度学习为基础引入多视图学习，构建多视图深度学习模型，旨在利用多视图学习的一致性和互补性，从而充分有效地刻画交通数据的时空动态依赖，同时，为处理多应用场景或多城市问题导致的数据差异性，建立通用的网络模型，并进一步结合多任务学习，构建多任务深度学习模型以解决不同城市的交通预测问题。

3.2 基于卷积-循环神经网络的交通预测模型

本节介绍一种深度灵活结构化时空模型。该模型结合多视图学习，首先根据交通数据的时间规律分别将入流和出流数据建模为周期性、趋势性和邻近性三个视图；其次构建三个孪生时空网络学习不同视图中入流和出流的时空依赖；最后采用动态融合层自适应地融合三个视图，从而实现交通运力预测。

3.2.1 交通运力预测

随着在线打车服务的普及，人们出行越来越便捷。出租车运力(即空闲出租车数量)作为最重要的城市交通资源之一，对城市交通智能管理至关重要。例如，对于服务商而言，他们可以随时监控空置出租车，并优化区域资源以避免空驶。同时，人们也更关心城市不同区域的出租车运力现状以及未来的状态以便合理规划行程。例如，当某游客到达目的城市之后，及时掌握城市各个区域的运力状况有助于他在有限的时间内合理安排自己的行程。由此可见，预测出租车运力无论是对于服务商还是乘客而言都是重要的任务。

根据分析可知，当前的出租车运力主要受到出租车的历史入流和出流影响。其中，入流表示在给定时间间隔内从其他地方流入一个地区并在该地区结束的出租车总数；出流表示在给定时间间隔内从一个地区流向其他地方的出租车总数，如图 3-1 所示。由于出租车的持续移动，入流和出流数据都具有显著的时空特征，并且具有相似的数据结构。如何有效捕捉入流和出流的空间拓扑关系和时间动态依赖存在以下挑战。

(1) 空间相关性。如图 3-1 所示，区域 s_{22} 的流入和流出受到周边地区甚至其他偏远地区的影响，s_{22} 的流出也影响其他地区的流入，区域 s_{22} 的流出也受到其自身流入的影响。此外，城市中各个区域的功能不同，也会导致不同区域的流出对同一区域的流入产生不同影响。

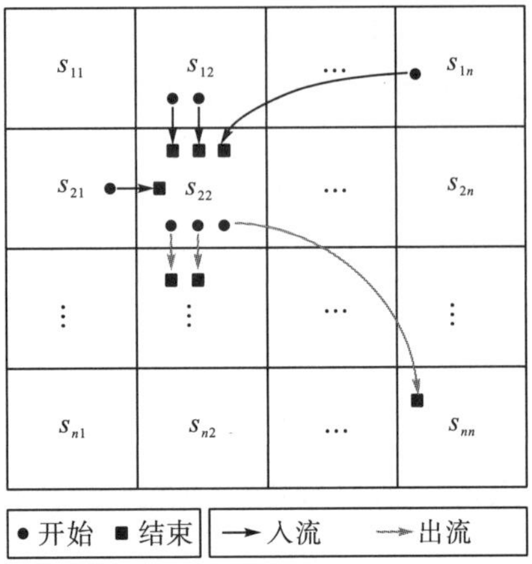

图 3-1 城市各区域的入流和出流示意

(2)时间动态性。一方面，受人们出行方式影响，城市交通通常存在周期性、趋势性和邻近性的特点；另一方面，一个地区的流入和流出会随着时间而变化。例如，在工作日，住宅区的流出量往往在早上增加，晚上减少，相应地，住宅区的流入通常在早上减少，晚上增加。

为了解决这些挑战，本节介绍了一种新颖的多视图深度学习框架，即深度灵活结构化时空模型(deep flexible structured spatial-temporal model，DFSSTM)[11]来预测整个城市的出租车运力分布。具体来讲，该模型首先根据交通数据的时间特性，将数据划分为周期性、趋势性和邻近性三个视图；其次采用三个孪生时空网络分别提取三个交通流视图的时空特征；最后构建一个动态融合层自动对每个视图进行加权，以整合三个视图的输出，得到最终的预测结果。

3.2.2 深度灵活结构化时空模型

1. 预备知识

地理矩形：参照已有工作[12]，将整个城市按经纬度划分为 $n \times n$ 个网格，表示为 $\boldsymbol{S}=\{s_{ij} \in S, 0<i \leqslant n, 0<j \leqslant n\}$，其中 s_{ij} 表示该区域位于第 i 行、第 j 列。

入流/出流：全天被分为 24 个时间间隔，每个间隔设置为 1h。在 1h 间隔内，从其他地区到达 s_{ij} 的出租车总数被视为 s_{ij} 的流入量，表示为 $a_{ij}(a_{ij} \geqslant 0, a_{ij} \in \mathbb{Z})$。相反，流出量是在一个时间间隔内从 s_{ij} 到其他地方的出租车总数，表示为 $l_{ij}(l_{ij} \geqslant 0, a_{ij} \in \mathbb{Z})$。图 3-2 显示了整个城市在第 t 个时间间隔的入流分布和出流分布示例，分别表示为 $\boldsymbol{A}^t$ 和 $\boldsymbol{L}^t$。

a_{11}^t	a_{12}^t	$\cdots$	a_{1n}^t
a_{21}^t	a_{22}^t	$\cdots$	a_{2n}^t
$\vdots$	$\vdots$	$\cdots$	$\vdots$
a_{n1}^t	a_{n2}^t	$\cdots$	a_{nn}^t

(a) 入流分布

l_{11}^t	l_{12}^t	$\cdots$	l_{1n}^t
l_{21}^t	l_{22}^t	$\cdots$	l_{2n}^t
$\vdots$	$\vdots$	$\cdots$	$\vdots$
l_{n1}^t	l_{n2}^t	$\cdots$	l_{nn}^t

(b) 出流分布

图 3-2　第 t 个时间间隔的入流分布和出流分布

出租车运力：出租车运力 $TC_{ij}^t(TC_{ij}^t \in \mathbb{Z})$ 表示区域 s_{ij} 在第 t 个时间间隔内可用的出租车数量。$\boldsymbol{TC}^t$ 表示整个城市在第 t 个时间间隔的出租车容量分布，如图 3-3 所示。

TC_{11}^t	TC_{12}^t	$\cdots$	TC_{1n}^t
TC_{21}^t	TC_{22}^t	$\cdots$	TC_{2n}^t
$\vdots$	$\vdots$	$\cdots$	$\vdots$
TC_{n1}^t	TC_{n2}^t	$\cdots$	TC_{nn}^t

图 3-3　出租车运力分布

问题定义：出租车运力预测旨在根据第 t 个时间间隔之前的历史流入和流出数据来预测第 t 个时间间隔的出租车运力分布，如式(3-1)所示。

$$TC_{ij}^t = \Phi(a_{ij}^{t-h}, a_{ij}^{t-h+1}, \cdots, a_{ij}^{t-1}; l_{ij}^{t-h}, l_{ij}^{t-h+1}, \cdots, l_{ij}^{t-1}) \tag{3-1}$$

其中，$\Phi(\cdot)$ 为预测模型函数；h 为前 h 个历史时间间隔。

2. 模型框架

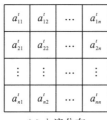

本节将详细描述所提出的深度灵活结构化时空模型(DFSSTM)，整体网络框架结构如图 3-4 所示。首先，根据专家经验知识可知，交通流的变化通常有三种时间依赖规则，即邻近性、周期性和趋势性。邻近性是指当前时间步发生的交通流通常受前一个时间步的影响；周期性是指在一个固定的周期内，某一天某一时间步的流量与另一天同一时间步的流量(如本周一上午 9 点和下周一上午 9 点)变化趋势相似；趋势性是指今天的整体交通流变化趋势可能与接下来几天的交通流变化趋势相似。因此，DFSSTM 首先基于交通数据的时间特征分别构建了周期性、趋势性和邻近性三个视图；其次使用孪生时空网络(siamese spatial-temporal network，SSTN）对每个视图的时空依赖性进行建模，其中 SSTN 引入孪生架构以同时学习入流和出流数据的时空依赖，SSTN 的每个子网络由多个时空模块组成；最后，动态融合层自适应地为三个视图分配权重，从而有效融合三个视图的预测得到最终结果。

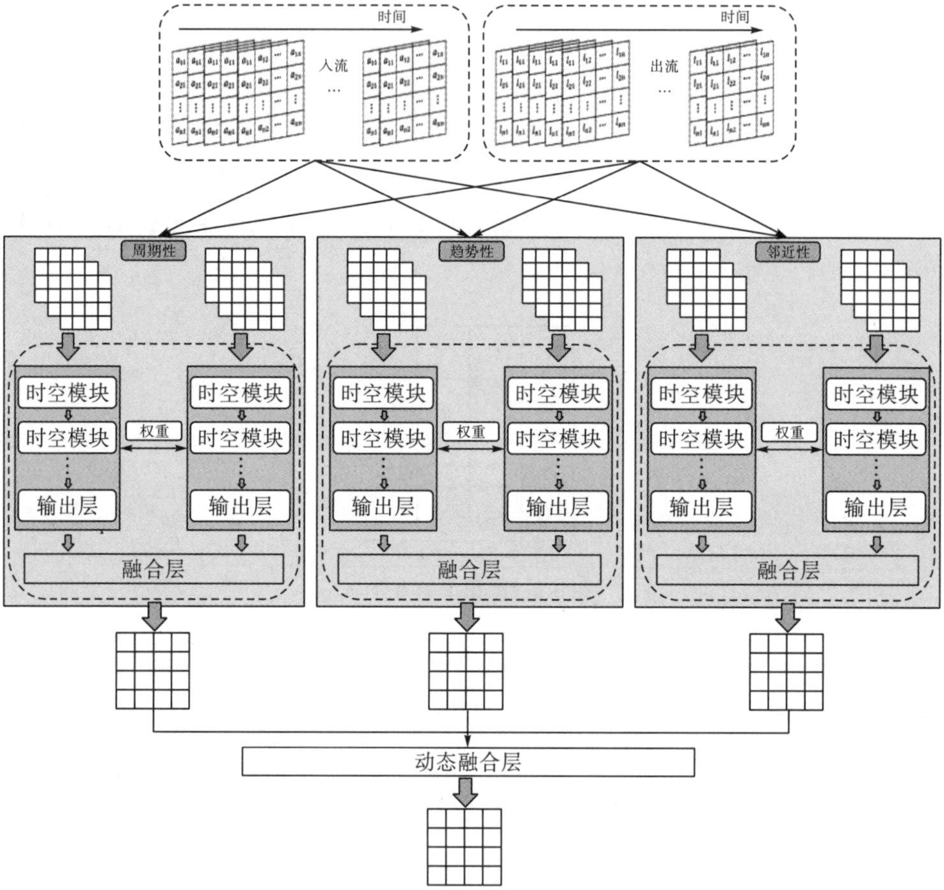

图 3-4　深度灵活结构化时空模型架构图

3. 孪生时空网络

交通数据作为一种特殊的时间序列数据，通常会受到短期和长期时间依赖性的影响。为了捕捉更充分的时间特征，考虑到交通数据的周期、趋势、邻近三个属性，将它们建模为三个视图。将交通流数据拆分为三个视图后，本节设计了一个孪生时空网络（SSTN），该网络可以接受入流和出流两个不同的输入，并在最后一层合并它们以获得每个视图的一个输出。因此，在本节中，入流和出流数据被提取出来分别构建三个视图。它们成对组合，并馈送到具有相同结构的三个网络中。以其中一个视图为例，SSTN 的架构如图 3-5 所示。

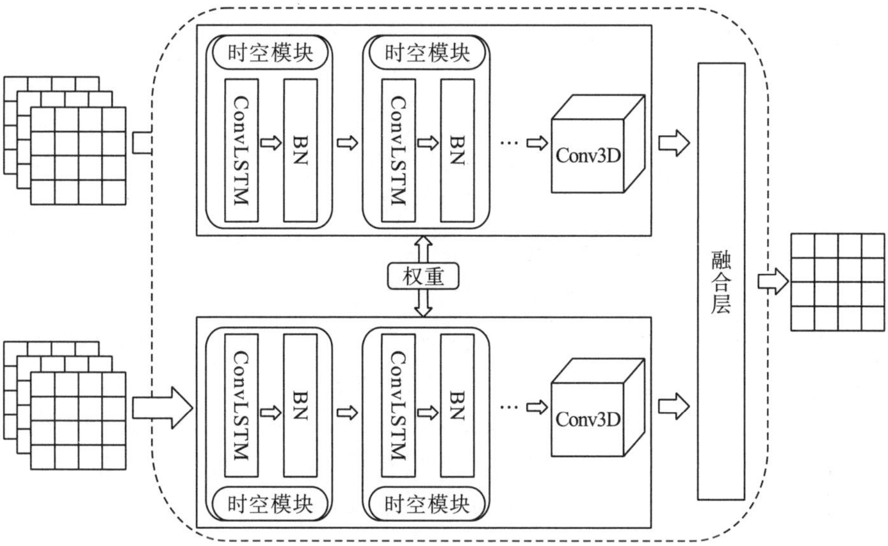

图 3-5　孪生时空网络的架构

根据地理矩形的定义可知，每个时刻下的城市交通数据被视为图像数据，每个视图的数据随着时间的累积形成类似视频的数据。因此，为了同时捕捉交通序列的时间依赖性和空间相关性，本节基于 ConvLSTM[13]设计了时空模块。不同于 LSTM 网络和 CNN 网络只能表征时间关系或空间相关性，ConvLSTM 将 LSTM 网络的前馈方法从哈达玛(Hadamard)乘积修改为卷积运算，使模型不仅可以像 LSTM 网络那样建立时间序列关系，而且可以像 CNN 一样将空间信息编码为张量。ConvLSTM 的突出特点是所有输入 $\boldsymbol{X}_1,\cdots,\boldsymbol{X}_t$，单元格输出 $\boldsymbol{C}_1,\cdots,\boldsymbol{C}_t$，隐层状态 $\boldsymbol{H}_1,\cdots,\boldsymbol{H}_t$ 和门控状态 $\boldsymbol{i}_t$, $\boldsymbol{f}_t$, $\boldsymbol{o}_t$ 都是 $\mathbb{R}^{P\times M\times N}$ 的三维张量，其中最后两个维度表示空间维度(即行和列)。ConvLSTM 的主要公式定义如式(3-2)所示。

$$\begin{cases}\boldsymbol{i}_t=\sigma(\boldsymbol{W}_{xi}*\boldsymbol{X}_t+\boldsymbol{W}_{hi}*\boldsymbol{H}_{t-1}+\boldsymbol{W}_{ci}\circ\boldsymbol{C}_{t-1}+\boldsymbol{b}_i)\\ \boldsymbol{f}_t=\sigma(\boldsymbol{W}_{xf}*\boldsymbol{X}_t+\boldsymbol{W}_{hf}*\boldsymbol{H}_{t-1}+\boldsymbol{W}_{cf}\circ\boldsymbol{C}_{t-1}+\boldsymbol{b}_f)\\ \boldsymbol{C}_t=\boldsymbol{f}_t\circ\boldsymbol{C}_{t-1}+\boldsymbol{i}_t\circ\tanh(\boldsymbol{W}_{xc}*\boldsymbol{X}_t+\boldsymbol{W}_{hc}*\boldsymbol{H}_{t-1}+\boldsymbol{b}_c)\\ \boldsymbol{o}_t=\sigma(\boldsymbol{W}_{xo}*\boldsymbol{X}_t+\boldsymbol{W}_{ho}*\boldsymbol{H}_{t-1}+\boldsymbol{W}_{co}\circ\boldsymbol{C}_t+\boldsymbol{b}_o)\\ \boldsymbol{H}_t=\boldsymbol{o}_t\circ\tanh(\boldsymbol{C}_t)\end{cases}\tag{3-2}$$

其中，$\boldsymbol{i}_t$、$\boldsymbol{f}_t$、$\boldsymbol{o}_t$ 分别表示输入门、遗忘门和输出门；σ 表示 Sigmoid 激活函数；所有 $\boldsymbol{W}$ 表示学习的权重；所有的 $\boldsymbol{b}$ 表示学习的偏置；$*$表示卷积操作；$\circ$表示 Hadamard 乘积。

在时空模块中，批量归一化(batch normalization，BN)层[14]用于加速收敛并避免过度拟合。BN 层附加在 ConvLSTM 后面，并接受 ConvLSTM 的输出作为输入，$\boldsymbol{x}=(x^{(1)},\cdots,x^{(d)})$ 具有 d 维。每个维度都可以使用式(3-3)进行归一化，但会降低模型的时空表达能力。因此，式(3-4)用于保留模型的非线性特性。因此，这一层的主要作用是加速模型训练，增强鲁棒性。

$$\hat{x}^{(k)}=\frac{x^{(k)}-E\left[x^{(k)}\right]}{\sqrt{\operatorname{Var}\left[x^{(k)}\right]}} \tag{3-3}$$

$$y^{(k)}=\gamma^{(k)}\hat{x}^{k}+\beta^{(k)} \tag{3-4}$$

其中，$\gamma^{(k)}$ 和 $\beta^{(k)}$ 是对标准化值进行缩放和移动的一对参数。

如图 3-6 所示，SSTN 的每个子网都采用 3D 卷积(Conv3D)作为最后一层。卷积运算通过共享权重来减少参数，提取数据的局部特征，在图像领域取得了突破性的成功。普通的二维卷积(Conv2D)结合其他神经网络可以在图像分类、检测等任务中取得良好的性能。虽然 Conv2D 可以提取单个静态图像的空间特征，但其不能很好地学习时间关系。因此本节使用卷积核考虑时间维度的 Conv3D，以便捕获更丰富的时空依赖性。图 3-6 展示了 Conv3D 的架构。

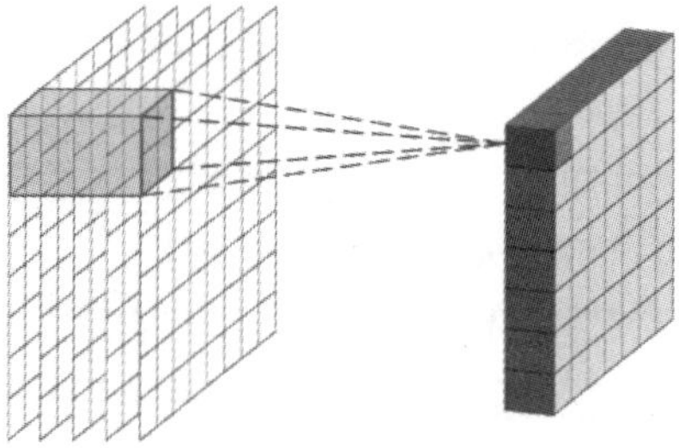

图 3-6 Conv3D 的架构

4. 三视图结构

交通数据作为一种特殊的时空数据，具有特定的时间规律，这是由人们的出行规律决定的。人们在一天不同时间段有不同的出行活动，随着时间的推移，每天人们也会有重复的活动。例如，人们一般早晨出门上班，夜晚下班回家，该出行模式可以保持连续工作日。此外，一次交通拥堵可能会影响未来几个小时的交通状况。受短期和长期时间依赖性的影响，不同时间间隔具有不同的数据模式。为了更好地了解城市居民活动的本质和掌握出行规律，本节将入流和出流数据分别建模为周期性、趋势性和邻近性视图，并利用多视图学习来充分学习动态时间关系。三个视图的结构如下所述。

给定周期长度l_p和周期间隔 p，从而可以提取入流和出流的周期性序列，即$\boldsymbol{A}_p=[A^{t-l_p\cdot p},A^{t-(l_p-1)\cdot p},\cdots,A^{t-p}]$和$\boldsymbol{L}_p=[l^{t-l_p\cdot p},l^{t-(l_p-1)\cdot p},\cdots,l^{t-p}]$。然后它们被输入到SSTN 中预测运力结果$\widehat{\boldsymbol{TC}_p^t}$，如式(3-5)所示。

$$\widehat{\boldsymbol{TC}_p^t}=\Psi(\boldsymbol{A}_p,\boldsymbol{L}_p) \tag{3-5}$$

其中，$\Psi(\cdot)$表示 SSTN 模型函数。

类似地，给定趋势长度l_q和趋势间隔 q，从而可以提取入流和出流的趋势性序列，即$\boldsymbol{A}_q=[A^{t-l_q\cdot q},A^{t-(l_q-1)\cdot q},\cdots,A^{t-q}]$和$\boldsymbol{L}_q=[l^{t-l_q\cdot q},l^{t-(l_q-1)\cdot q},\cdots,l^{t-q}]$，进而通过式(3-6)可以计算得到运力结果$\widehat{\boldsymbol{TC}_q^t}$：

$$\widehat{\boldsymbol{TC}_q^t}=\Psi(\boldsymbol{A}_q,\boldsymbol{L}_q) \tag{3-6}$$

同样地，给定趋势长度l_c和趋势间隔 c，从而可以提取入流和出流的趋势性序列，即$\boldsymbol{A}_c=[A^{t-l_c\cdot c},A^{t-(l_c-1)\cdot c},\cdots,A^{t-c}]$和$\boldsymbol{L}_c=[l^{t-l_c\cdot c},l^{t-(l_c-1)\cdot c},\cdots,l^{t-c}]$，进而通过式(3-7)可以计算得到运力结果$\widehat{\boldsymbol{TC}_c^t}$：

$$\widehat{\boldsymbol{TC}_c^t}=\Psi(\boldsymbol{A}_c,\boldsymbol{L}_c) \tag{3-7}$$

5. 视图融合

众所周知，一个城市通常由许多功能不同的区域(如住宅区、商业区和办公区)组成。虽然每个区域的流量都受到周期、趋势和近邻紧密度的影响，但对应于三个属性而言，不同区域的影响程度各不相同。例如，人们大多在工作日穿梭于办公区和住宅区，周末则在商业区和住宅区穿梭。因此，本节设计了一种新型的融合层，可以自适应地调整每个视图的权重，以获得更准确的结果。图 3-4 的三个视图(即周期性、趋势性、邻近性)合并如式(3-8)所示。

$$\widehat{\boldsymbol{TC}^t}=\boldsymbol{W}_p\circ\widehat{\boldsymbol{TC}_p^t}+\boldsymbol{W}_q\circ\widehat{\boldsymbol{TC}_q^t}+\boldsymbol{W}_c\circ\widehat{\boldsymbol{TC}_c^t} \tag{3-8}$$

其中，$\boldsymbol{W}_p$、$\boldsymbol{W}_q$和$\boldsymbol{W}_c$是可学习的权重矩阵，它们分别根据周期性、趋势性和邻近性影响的程度为三个视图分配不同的权重。

最终，通过最小化预测结果和真实值之间的均方误差来训练提出的 DFSSTM，损失函数定义如式(3-9)所示。

$$L(\Theta)=\|\boldsymbol{TC}^t-\widehat{\boldsymbol{TC}^t}\|_2^2 \tag{3-9}$$

其中，Θ表示模型中所有可学习的参数。

6. 算法与优化

算法 3-1 概述了 DFSSTM 的训练过程，然后使用反向传播和 Adam 方法[15]进行模型优化。

算法 3-1 DFSSTM 的训练过程

输入：历史入流：$\{\boldsymbol{A}^{t-h},\cdots,\boldsymbol{A}^{t-1}\}$；历史出流：$\{\boldsymbol{L}^{t-h},\cdots,\boldsymbol{L}^{t-1}\}$；
周期性、趋势性和邻近性的序列长度 l_p, l_{tr}, l_c；
周期性间隔 p，趋势性间隔 tr 以及邻近性间隔 c 。
输出：训练好的 DFSSTM 模型
1. for 所有可用的时间步 $t\,(t \geqslant 1)$ do
2. $\boldsymbol{I}_p = \{\boldsymbol{A}^{t-l_p \cdot p}, \boldsymbol{A}^{t-(l_p-1)\cdot p}, \cdots, \boldsymbol{A}^{t-p}\}$
3. $\boldsymbol{I}_q = \{\boldsymbol{A}^{t-l_q \cdot q}, \boldsymbol{A}^{t-(l_q-1)\cdot q}, \cdots, \boldsymbol{A}^{t-q}\}$
4. $\boldsymbol{I}_c = \{\boldsymbol{A}^{t-l_c \cdot c}, \boldsymbol{A}^{t-(l_c-1)\cdot c}, \cdots, \boldsymbol{A}^{t-c}\}$
5. $\boldsymbol{O}_p = \{\boldsymbol{L}^{t-l_p \cdot p}, \boldsymbol{A}^{t-(l_p-1)\cdot p}, \cdots, \boldsymbol{A}^{t-p}\}$
6. $\boldsymbol{O}_q = \{\boldsymbol{L}^{t-l_q \cdot q}, \boldsymbol{L}^{t-(l_q-1)\cdot q}, \cdots, \boldsymbol{L}^{t-q}\}$
7. $\boldsymbol{O}_c = \{\boldsymbol{L}^{t-l_c \cdot c}, \boldsymbol{L}^{t-(l_c-1)\cdot c}, \cdots, \boldsymbol{L}^{t-c}\}$
8. 输入 $[\boldsymbol{I}_p, \boldsymbol{O}_p]$，$[\boldsymbol{I}_q, \boldsymbol{O}_q]$，$[\boldsymbol{I}_c, \boldsymbol{O}_c]$ 到 DFSSTM 模型用于训练；
9. end for
10. repeat
11. 随机选择一个批次并 dropout；
12. 最小化损失函数[式(3-9)]以优化参数空间 Θ；
13. until 达到停止条件

3.2.3 实验结果与分析

1. 数据集与评价指标

本节使用由滴滴盖亚计划[16]支持的大规模出租车 GPS 轨迹数据来评估所提模型性能。该数据集包含 2016 年 11 月 1 日至 2016 年 11 月 30 日成都市的出租车 GPS 轨迹。首先，简化了所有 GPS 轨迹数据，只保留每个轨迹的起点和终点。因此，处理后的数据由司机 ID、订单 ID、开始时间、起点经纬度、终点时间、终点经纬度组成。其次，将整个城市按经纬度划分为 100×100 的网格。最后，根据起点和终点的位置计算 1h 跨度内每个区域的入流和出流。

平均绝对误差(mean absolute error，MAE)和均方根误差(root mean square error，RMSE)被用来评估所提模型，其定义如式(3-10)、式(3-11)所示。

$$\mathrm{MAE} = \frac{1}{\mu}\sum_{i,j=1}^{\mu}\left|TC_{ij}^{t} - \widehat{TC_{ij}^{t}}\right| \tag{3-10}$$

$$\mathrm{RMSE} = \sqrt{\frac{1}{\mu}\sum_{i,j=1}^{\mu}\left(TC_{ij}^{t} - \widehat{TC_{ij}^{t}}\right)^2} \tag{3-11}$$

2. 实验参数设置

本节描述的 DFSSTM 是采用 python 库(Tensorflow 和 Keras)构建的。ConvLSTM 的卷积使用了 40 个 3×3 的过滤器，Conv3D 的过滤器设置为 3×3×3。在实验中，训练数据占整个数据集的 90%，剩下的 10%被选为验证集。为了避免过拟合，本节采用 early-stopping 方法，它可以根据最佳验证分数保留模型参数。针对超参数的设置，周期(p)、趋势(q)和邻近(c)的间隔根据专家经验分别设置为一周、一天和一小时。根据以往的研究[3]，将三个视图中的序列长度设置为：$l_p \in \{1,2,3\}$、$l_q \in \{1,2,3\}$ 和 $l_c \in \{1,2,3\}$。采用三块 NVIDIA TITAN V(12GB)GPU 来运行所有实验。本节将每个实验运行 10 次，并记录平均值进行比较，以避免结果的随机性。

3. 基准方法

DFSSTM 将与以下 5 种方法进行比较，SSTN 将整个数据作为输入，而不是将其拆分为三个视图。除了深度时空残差网络(deep spatio-temporal residual network，DST-ResNet)，其他方法不能同时处理入流和出流数据。因此针对其他模型，首先对入流和出流进行计算得到运力数据作为模型的输入。

(1) LSTM 网络[17]：LSTM 网络与 RNN 相比，设置了多个门控单元(即输入门、输出门和遗忘门)来解决长期依赖问题。

(2) GRU[18]：GRU 网络是 LSTM 网络的一种变体，它不仅可以处理长期依赖关系，而且具有更简单的网络结构。

(3) CNN[19]：CNN 通常由多个卷积层、池化层和全连接层组成，它可以有效地建模空间相关性。

(4) DST-ResNet[3]：深度时空残差网络通过将不同时间的交通密度图视为图像来进行人群流量预测，它使用 CNN 从历史图像中提取特征。

(5) DMVST-Net[7]：深度多视图时空网络(deep multi-view spatial-temporal network，DMVST-Net)基于局部 CNN 和 LSTM 网络对空间和时间关系进行建模。在实验设置中，由于没有收集到外部数据，所以没有使用外部数据进行实验。

4. 实验结果

将 DFSSTM 方法与 5 种最先进的基准方法进行比较，结果如表 3-1 所示。不同时间点的 RMSE 和 MAE 值用于评估所有方法的性能。其中 9:00 和 18:00 是成都平日的早晚高峰时段，所以在这些高峰时段全市的出租车运力数据结构比较复杂。

表 3-1 DFSSTM 和基准方法的性能比较

方法	9:00		12:00		15:00		18:00		21:00	
	RMSE	MAE	RMSE	MAE	RMSE	MAE	RMSE	MAE	RMSE	MAE
LSTM	6.8038	1.2939	4.7098	0.9133	5.2758	1.0010	5.5396	1.1171	4.9740	0.9379
GRU	6.7920	1.3444	4.7077	1.0001	5.2741	1.0796	5.5369	1.1922	4.9712	1.0055
CNN	5.9817	1.1463	4.0184	0.7346	4.2814	0.8142	4.4437	0.9114	3.8711	0.7472
DST-ResNet	6.1221	1.9483	5.2659	1.6205	6.0790	1.7038	5.6058	1.6452	5.1100	1.5944
DMVST-Net	3.6659	1.5986	3.3094	2.4487	2.6818	**0.6730**	2.8719	0.9534	2.5225	**0.4673**
SSTN	2.7946	0.9083	1.8027	**0.6223**	2.3310	0.7275	2.2862	0.7862	1.7911	0.6094
DFSSTM	**2.4336**	**0.8218**	**1.7413**	0.6324	**2.0295**	0.7235	**2.1286**	**0.7595**	**1.7003**	0.6147

从表 3-1 中可以看出，DFSSTM 总体上优于其他方法。一方面，该方法在 RMSE 和 MAE 方面明显优于 LSTM、GRU 和 CNN，因为它们不能同时对时间依赖和空间关系进行建模；另一方面，与其他方法相比，DFSSTM 方法在所有时间点都实现了较低的 RMSE。这表明设计的孪生架构能够在入流和出流之间提取交叉和复杂的知识。此外，DFSSTM 的 RMSE 小于 SSTN，这验证了多视图融合的有效性。特别是在 9:00 流量达到高峰时，DFSSTM 相对于 DST-ResNet 分别获得了 60.25%(RMSE) 和 57.82%(MAE)的相对提升。与 DMVST-Net 相比，也实现了 33.62%(RMSE)和 48.59%(MAE)的增长。这说明 DFSSTM 可以更好地处理复杂的情况。

3.3 基于图卷积网络的交通预测模型

本节介绍一种基于多视图的时空自适应图卷积网络。该网络集成时间、空间和时空视图，并设计相应的网络模块来充分学习交通数据动态复杂的时空关联性，从而实现准确的交通流预测。

3.3.1 交通流预测

交通流时空数据包含时间、空间和时空多维度的相关性。基于多视图学习的思想，设计不同视图学习数据不同层次的关联。本节以交通流数据多维度的相关性为出发点，分析相关性的特点，设计对应的模块构建视图。具体来说，使用带有残差连接的线性门控单元(residual gated linear unit，RGLU)获取节点相邻时间片的短期依赖性，设计多层基于自适应邻接矩阵的图卷积网络(multilayer adaptive graph convolutional network，MAGCN)获取节点之间的空间依赖性，采用传统变换器网络(Transformer)的编码器模块得到节点的长期依赖性。本节将具体分析交通流数据每种维度相关性的特点以及对应视图的结构。

3.3.2　基于多视图的时空自适应图卷积网络

1. 预备知识

交通流图：交通流量数据的图结构信息被定义为$\boldsymbol{G}=(\boldsymbol{V},\boldsymbol{E})$，其中 $\boldsymbol{V}$ 是节点集代表了每条道路，而 $\boldsymbol{E}$ 是边集表示节点间的连通性。图的结构信息由邻接矩阵 $\boldsymbol{A}\in\mathbb{R}^{N\times N}$ 表示。如果任意两个节点 v_i 和 v_j 满足 $v_i,v_j\in\boldsymbol{V}$ 且 $(v_i,v_j)\in\boldsymbol{E}$，那么 $\boldsymbol{A}_{ij}$ 的值为节点 v_i 和 v_j 的权重参数，否则为 0。给定时间片长度 T，那么交通流序列数据表示为 $\boldsymbol{X}\in\mathbb{R}^{N\times T\times C}$，其中 N 是图的节点数，C 是每个节点在每个时间片的特征通道。也就是说，对于任何时间片 t，有 $\boldsymbol{X}_t\in\mathbb{R}^{N\times C}$。

问题定义：给定一个图结构为 $\boldsymbol{G}$ 和时间片长度为 p 的历史流量数据，交通流预测任务就是通过学习一个函数 f，能够对输入的历史流量数据进行处理，从而预测未来时间片长度为 q 的序列。相关映射关系如式(3-12)所示。

$$\left[\boldsymbol{X}_{t-p+1},\cdots,\boldsymbol{X}_t\right]\xrightarrow{f}\left[\boldsymbol{X}_{t+1},\cdots,\boldsymbol{X}_{t+q}\right] \tag{3-12}$$

2. 模型框架

本节介绍多视图时空自适应图卷积网络(multi-view spatial-temporal adaptive graph convolutional network，MVST-AGCN)[20]。MVST-AGCN 的架构如图 3-7 所示。

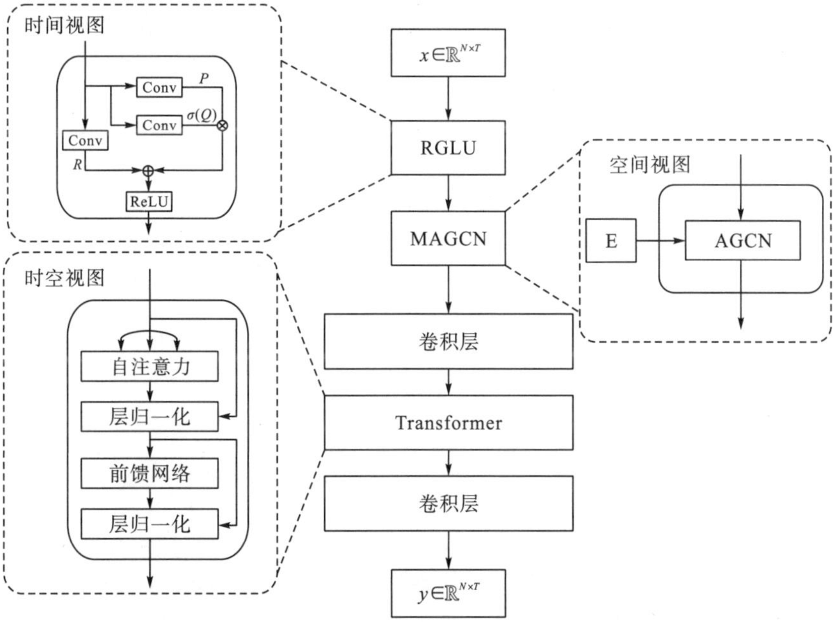

图 3-7　MVST-AGCN 的架构图

它主要由三个视图组成：①使用 RGLU 构建的时间视图，旨在捕获局部时间相关性；②基于多层自适应图卷积网络构建的空间视图，用于获取数据的空间相关性；③时空视图采用 Transformer 的多头注意力网络，对数据的时空相关性建模。接下来，详细介绍每个视图及其对应模块的原理和设计。

3. 时间视图

交通流数据存在时间的局部相关性，对预测节点而言，时间维度上相邻越近的时间片影响越大，如发生堵车时，上一个时间片的流量减少，必然直接影响到当前时间的流量状态。局部时间相关性表现为短期依赖特性，可以影响序列较短的预测。

为了捕获流量数据的时间相关性，本节设计了 RGLU 组件，它将残差网络与传统的门控线性单元(gated linear unit，GLU)相结合。虽然 RNN 在时间序列数据中有着广泛的应用，但其迭代生成方法带来了计算量的增加和梯度爆炸问题。门控线性单元基于一维卷积和门控机制，其结构简单、训练速度快，相较于 RNN 有着更低的训练成本和更高的效率。GLU 定义如式(3-13)所示。

$$\boldsymbol{X}_{\text{out}} = (\boldsymbol{X}_{\text{in}}\boldsymbol{W} + \boldsymbol{b}) \odot \sigma\left(\boldsymbol{X}_{\text{in}}\boldsymbol{V} + \boldsymbol{c}\right) \tag{3-13}$$

其中，$\boldsymbol{X}_{\text{in}}$ 和 $\boldsymbol{X}_{\text{out}}$ 分别为网络的输入和输出；$\boldsymbol{W}$ 和 $\boldsymbol{V}$ 为对应的参数矩阵；$\boldsymbol{b}$ 和 $\boldsymbol{c}$ 为偏差；$\odot$ 为哈达玛积；σ 为激活函数。为了保留数据更多的原始信息，以便于后续视图的信息提取，本节在 GLU 基础上增加一维卷积和残差连接网络。一维卷积方法用于捕获每个节点的相邻时间步的信息，残差网络用于提升训练速度。此外，使用填充方法来确保时间序列的输入输出长度是一致的。时间视图的输入为 $\boldsymbol{X}_1 \in \mathbb{R}^{N \times T \times C_1}$，计算过程为

$$\boldsymbol{X}_2 = \text{ReLU}\left[\boldsymbol{P} \odot \sigma(\boldsymbol{Q}) + \boldsymbol{R}\right] \tag{3-14}$$

其中，$\boldsymbol{P}$、$\boldsymbol{Q}$ 和 $\boldsymbol{R}$ 分别是三个一维卷积的结果，一维卷积的输入都为 $\boldsymbol{X}_1$；$\odot$ 是矩阵计算的哈达玛积；$\sigma(\boldsymbol{Q})$ 是使用 Sigmoid 函数控制 $\boldsymbol{P}$ 的信息保留率；$\boldsymbol{R}$ 是残差模块中保留的原始数据信息；$\boldsymbol{X}_2 \in \mathbb{R}^{N \times T \times C_2}$ 是 RGLU 模块的输出，$\boldsymbol{X}_2$ 包含节点相邻时间片的短期依赖关系。

4. 空间视图

1) 图卷积网络

CNN 仅用于欧几里得的网格数据，不能处理图结构的时空数据。因此，研究人员使用图卷积神经网络来捕获图结构数据的空间信息。Bruna 等[21]将交通数据节点视为图信号，利用频谱图理论直接处理图信号。基于谱图论的特征值分解，

当图的结构较大时，成本昂贵。因此，Defferrard 等[22]提出使用切比雪夫多项式逼近方法加快图卷积的计算速度。本节采用基于拉普拉斯算子的一阶切比雪夫多项式来近似叠加多个局部图卷积层，以定义一个逐层线性公式。切比雪夫多项式定义为 $T_k(x)=2xT_{k-1}(x)-T_{k-2}(x)$，且 $T_0(x)=1$ 和 $T_1(x)=x$。将一阶切比雪夫多项式扩展到更高维，图卷积层定义为

$$\boldsymbol{X}^{l+1}=\left(\boldsymbol{I}_N+\boldsymbol{D}^{-\frac{1}{2}}\boldsymbol{A}\boldsymbol{D}^{-\frac{1}{2}}\right)X^l\boldsymbol{\Theta}+\boldsymbol{b} \tag{3-15}$$

其中，$\boldsymbol{A}\in\mathbb{R}^{N\times N}$ 是图的邻接矩阵；$\boldsymbol{D}$ 是度矩阵；$\boldsymbol{X}^l\in\mathbb{R}^{N\times C}$ 和 $\boldsymbol{X}^{l+1}\in\mathbb{R}^{N\times F}$ 是每个图卷积层的输入和输出；$\boldsymbol{\Theta}\in\mathbb{R}^{C\times F}$ 是图卷积网络(GCN)的卷积核；$\boldsymbol{b}\in\mathbb{R}^F$ 是偏差；$\boldsymbol{I}_N$ 是单位矩阵。

2) 自适应图卷积网络

现有大多数基于 GCN 的流量预测模型都需要预先定义的邻接矩阵。这些邻接矩阵通常根据节点之间的距离信息、邻居信息和相似性信息(如兴趣点)计算得到。这些方法往往受到先验知识的限制。首先，这种先验知识对数据集有很高的要求，有些数据集并不具备这些信息；其次，除了先验知识之外，很难挖掘出其他的空间信息；此外，如果缺乏经验知识，模型的效果也将大大降低。为了解决由先验知识引起的问题，本节设计了一个基于邻接矩阵的自适应图卷积神经网络层(adaptive graph convolutional neural network，AGCN)。传统图卷积依赖于预定义的邻接矩阵，本节设计的自适应邻接矩阵 $\boldsymbol{W}$ 由节点嵌入矩阵 $\boldsymbol{E}_A$ 生成，表示为 $\boldsymbol{W}=\boldsymbol{E}_A*\boldsymbol{E}_A{}^{\mathrm{T}}$，其中 $\boldsymbol{W}\in\mathbb{R}^{N\times N}$，$\boldsymbol{E}_A\in\mathbb{R}^{N\times d}$，$d$ 表示节点嵌入的维度。$\boldsymbol{W}$ 包含了图的结构信息，W_{ij} 表示节点 i 和节点 j 的空间关系。在模型训练过程中，$\boldsymbol{E}_A$ 作为可训练的参数矩阵参与图卷积的过程，因此可以通过梯度下降更新参数，模型独立学习节点之间的空间相关性。为了便于计算，这里直接使用自适应邻接矩阵生成拉普拉斯算子，因此将一阶切比雪夫多项式图卷积变换为

$$\boldsymbol{D}^{-\frac{1}{2}}\boldsymbol{A}\boldsymbol{D}^{-\frac{1}{2}}=\mathrm{SoftMax}[\mathrm{ReLU}(\boldsymbol{E}_A\boldsymbol{E}_A{}^{\mathrm{T}})] \tag{3-16}$$

其中，设置 ReLU 激活功能用于禁止弱节点的关联，SoftMax 激活函数用于标准归一化自适应邻接矩阵。那么，式(3-14)可以表示为

$$\boldsymbol{X}^{l+1}=\{\boldsymbol{I}_N+\mathrm{SoftMax}[\mathrm{ReLU}(\boldsymbol{E}_A\boldsymbol{E}_A{}^{\mathrm{T}})]\}\boldsymbol{X}^l\boldsymbol{\Theta}+\boldsymbol{b} \tag{3-17}$$

其中，$\boldsymbol{\Theta}$ 是一个共享卷积核，它对所有节点使用相同的空间关联模式。在交通流量预测领域，空间上相邻的节点往往是最密切相关的，但是由于复杂空间因素的影响，节点的模式甚至可能出现相反的情况。即使相距较远的两个节点，可能因为相似的地理环境和道路信息，出现近似的空间特征。因此，所有节点共享卷积核显然不能准确地表示空间相关性，需要设置参数来学习每个节点的空间模式。此处将卷积核扩展到 $\boldsymbol{\Theta}\in\mathbb{R}^{N\times C\times F}$，偏差 $\boldsymbol{b}\in\mathbb{R}^{N\times F}$。但当 N 较大时，如果直接使用，

参数矩阵参数量将过于庞大，所以使用嵌入维度生成参数矩阵是很有必要的。因为 $\boldsymbol{E}_A$ 的维度 d 远小于 N，故 $\boldsymbol{\Theta}=\boldsymbol{E}_A*\boldsymbol{W}_\theta$、$\boldsymbol{b}=\boldsymbol{E}_A*\boldsymbol{W}_b$，其中 $\boldsymbol{W}_\theta\in\mathbb{R}^{d\times C\times F}$、$\boldsymbol{W}_b\in\mathbb{R}^{d\times F}$。那么，基于一阶切比雪夫多项式的自适应图卷积层可以定义为

$$\boldsymbol{X}^{l+1}=\{\boldsymbol{I}_N+\mathrm{SoftMax}[\mathrm{ReLU}(\boldsymbol{E}_A\boldsymbol{E}_A^{\mathrm{T}})]\}\boldsymbol{X}^l\boldsymbol{E}_A\boldsymbol{W}_\theta+\boldsymbol{E}_A\boldsymbol{W}_b \tag{3-18}$$

3）多层自适应图卷积网络

单层 AGCN 可以表示节点的空间模式并不受限于节点先验知识，其嵌入维度表示空间上节点相互影响的程度。现有研究[23]使用单值作为自适应邻接矩阵的节点嵌入维度，通过多维嵌入可以更深入地探索节点的空间模式。这里使用多层自适应图卷积网络（MAGCN）构建空间视图，AGCN 的每一层使用不同维度的节点嵌入。每一层的输出就是下一层的输入，堆叠 AGCN 以提高预测准确性。单层 AGCN 中每个节点之间的影响是相对固定的，每个节点聚合其他节点的信息。通过多层叠加，可以聚合更深层次的空间信息，因而 MAGCN 可以表达复杂的空间相关性。

5. 时空视图

时间视图用于获取序列的短期依赖，随着预测序列的长度增加，误差是逐渐增大的。仅依靠短期依赖得到的信息不能很好地处理长序列的预测，所以构建时空视图获取序列的长期依赖信息是有必要的。在交通流预测领域，现有的研究一般将时间和空间特征的提取分为两类：一类是分别对时间和空间维度进行建模，这种方法往往会忽略交通数据中复杂的时空关系；另一类是基于 RNN 和 CNN 的，它将二维卷积扩展到三维卷积以获得时空特征，如 ConvLSTM[24]。ConvLSTM 基于 LSTM，此模型以自回归的方式预测交通数据，容易出现偏差的预测与之前的历史观察结果一起被作为输入，以预测下一时刻的输出。因此，随着预测序列长度的增加，预测的准确率会因误差累积而逐渐降低。Transformer 被证明是一个优秀的网络，可以用于处理长序列数据。该模块直接使用历史序列的上下文信息，而不是基于容易产生偏差的预测值，以避免传统自回归方法带来的弊端。因此，本节在构建时间视图和空间视图的基础上，进一步利用 Transformer 来捕捉时空相关性。

在自然语言处理任务中，一般会先进行位置编码操作。为了学习时空序列的长期依赖特性，这里并未做位置编码，而是将 MAGCN 的输出先经过 CNN 统一层，放缩特征维度后输入时空视图。具体来说，本视图使用 Transformer 的编码器层来捕获序列的时空关系，包括自注意力网络、层规范化（layer normalization，LN）、前向反馈层。对于单层的自注意力网络，有三个向量 $\boldsymbol{Q}$、$\boldsymbol{K}$、$\boldsymbol{V}\in\mathbb{R}^{N\times T_F}$，计算如式（3-19）所示。

$$\mathrm{SA}(\boldsymbol{Q},\boldsymbol{K},\boldsymbol{V})=\mathrm{SoftMax}\left(\frac{\boldsymbol{Q}\boldsymbol{K}^{\mathrm{T}}}{\sqrt{d_k}}\right)\boldsymbol{V} \tag{3-19}$$

其中，d_k 是一个标准化因子，其值与 $\boldsymbol{Q}$ 的维度有关。

时空视图的输入是 $\boldsymbol{X}_3 \in \mathbb{R}^{N\times T\times C_3}$，这是由卷积统一层处理的结果。时空视图目的是计算任意两个节点之间时空相关性，而不只限于时间或空间维度，其输入为二维张量。因此在时空视图中需要合并时间序列长度和特征通道长度，作为每个点的时空特征维度，则自注意力网络的输入是 $\widetilde{\boldsymbol{X}_3} \in \mathbb{R}^{N\times T_C}$，其中，$T_C = T\times C_3$。$\boldsymbol{Q}$、$\boldsymbol{K}$、$\boldsymbol{V}$ 的三个矩阵可由式(3-20)计算而得。

$$\boldsymbol{Q}=\widetilde{\boldsymbol{X}_3}\boldsymbol{W}_Q,\boldsymbol{K}=\widetilde{\boldsymbol{X}_3}\boldsymbol{W}_K,\boldsymbol{V}=\widetilde{\boldsymbol{X}_3}\boldsymbol{W}_V \tag{3-20}$$

其中，$\boldsymbol{W}_Q \in \mathbb{R}^{T_C\times T_F}$；$\boldsymbol{W}_K \in \mathbb{R}^{T_C\times T_F}$；$\boldsymbol{W}_V \in \mathbb{R}^{T_C\times T_F}$，而 T_F 是前向反馈层的大小。自注意力网络的输出是 $\boldsymbol{X}_{\mathrm{SA}} \in \mathbb{R}^{N\times T_F}$，第一层残差连接以及层标准化为

$$\widetilde{\boldsymbol{X}_{\mathrm{SA}}}=\mathrm{LN}\left(\boldsymbol{X}_{\mathrm{SA}}+\widetilde{\boldsymbol{X}_3}\right) \tag{3-21}$$

其中，LN 是层规范化；$\widetilde{\boldsymbol{X}_{\mathrm{SA}}}$ 是残差连接的输出。之后通过两个前向反馈层，每层的输出由 ReLU 激活函数控制，如式(3-22)所示。

$$\boldsymbol{X}_4=\mathrm{ReLU}\left[\mathrm{ReLU}\left(\widetilde{\boldsymbol{X}_{\mathrm{SA}}}\boldsymbol{W}_0\right)\right]\boldsymbol{W}_1 \tag{3-22}$$

其中，$\boldsymbol{W}_0$ 和 $\boldsymbol{W}_1$ 是权重参数矩阵。最后，通过第二次残差连接以及层标准化得到时空视图的结果，如式(3-23)所示。

$$\widetilde{\boldsymbol{X}_4}=\mathrm{LN}\left(\boldsymbol{X}_4+\widetilde{\boldsymbol{X}_{\mathrm{SA}}}\right) \tag{3-23}$$

其中，$\widetilde{\boldsymbol{X}_4}$ 是时空视图的最终结果。为了捕捉动态的时空关系，本节使用自注意力网络和堆叠多个 Transformer 编码器层来提高预测性能。卷积统一层用于缩放时空特征通道的大小。在多步预测下，需要为每个时间步输出一个预测值，因此最终输出结果的特征通道大小应与真实值匹配。

3.3.3　实验结果与分析

1. 数据集与评价指标

高质量的数据集对交通预测任务至关重要，交通数据通常由城市或道路的传感器获取。随着传感器的发展，采集数据能力随之提高，大量的交通数据被采集供研究人员使用。这些交通数据主要包括两部分：交通序列数据和提高预测精度的外部数据。时空序列数据有人流量、车流量、出租车行驶信息等，外部数据有天气、道路信息、经纬度等。

为了验证模型的有效性，本节在 4 个公开的真实数据集上评估了

MVST-AGCN。PEMS03、PEMS04、PEMS07 和 PEMS08 收集于加利福尼亚州的 4 个地区，它们都来自加州交通性能测量系统(portable emission measurement system，PEMS)[25]。由高速公路的车辆探测器获取一段时间内的车流量数、平均速度和道路占用率等数据。超过 44000 个探测器每 30 秒报告一次数据，最终汇聚成 5min 间隔的序列信息。数据集按时间片记录信息，每个时间片的维度为 $\mathbb{R}^{N\times F}$，N 为图的节点数量，F 为每个节点在当前时间片的特征。这些数据被广泛用于交通流预测，数据集的详细信息见表 3-2。

表 3-2 数据集信息

数据集	节点数	时间片数	时间范围
PEMS03	358	26185	2018-9-1～2018-11-30
PEMS04	307	16969	2018-1-1～2018-2-28
PEMS07	883	28200	2017-5-1～2017-8-31
PEMS08	170	17833	2016-7-1～2016-8-31

PEMS 数据集的时间片为 5min，因此每个传感器每天包含 288 个数据点。训练前使用线性插值来填充缺失的值。由于采用了自适应图生成，所以无须预先定义图的邻接矩阵。对数据集使用零均值正则化方法使平均值为 0，并缩放到单位方差，如式(3-24)所示。

$$x' = \frac{x - \text{mean}(x)}{\text{std}(x)} \tag{3-24}$$

本节使用三个指标：MAE、RMSE 和平均绝对百分比误差(mean absolute percentage error，MAPE)来评估提出的模型，MAPE 的定义如式(3-25)所示。

$$\text{MAPE} = \frac{100\%}{N}\sum_{i}\left|\frac{x_i - \widehat{x_i}}{x_i}\right| \tag{3-25}$$

其中，x_i 和 $\widehat{x_i}$ 分别表示真实值和模型的预测值；N 表示预测的节点数。

2. 实验参数设置

本节将预处理过的数据集按照 6∶2∶2 的比例划分为训练集、验证集和测试集。任务为使用前一个小时的历史数据来预测下一个小时的序列，即前 12 个连续时间点预测后 12 个时间点。本节使用 PyTorch 设计和实现 MVST-AGCN，在型号为 Nvidia Titan XP 的 GPU 上运行该模型。训练过程中使用 Adam 优化器，损失函数使用 L1 loss，初始学习率设置为 0.001，实验的 epoch 设置为 80，batch 大小为 32。

模型的超参数部分，在 MAGCN 分量中将 K 设置为 2，即模拟二阶切比雪夫多项式展开；将 MAGCN 层数设置为 3，将每层的节点嵌入矩阵的维数分别设置为 15、10 和 5；Transformer 组件中的自注意力网络和前向反馈层的隐藏维度分别为 72 和 512，多头注意力的数量为 4。

3. 基准方法

为了验证模型的性能，本节将 MVST-AGCN 和目前先进的方法进行比较。基于多视图学习的角度，向量自回归(vector auto regression，VAR)[26]、LSTM 为传统时间序列处理模型，只对时间维度构建了视图。基于深度学习的扩散卷积递归神经网络(diffusion convolutional recurrent neural network，DCRNN)[27]、时空图卷积网络(spatial-temporal graph convolutional network，STGCN)[28]、基于注意力的时空图卷积网络(attention based spatial-temporal graph convolutional network，ASTGCN)[29]、Graph WaveNet[23] 和时空同步图卷积网络(spatial-temporal synchronous graph convolutional network，STSGCN)[30]分别对时间和空间维度构建视图。以下是对比方法的介绍。

(1) VAR：向量自回归是一种处理时间序列的模型，用于捕捉时间序列之间的关系。

(2) LSTM：长期和短期记忆神经网络，通常用于时间序列预测领域。

(3) DCRNN：扩散卷积递归神经网络，使用扩散图卷积和编码器-解码器结构对空间信息进行编码。

(4) STGCN：时空图卷积网络包含两个时空卷积块，结合门控机制获取时间关联。

(5) ASTGCN：基于注意力的时空图卷积网络，构建动态时间注意和空间注意信息，集成三个组件来模拟周期性交通数据。输入序列包含周期性数据、趋势性和邻近性三段序列。为了保证对比实验的公平性，本节只选择了输入邻近序列。

(6) Graph WaveNet：Graph WaveNet 使用扩展的因果卷积和基于自适应邻接矩阵的图卷积，分别获得时间相关性和空间相关性。

(7) STSGCN：时空同步图卷积网络，使用局部时空子图模块建模局部时空相关性。

4. 实验结果

本节将 MVST-AGCN 方法与其他 7 种方法进行比较，结果如表 3-3 所示。MVST-AGCN 在 4 个数据集上都优于其他方法。首先，MVST-AGCN 在三个指标上都明显优于 VAR 和 LSTM，因为这些模型只针对时间序列预测，不能捕获复杂的时空特性；其次，与一些基于预定义邻接矩阵的模型(如 DCRNN、STGCN 和 ASTGCN)相比，使用了自适应邻接矩阵的 MVST-AGCN 不受限于先验知识，可以学习到更多的空间信息，从而提高交通流预测的准确性。MVST-AGCN 也优于 Graph WaveNet，这表明多尺度的节点嵌入方法相比于单尺度的节点嵌入，前者可以学习到更充分的空间特征。STSGCN 通过对节点的局部时空依赖性建模，在全部数据集中取得了仅次于 MVST-AGCN 的性能。在节点数较多的 PEMS03 和 PEMS08 数据集上，MVST-AGCN 相较于 STSGCN，性能提升幅度更大。这表明基于多层自适应图卷积和多头注意力网络，MVST-AGCN 对更复杂的图结构数据有更好的鲁棒性和泛化性。

表 3-3　不同方法在四个数据集上的性能比较(%)

模式		VAR	LSTM	DCRNN	STGCN	ASTGCN	Graph WaveNet	STSGCN	MVST-AGCN
数据集	指标								
PEMS03	MAE	23.65	21.33	18.18	17.49	17.69	19.85	17.48	**16.07**
	RMSE	38.26	35.11	30.31	30.12	29.66	32.94	29.21	**28.03**
	MAPE	24.51	23.33	18.91	17.15	19.4	19.31	16.78	**15.31**
PEMS04	MAE	23.75	27.14	24.70	22.70	22.46	25.45	21.19	**20.18**
	RMSE	36.66	41.59	38.12	35.55	35.36	39.70	33.65	**32.27**
	MAPE	18.09	18.20	17.12	14.59	15.22	17.29	13.90	**13.68**
PEMS07	MAE	75.63	29.98	25.3	25.38	28.05	26.85	24.26	**21.81**
	RMSE	115.24	45.84	38.58	38.78	42.57	42.78	39.03	**34.89**
	MAPE	32.22	13.20	17.86	11.08	13.92	12.12	10.21	**9.70**
PEMS08	MAE	23.46	22.2	17.86	18.02	18.61	19.13	17.13	**16.75**
	RMSE	36.33	34.06	27.83	27.83	28.16	31.05	26.80	**26.70**
	MAPE	15.42	14.20	14.45	11.40	13.08	12.68	10.96	**10.75**

图 3-8 和图 3-9 展示了 4 个数据集上，MVST-AGCN 在长期预测任务上单点预测的性能表现。横坐标表示时间片，每个时间片为 5min，总计 1h。纵坐标为三个评估指标。图中的节点表示当前时间片下预测值和真实值的误差。交通流的长期预测任务中，随着预测序列的长度增加，预测难度加大，因此预测的误差值也会逐渐增加。基于 Transformer 编码器构建的时空视图，能有效对序列的时空相关性建模，提高在长期预测任务中的性能。

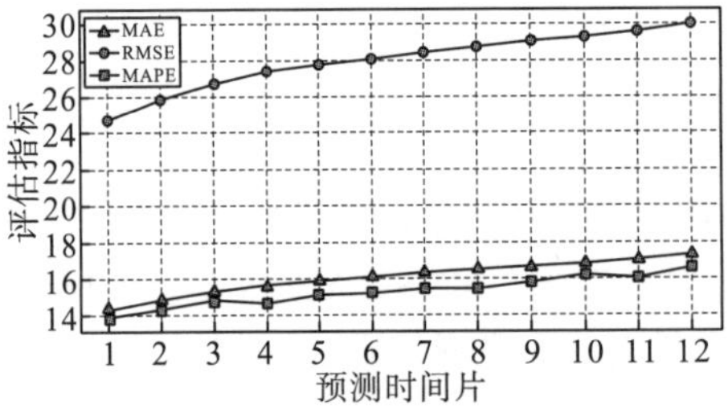

(a) PEMS03数据集

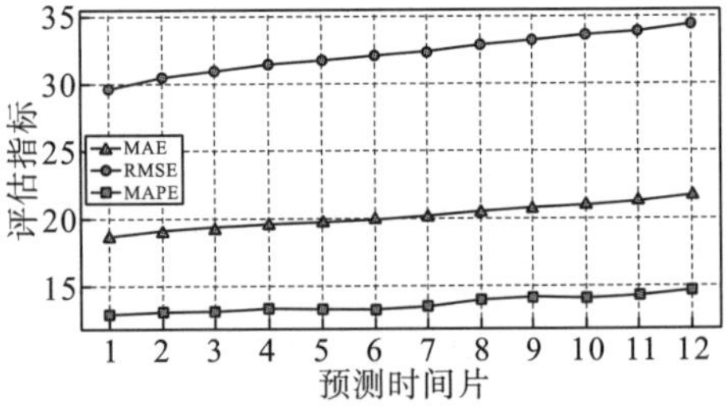

(b) PEMS04数据集

图 3-8　MVST-AGCN 的长期预测性能

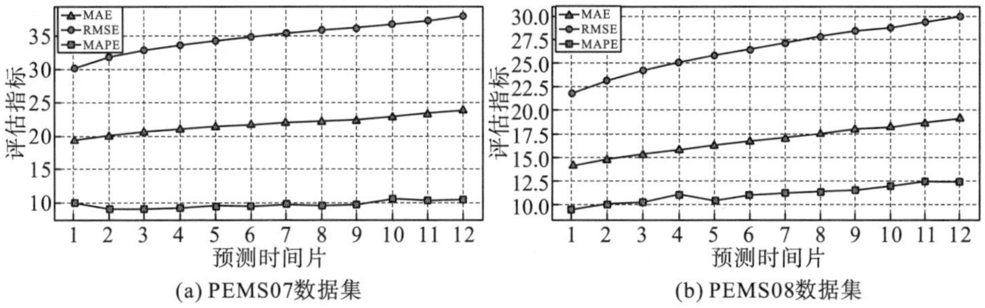

图 3-9　MVST-AGCN 的长期预测性能

3.4　基于多任务的交通流预测模型

本节介绍一种基于多任务学习的多城市交通流预测模型。该模型引入多任务学习，利用由神经网络组成的时空单元和时空注意力来提取各个城市的时空动态差异性特征，同时设计峰值缩放网络迁移不同城市之间的一致性知识，从而同时解决多个城市的交通流预测问题。

3.4.1　多城市交通流预测

交通流量数据通常是一种随时间变化的时序数据，考虑到城市结构的空间特征，其可以被细化为一种时空数据。交通流数据通常表现出复杂的空间关联性与动态时间依赖等特征。在人们的日常生活中，每个城市每天都产生着海量的交通流数据。由于不同城市经济发展和城市规划的多样性，每个城市产生的数据可能具有其特定的数据特征，同时，不同城市因为人们出行时间模式的相似性(如早高峰与晚高峰)，又具有一定的共享特征。现存工作[3,23]大多考虑为每一个城市建立一个特定的预测模型，然而这些模型没有考虑如何利用共享知识对多个城市同时进行建模，以实现多个城市的联合预测。另外，由于每个城市具有不同的功能区域和地理环境，来自不同城市的交通流数据是动态且具有差异性的。不同的功能区域决定了交通流数据的空间相关性，地理环境可能会影响流量数据的时间变化模式。对于单个城市，构建交通流量预测模型往往利用不同区域之间的空间关系和历史交通流量的时间规律性，有效提升单城市交通流预测性能。然而，如果将基于特定城市所建立的预测模型直接应用到其他城市，性能恐将迅速退化。研究人员和从业者通常不得不使用另一个城市的数据为(另一个)城市训练一个新的预测模型，但这种方式昂贵且耗时。

如何学习和利用不同城市之间的相关性，并建立一个通用的多城市交通流量预测模型是目前的研究挑战之一。如何理解城市间属性结构的相似性呢？例如，人们在工作日经常在办公区和住宅区之间穿梭，而假期则在商业区和住宅区之间移动，此外，人们通常在早上 8 点到 10 点出发上班，在下午 6 点到 8 点回家。这样的时间模式在不同城市中具有一致性。

然而，大多数多任务深度学习模型是为计算机视觉任务量身定制的，它们使用相同的数据处理多个目标任务[31,32]，如对同一图像同时进行描述生成与分类。这些方法不适合处理多城市交通流预测问题，因为其包含多个不同的城市数据集。本节介绍一种统一的基于多任务学习的多城市交通流预测网络(multi-city traffic flow forecasting network，MTN)[33]模型，该模型引入多任务学习框架，考虑不同城市之间属性结构的相似性，抓住城市间的一致性知识来同时解决不同城市交通流预测问题。简单来说，MTN 模型首先提取具有不同时间间隔的高层特征，使用时空注意力层来学习交通流数据的多维属性和时空依赖关系，其次将多个城市之间的峰值分布作为多任务学习的共享知识，利用峰值缩放模块实现知识迁移，从而同时提升多任务场景下的多城市交通流预测性能。

3.4.2 基于多任务学习的多城市交通流量预测模型

1. 预备知识

交通流：假设 $\boldsymbol{\Gamma}=\{g_1,g_2,\cdots,g_t,\cdots,g_S\}$ 是从一条轨迹数据中采样的 S 时间步的轨迹点集合，其中 S 表示 GPS 轨迹点个数(也对应时间步)。网格 (i,j) 在第 t 个时间步的交通流可被定义如式(3-26)所示。

$$\boldsymbol{TF}_t^{a,(i,j)}=\sum_{g_t\in\boldsymbol{\Gamma}}|\{t\geqslant 1\,|\,g_t\in(i,j)\wedge g_{t-1}\notin(i,j)\}| \tag{3-26}$$

其中，t 表示第 t 个时间步；$g_t\in(i,j)$ 表示轨迹点在网格 (i,j) 中，反之亦然；a 表示第 a 个城市；$|\cdot|$表示集合的基数。

问题定义：给定 K 个城市包含 $(n-1)$ 个时间步的交通流数据，表示为 $\{\boldsymbol{TF}_t^1,\cdots,\boldsymbol{TF}_t^a,\cdots,\boldsymbol{TF}_t^K\}$，其中 $t=0,\cdots,n-1$。利用 K 个城市交通流数据训练基于多任务学习的多城市交通流预测模型，训练好的模型被用于同时预测 K 个城市第 $(t+1)$ 时间步时每个网格的交通流数据，即网络输出为 $\{\boldsymbol{TF}_{t+1}^1,\cdots,\boldsymbol{TF}_{t+1}^a,\cdots,\boldsymbol{TF}_{t+1}^K\}$。

2. 模型框架

本节将详细介绍 MTN 模型，整体网络框架如图 3-10 所示。MTN 模型主要包含 4 部分：多间隔组件、时空注意力层、峰值缩放网络和融合层。首先，构造 K 个城市的交通流数据为 K 个单通道的视频形式的张量；然后，输入所有张量到所提出的 MTN 模型；最后，对应于 K 个城市未来时间步的 K 个单通道视频形式的张量被同时输出。

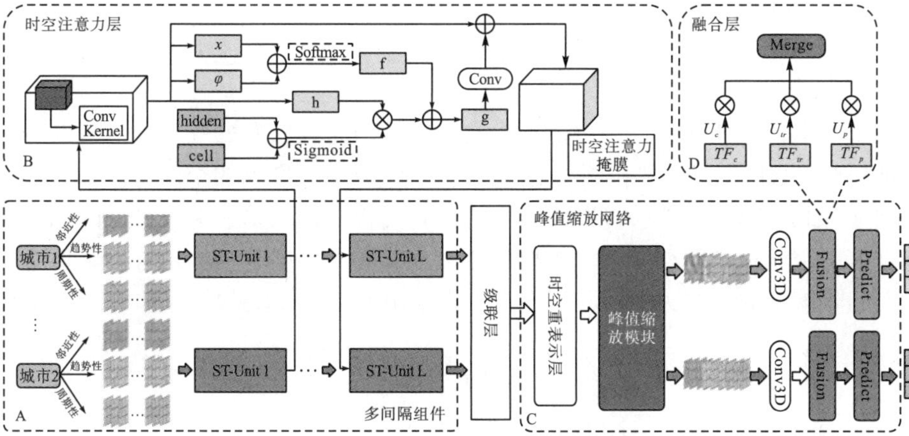

图 3-10　多城市交通流预测网络(MTN)模型框架图

为了处理交通流的时间动态关联，首先使用三种时间间隔构造每个任务的输入，即邻近性、周期性和趋势性；其次将时空注意力层分别插入每个单独的输入中，以学习不同空间结构和时间维度的时空相关性，在此之后，级联 K 个输出并采用峰值缩放网络，以联合学习多个城市的峰值分布，并提取不同城市复杂结构的共享特征；最后，融合层用于融合多个时间间隔输出并实现每个城市的交通流量预测。

接下来，将详细介绍 MTN 模型中的 4 个部分。此外，将介绍模型的目标损失函数和算法。

3. MTN 模型结构

1) 多间隔组件

城市交通流随时间动态变化，为了提取复杂交通流结构中的潜在知识，本节基于周期性、趋势性和邻近性三种时间规律特性将原始交通流数据转换为多间隔输入(输入到 MTN 模型中)，并对每个时间间隔输入设计一个相同结构的时空网络，MTN 模型可以根据不同时间依赖规则学习丰富的时间关联特性。最后，使用融合层融合三种类型的时间特征，以整合更多的时间信息。多间隔输入的定义如式(3-27)所示，多间隔组件的网络结构如图 3-10 中 A 部分所示。

$$\boldsymbol{I}_p^a = [\boldsymbol{TF}_{t-l_p\cdot p}^a, \boldsymbol{TF}_{t-(l_p-1)\cdot p}^a, \cdots, \boldsymbol{TF}_{t-p}^a]$$

$$I_{tr}^{a}=[TF_{t-l_{tr}\cdot tr}^{a},TF_{t-(l_{tr}-1)\cdot tr}^{a},\cdots,TF_{t-tr}^{a}] \tag{3-27}$$
$$I_{c}^{a}=[TF_{t-l_{c}\cdot c}^{a},TF_{t-(l_{c}-1)\cdot c}^{a},\cdots,TF_{t-c}^{a}]$$

其中，p、tr 和 c 分别对应周期性、趋势性和邻近性；l_p、l_{tr} 和 l_c 是对应三种时间依赖的序列长度；a 是指第 a 个城市；TF_t^a 是第 a 个城市在第 t 个时间步的交通流量值。

在本节中，交通流被视为类似视频的张量，因此可以考虑引入时空单元来辅助特征提取。众所周知，卷积网络(如 CNN[19])能够捕获图像的空间特征，而递归神经网络(如 LSTM[17])能够提取序列中的时间关联。然而，单独引入 CNN 或 RNN 可能会失去空间和时间维度之间的相关性。本节堆叠 L 层时空单元用于提取每一种时间间隔输入的时空关联性，而不是分别采用 CNN 或 RNN，具体方法可表示为

$$TF_{q}^{a,(l+1)}=F(TF_{q}^{a,(l)},\Theta_{q}^{a,(l)})$$
$$q\in\{p,tr,c\};\ l=1,\cdots,L \tag{3-28}$$

其中，F 是时空单元函数[是 ConvLSTM 与批量归一化(batch normalization)的结合，如图 3-11 所示]；$\Theta_q^{a,(l)}$ 为第 a 个城市的第 q 个时间间隔的第 l 层的可训练参数。本节采用时空单元来处理类似视频的张量，有助于直接学习时空知识。

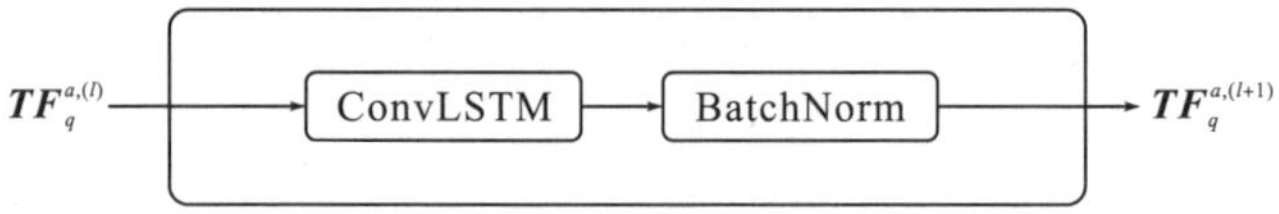

图 3-11 时空单元结构图

2)时空注意力层

城市各个区域的交通流量随时间不断变化，一个区域的流量可能会因其他区域而波动。此外，交通流量数据同时受到空间相关性和时间相关性的影响。为准确地捕捉这些复杂的相关性，本节提出一种时空注意层来自适应地学习动态知识。值得注意的是，这里没有分别使用空间注意力和时间注意力，而是利用三维卷积核来直接提取时空特征，并利用隐层状态(hidden state)和单元状态(cell state)增强相关性。

给定张量 $TF^a\in\mathbb{R}^{N\times T\times H\times W\times C}$，其包含 N 个批次，T 个时间步，$H\times W$ 个城市区域以及 C 个通道。为了简化表示，使用 TF^a 表示 $TF_q^{a,(l)}$。受注意力机制[34]的启发，视频形式的张量 TF^a 首先被转换到两个特征空间 $\chi^a\in\mathbb{R}^{N\times T\times H\times W\times C}$ 和 $\varphi^a\in\mathbb{R}^{N\times T\times H\times W\times C}$ 用于计算注意力图，其中 $\chi^a=W_\chi^a TF^a$，$\varphi^a=W_\varphi^a TF^a$，$W_\chi^a$ 和 W_φ^a 是可训练参数。注意力图可用式(3-29)计算。

$$f^{a,l} = \mathrm{SoftMax}(\chi^{a,l} + \varphi^{a,l}) \tag{3-29}$$

其中，$f^{a,l}$ 是 Sigmoid 激活函数。

此外，对注意力图 $\boldsymbol{g}^a$ 进行卷积操作，并进行残差连接。时空注意力层的输出如式(3-30)所示。

$$\boldsymbol{ST}_{\mathrm{out}}^{a} = \boldsymbol{W}_{g}^{a,l}\boldsymbol{g}^{a,l} + \boldsymbol{TF}^{a,l} \tag{3-30}$$

其中，$\boldsymbol{W}_{g}^{a,l}$ 是可训练参数。同时，采用三维卷积核实现特征提取，用于直接捕获空间维度与时间维度间的相关性。此外，对最终的注意力 $\boldsymbol{g}^{a,l}$ 引入残差连接，能够有效学习原始张量之间的多样化知识，并强化特定时间步上某些区域的状态。

在 MTN 模型中，时空注意力层被嵌入在时空单元内，用于每个城市的交通流预测任务。当设置 $L=2$ 时，它的输入是第一个时空单元的输出，然后它的输出被馈送到最后一个时空单元。遵循标准的自注意力机制原理，即本小节提出时空注意力机制。本节所设计的注意力机制的新颖性包含两点：①注意力层适合时间和空间属性，并使用三维卷积核来直接提取时空特征；②注意力层利用隐层状态和单元状态作为辅助知识帮助学习鲁棒的时空特征。总而言之，时空注意力层用于捕获重要特征，使空间维度的知识与时间维度的信息相匹配。与分别学习时间与空间注意力不同，该方法可以提取更准确和重要的信息，也更适用于时空数据挖掘。

3）峰值缩放网络

多任务学习通常旨在多个任务之间进行知识迁移，其关键挑战在于“迁移什么”与“如何迁移”。在多城市交通流预测问题中，城市之间的相关性可定义为“迁移什么”。例如，人们通常在工作日往返于办公区和住宅区之间，而在假期则在商业区和住宅区之间移动。因此，周一到周五的工作日间有相似的趋势变化，而工作日和周末之间有不同的规律性。此外，人们大多在工作日上午 8 点到 10 点出发上班，下午 6 点到 8 点回家，因此这些时间步的交通流量明显高于其他相邻时间步。西安和成都在某一个工作日和一个星期的交通流规律分析如图 3-12 所示。从图中可以发现，不同城市的交通流量分布通常具有相似的时间规律和趋势。因此，本节定义不同城市的交通流量通常具有相似的规则。例如，西安和成都的交通流在工作日的早上 8 点到 10 点和下午 6 点到 8 点都达到高峰，而在晚上 12 点到早上 7 点趋于稳定，并且在同一周内，周一到周五的交通流具有相似的规律和趋势。由于城市规划的不同，交通流的变化模式不会完全一样，但按照相似的时间规律，不同城市的交通流分布基本是相似的。因此，可将峰值的分布视为城市之间“传递什么”知识，本节设计了一个峰值缩放网络来关注并提高一些重要时间步的预测性能。具有时空重表示层和峰值缩放模块的峰值缩放网络架构如图 3-10 中 C 部分所示。

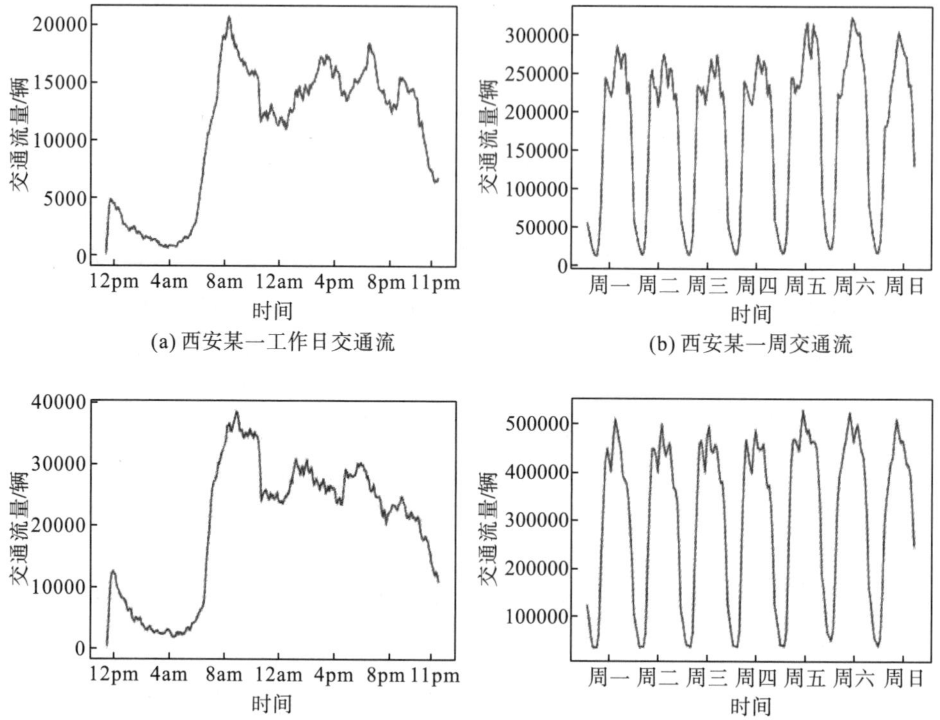

(a) 西安某一工作日交通流

(b) 西安某一周交通流

(c) 成都某一工作日交通流

(d) 成都某一周交通流

图 3-12 不同城市的交通流规律分析

(1)时空重表示层。在处理来自不同城市的峰值之前，本节通过通道连接来自多间隔组件的多个城市的输出。不同的城市有不同的度量范围(例如，西安的平均一小时交通流量在 10000 左右，而成都则为 22000)，无法直接整合来自不同城市的特征。为解决这个问题，本节设计了一个时空重表示层来统一多个城市的不同度量范围，并使用一个子空间来重新表示多个城市之间的特征，不仅考虑保留来自多个城市的原始张量的属性，而且还结合了每个城市的特有特征。假设 $\boldsymbol{TF}_s = [\boldsymbol{TF}^1,\cdots,\boldsymbol{TF}^a,\cdots,\boldsymbol{TF}^K] \in \mathbb{R}^{N\times T\times H\times W\times KC}$ 是原始多间隔组件输出的级联，定义第 a 个城市在子空间中的重表示张量为 $\boldsymbol{TF}_s^a \in \mathbb{R}^{N\times T\times H\times W\times C}$，网络学习过程可表示如式(3-31)所示。

$$\boldsymbol{TF}_s^a = \sigma(W_s^a \boldsymbol{TF}^a + U_s^a \boldsymbol{TF}_s) U_s \boldsymbol{TF}_s \tag{3-31}$$

其中，$\sigma(\bullet)$ 是 Sigmoid 激活函数；$\boldsymbol{W}_s^a$ 、$\boldsymbol{U}_s^a$ 和 $\boldsymbol{U}_s$ 是可训练参数。级联 K 个重表示张量以获得多城市的特征子空间 $\boldsymbol{TF}_{\text{sub}} = [\boldsymbol{TF}_s^1,\cdots,\boldsymbol{TF}_s^a,\cdots,\boldsymbol{TF}_s^K]$。值得注意的是，时空重表示层可以避免城市之间不同度量范围引起的损失，其结构如图 3-13 所示。

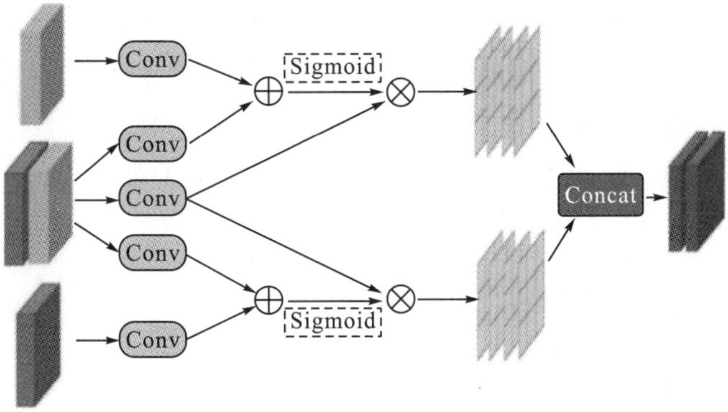

图 3-13　时空重表示层的结构图

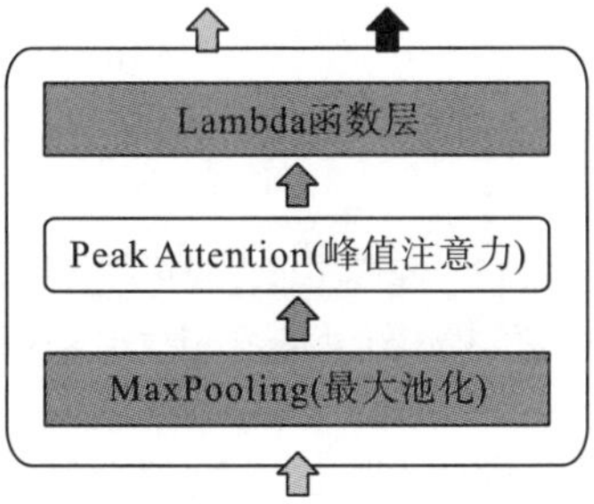

图 3-14　峰值缩放模块的结构图

(2) 峰值缩放模块。如前所述，不同的城市通常具有不同的空间结构，但具有相似的时间规律。利用时间规律性作为多个城市之间的相关性具有重要意义。峰值是指特定时间步的交通流量达到高峰，交通拥堵、交通碰撞等突发事故通常发生在交通流达到峰值时，因此比非峰值更为重要。一种直观的方法是捕捉峰值分布中的潜在知识，并关注这些重要的时间步长。在 MTN 模型中，提出了一个峰值缩放模块来学习城市之间峰值的分布相关性，并迁移有效知识以帮助提升交通流预测性能。峰值缩放模块的结构如图 3-14 所示。采用核大小为 2×2×2 的最大池化 (MaxPooling) 层对子空间 $\boldsymbol{TF}_{\text{sub}}$ 进行学习，以获得共享的峰值特征 $\boldsymbol{TF}_m$，其用于学习时空张量之间的峰值分布特征，并对非峰值进行忽略。尽管峰值的分布主要受时间依赖性的影响，但空间结构决定了峰值发生的位置。因此，本节还提出了一个峰值注意力模块，引入三维卷积核，关注最大池化 (MaxPooling) 层的共享峰值分布所对应的重要时间步。这样的方式能够提高峰值对应的时间步的重要性，同时降低非峰值对应的时间步的重要性。峰值注意力模块自适应地捕获多城市时间序列相关性，峰值分布的学习过程如式 (3-32)、式 (3-33) 所示。

$$\boldsymbol{e}_p^a = v_p \tanh(\boldsymbol{W}_p \boldsymbol{TF}_m + \boldsymbol{U}_p^a \boldsymbol{TF}^a + \boldsymbol{b}_p) \tag{3-32}$$

$$\boldsymbol{\alpha}_p^a = \text{SoftMax}(\boldsymbol{e}_p^a) \tag{3-33}$$

其中，$\boldsymbol{e}_p^a$ 是峰值相关性计算值；$\boldsymbol{TF}_m$ 是 MaxPooling 层的输出；$\boldsymbol{\alpha}_p^a$ 是对应于第 a 个城市的第 p 个峰值注意力掩膜；$\boldsymbol{W}_p$，$\boldsymbol{U}_p^a$，$\boldsymbol{v}_p$ 和 $\boldsymbol{b}_p$ 均为可学习参数。峰值注意力模块的详细结构如图 3-15 所示。峰值注意力由多个城市之间共享的峰值特征和单个城市的特定特征联合建模，其最终表示可如式(3-34)所示。

$$\boldsymbol{TF}_p = (\alpha_p^1 * \boldsymbol{TF}^1, \cdots, \alpha_p^a * \boldsymbol{TF}^a, \cdots, \alpha_p^K * \boldsymbol{TF}^K) \tag{3-34}$$

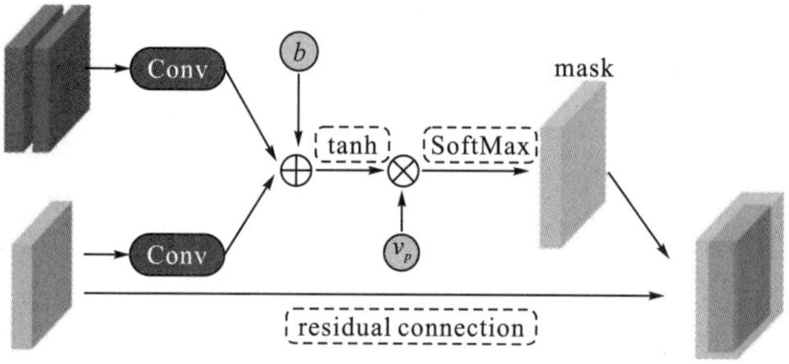

图 3-15 峰值注意力模块结构图

注：Conv 表示卷积；tanh 表示双曲正切函数；mask 表示掩码；residual connection 表示残差连接。

最后，一个 Lambda 层被设计，用于分割每个城市的特征张量。同时，一个 Conv3D 层被引入以获得每个城市的每个时间间隔对应的输出结果。峰值缩放网络将峰值的分布视为“迁移什么”，并利用全局共享特征与城市特有特征之间的相关性来实现“如何迁移”。本节首先设计了一个时空重表示层来统一多个城市的特征张量，避免度量范围不同的问题；然后应用 MaxPooling 层放大峰值的影响并减小非峰值的影响；最后提出了一个峰值注意力模块来计算注意力掩码，以强化一些重要时间步的预测性能。

4)融合层

如前文所述，为了学习交通流的多样性和复杂性，提出了多间隔组件挖掘不同的时间依赖。每个时间间隔共享相同的网络架构，同时使用不同的输入和参数获得不同的输出。之后，本节引入一个融合层，自适应学习每个时间间隔对应的参数矩阵来融合多间隔输出，如式(3-35)所示。

$$\boldsymbol{TF}_{mt}^a = \boldsymbol{U}_c \boldsymbol{TF}_{ct}^a + \boldsymbol{U}_p \boldsymbol{TF}_{pt}^a + \boldsymbol{U}_{tr} \boldsymbol{TF}_{trt}^a \tag{3-35}$$

其中，$\boldsymbol{TF}_{ct}^a$，$\boldsymbol{TF}_{pt}^a$ 和 $\boldsymbol{TF}_{trt}^a$ 是第 t 个时间步的预测结果，分别对应邻近性、周期性与趋势性；$\boldsymbol{U}_c, \boldsymbol{U}_p$ 和 $\boldsymbol{U}_{tr}$ 是可训练的参数矩阵。采用 ReLU 激活函数将输出归一化到[0, 1]，可表示为

$$\widetilde{\boldsymbol{TF}_t^a} = \text{Activation}(\boldsymbol{TF}_{mt}^a) \tag{3-36}$$

注意，融合层考虑了三种时间间隔中的不同时间依赖规则，其利用可训练的参数矩阵为每个时间间隔中的每个区域自适应地分配不同权重，从而合并来自三种时间间隔的学习特征。

4. 损失函数

MTN 模型以端到端的方式进行训练，训练后的模型可以同时预测多个城市的交通流 $\{\boldsymbol{TF}_{t+1}^{1},\cdots,\boldsymbol{TF}_{t+1}^{a},\cdots,\boldsymbol{TF}_{t+1}^{K}\}$。本节采用预测值与真实值之间的均方误差(mean square error，MSE)作为损失度量标准，损失函数公式可表示为

$$L(\Theta)=\sum_{a=1}^{K}\vartheta^{a} * \| \boldsymbol{TF}_{t+1}^{a}-\widetilde{\boldsymbol{TF}_{t+1}^{a}} \|^{2} \tag{3-37}$$

其中，ϑ^{a} 表示第 a 个城市的任务平衡参数，$\sum_{a=1}^{K}\vartheta^{a}=1$。

5. 算法与优化

算法 3-2 列出了所提出的 MTN 模型的训练过程。首先构造多间隔输入(如 1～9 行)，其次采用后向传播与 Adam 优化算法对模型进行训练(如 10～14 行)。

算法 3-2　MTN 模型的训练过程

输入：两个城市的交通流数据 $\boldsymbol{TF}_{t-h}^{1},\cdots,\boldsymbol{TF}_{t}^{1},\cdots,\boldsymbol{TF}_{t-h}^{2},\cdots,\boldsymbol{TF}_{t}^{2}$；

周期性、趋势性和邻近性的序列长度 l_p,l_{tr},l_c；

周期性间隔 p，趋势性间隔 tr 以及邻近性间隔 c。

输出：训练好的 MTN 模型

1. for 所有可用的时间步 $t(t\geqslant 1)$ do
2. $\boldsymbol{I}_{p}^{1}=[\boldsymbol{TF}_{t-l_p\cdot p}^{1},\boldsymbol{TF}_{t-(l_p-1)\cdot p}^{1},\cdots,\boldsymbol{TF}_{t-p}^{1}]$
3. $\boldsymbol{I}_{tr}^{1}=[\boldsymbol{TF}_{t-l_{tr}\cdot tr}^{1},\boldsymbol{TF}_{t-(l_{tr}-1)\cdot tr}^{1},\cdots,\boldsymbol{TF}_{t-tr}^{1}]$
4. $\boldsymbol{I}_{c}^{1}=[\boldsymbol{TF}_{t-l_c\cdot c}^{1},\boldsymbol{TF}_{t-(l_c-1)\cdot c}^{1},\cdots,\boldsymbol{TF}_{t-c}^{1}]$
5. $\boldsymbol{I}_{p}^{2}=[\boldsymbol{TF}_{t-l_p\cdot p}^{2},\boldsymbol{TF}_{t-(l_p-1)\cdot p}^{2},\cdots,\boldsymbol{TF}_{t-p}^{2}]$
6. $\boldsymbol{I}_{tr}^{2}=[\boldsymbol{TF}_{t-l_{tr}\cdot tr}^{2},\boldsymbol{TF}_{t-(l_{tr}-1)\cdot tr}^{2},\cdots,\boldsymbol{TF}_{t-tr}^{2}]$
7. $\boldsymbol{I}_{c}^{2}=[\boldsymbol{TF}_{t-l_c\cdot c}^{2},\boldsymbol{TF}_{t-(l_c-1)\cdot c}^{2},\cdots,\boldsymbol{TF}_{t-c}^{2}]$
8. 输入 $\left\{\boldsymbol{I}_{p}^{1},\boldsymbol{I}_{tr}^{1},\boldsymbol{I}_{c}^{1},\boldsymbol{I}_{p}^{2},\boldsymbol{I}_{tr}^{2},\boldsymbol{I}_{c}^{2}\right\},\{\boldsymbol{TF}_{t}^{1},\boldsymbol{TF}_{t}^{2}\}$ 到 MTN 模型用于训练;
9. end for
10. 初始化 MTN 模型中所有可训练参数;
11. repeat
12. 　随机选择一个批次并随机失活(dropout)；
13. 　最小化损失函数[式(3-37)]以优化参数空间 Θ;
14. until 达到停止条件

3.4.3 实验结果与分析

1. 数据集与评价指标

本节采用来自滴滴盖亚计划[16]的两个交通流数据集进行性能评估，两个数据集分别对应成都与西安从 2016 年 10 月 1 日至 2016 年 11 月 30 日的 GPS 轨迹数据。每一条 GPS 轨迹包括司机 ID、订单 ID、时间、经纬度信息。将西安与成都根据经纬度分别划分为 74×74 的网格，每个网格面积约 1km^2。由于一天的交通流数据更新频率很高，本节设置单个时间步长为 5min。由此，每个城市一小时内包含 12 个时间步，一整天包含 288 个时间步。另外，2016 年 10 月的 GPS 数据用于构建 2016 年 11 月的三种多时间间隔输入，同时，11 月最后 3 天的数据用于测试，其余用于训练。每个数据集的详细信息如表 3-4 所示。本节采用 RMSE 和 MAE 来评价所提出的 MTN 模型与其他基线模型。

表 3-4 数据集详细信息

城市	时间段	时间间隔	训练时间步	测试时间步	平均流量/辆
西安 成都	2016-10-1～ 2016-11-30	5min	7776	864	3157309 5766849

2. 实验参数设置

在训练阶段，90%的训练数据用于模型训练，而剩余 10%用于模型验证。模型学习率被设置为 0.001，训练轮次设为 200。由于成都市的交通流取值范围整体大于西安市，西安市的任务平衡参数 ϑ 设为 0.4，而成都市设为 0.6，使得损失函数在优化时更加关注成都市。时空单元数目 L 设为 2，将在后面小节中详细讨论。另外，多间隔组件中有 6 个超参数，分别对应邻近性、周期性与趋势性的序列长度与时间间隔。首先将邻近性、趋势性和周期性的时间间隔固定为一周、一天和一小时，由此将间隔分别设置为 $c=l$ 、$tr=1\times288$ 和 $p=7\times288$ 。同样地，多间隔组件中的序列长度分别设置为：$l_p\in\{1,2,3\}$ 、$l_{tr}\in\{1,2,3\}$ 和 $l_c\in\{1,2,3\}$ 来评估不同周期性、趋势性和邻近性对预测性能的影响。这种方式下，三种时间间隔参数的组合方式共 27 种。由于本节工作的主要目的是探索多城市场景下的交通流预测性能，最终直接选取 l_p 、l_{tr} 和 l_c 的值都为 3，没有对其他组合做过多讨论。所提出的 MTN 模型的详细网络结构如表 3-5 所示。

表 3-5　网络层的详细参数设置

网络层	池化/核大小	过滤器	输入维度	输出维度
ST-Unit 1	—	—	(…, 74, 74, 1)	(…, 74, 74, 40)
…	(3, 3)	40	…	…
ST-Unit L	—	—	(…, 74, 74, 40)	(…, 74, 74, 40)
st-attention	(1, 1, 1)	—	(…, 74, 74, 40)	(…, 74, 74, 40)
Re-expression	(3, 3, 3)	80	(…, 74, 74, 80)	(…, 74, 74, 80)
MaxPooling	(2, 2, 2)	—	(…, 74, 74, 80)	(…, 74, 74, 80)
Peak Attention	(3, 3, 3)	—	(…, 74, 74, 80)	(…, 74, 74, 80)
Lambda	—	—	(…, 74, 74, 80)	(…, 74, 74, 40)
Conv3D	(3, 3, 3)	1	(…, 74, 74, 40)	(…, 74, 74, 1)
Fusion	(74, 74, 1)	—	(…, 74, 74, 1)	(…, 74, 74, 1)

3. 基准方法

本节选择 7 种相关基线算法与所提出的 MTN 模型进行对比。

(1) LSTM[17]：一种递归神经网络(RNN)的变体，用于时间序列数据预测。

(2) GRU[18]：门控递归单元。递归神经网络(RNN)的另一种变体，可有效捕获长期时间依赖。

(3) CNN[19]：卷积神经网络。由多个卷积层、池化层以及全连接层组合而成，能够有效建模空间关联。

(4) ConvLSTM[13]：一种经典的基于 CNN 与 LSTM 的时空网络，可以同时提取空间特征与时间关联。

(5) stDNN[12]：一种基于深度神经网络(DNN)的时空预测网络。

(6) stResNet[3]：一种深度时空残差网络，用于城市人流预测。

(7) DMVST-Net[7]：一种深度多视图时空网络，基于局部 CNN 与 LSTM 建模时空关联。在本节中，由于没有外部因素的数据，没有输入外部数据作为第三个视图。

为处理多城市的交通流数据，本节为每一种基线模型构造一个孪生网络并采用其原始模型作为子网络。对于 ConvLSTM、stDNN 和 stResNet，直接使用其原始网络结构，因为它们的时空属性与 MTN 相似；对于 DMVST-Net，仅采用时间视图与空间视图；对于 LSTM、GRU，不考虑空间维度特征，构造数据为时间序列形式作为输入；对于 CNN，不考虑时间维度特征，构造数据为图像形式作为输入。最后，对一小时内所有时间步的误差值进行求和取平均，并将该值作为最终结果。例如，为评估 9am 的性能，则计算 9am～10am 12 个时间步的 RMSE 和 MAE 的均值作为最终评估结果。

4. 实验结果

如表 3-6 和表 3-7 所示，分别给出了 7 种基线模型和所提出的 MTN 模型对应于不同时间步的性能比较。

表 3-6 西安和成都关于 RMSE 指标的性能评估

方法	西安						成都					
	6am	9am	12am	3pm	6pm	9pm	6am	9am	12am	3pm	6pm	9pm
LSTM	1.56	2.45	2.24	2.70	2.46	2.83	2.42	2.54	2.45	2.53	2.48	2.89
GRU	1.51	2.77	2.23	2.67	1.98	2.40	1.63	2.65	2.68	2.28	2.74	2.21
CNN	0.96	2.05	2.08	2.91	2.52	2.05	2.83	2.49	2.02	1.94	2.34	1.88
ConvLSTM	1.69	2.52	1.91	2.42	1.97	2.01	1.89	1.94	1.62	2.71	1.86	2.02
stDNN	1.05	1.86	1.49	2.08	1.67	1.51	1.37	2.12	1.57	1.93	1.89	1.62
stResNet	0.67	1.25	1.72	1.99	1.41	1.63	0.63	1.88	1.63	1.75	2.37	1.55
DMVST-Net	0.62	1.38	1.55	1.87	1.87	1.85	1.15	1.77	1.90	1.83	1.85	1.61
MTN	**0.45**	**1.22**	**1.11**	**1.38**	**1.21**	**1.06**	**0.58**	**1.70**	**1.46**	**1.74**	**1.74**	**1.49**

表 3-7 西安和成都关于 MAE 指标的性能评估

方法	西安						成都					
	6am	9am	12am	3pm	6pm	9pm	6am	9am	12am	3pm	6pm	9pm
LSTM	1.59	1.88	1.22	1.99	2.94	2.36	1.94	2.67	2.59	2.54	2.55	2.43
GRU	1.98	1.33	1.89	1.99	2.68	2.35	2.06	2.76	2.14	2.37	2.36	2.63
CNN	1.37	1.72	1.95	1.96	1.71	2.88	1.49	2.17	1.90	2.28	2.34	2.09
ConvLSTM	1.29	1.46	1.81	1.61	1.06	1.97	1.25	1.45	1.31	1.52	2.29	1.64
stDNN	0.60	0.72	1.52	1.86	1.63	1.58	0.85	1.68	1.31	1.56	1.54	1.27
stResNet	0.26	0.83	0.67	0.85	1.06	0.97	0.64	1.17	1.03	1.18	1.61	1.16
DMVST-Net	0.36	0.92	0.74	0.96	1.22	0.95	0.94	1.39	1.29	1.24	1.26	1.05
MTN	**0.22**	**0.61**	**0.59**	**0.75**	**0.69**	**0.57**	**0.32**	**0.95**	**0.88**	**1.06**	**1.08**	**0.85**

从表 3-6 和表 3-7 中，可以发现 MTN 模型相比 7 种基线模型取得了更好的预测性能。具体来说，与经典模型(LSTM、GRU 和 CNN)相比，MTN 模型同时整合了时间依赖和空间特征，学习了更多更丰富的特征，从而提高了预测性能；MTN 模型优于 ConvLSTM，因为 MTN 模型考虑了不同的时间依赖性，并引入了多任务学习的特性，以帮助协同预测每个城市的交通流；与用于预测人群流量的 stDNN 和 stResNet 相比，MTN 模型能够学习更多的交通流信息，因为交通流的变化频率比人群流量的变化频率更快；可以看到，MTN 模型相比 DMVST-Net 有更好的预

测效果。由于 MTN 模型整体学习时间和空间信息，并结合不同时间依赖关系之间的不同影响，它在学习与空间和时间维度相对应的统一知识方面优于 DMVST-Net；值得注意的是，MTN 模型的时空注意力模块能够直接学习统一的时空知识，峰值缩放网络利用多个城市之间相似的峰值分布来提取有效特征，强化了相对重要的信息。

此外，可以发现，MTN 模型在两个城市 6am 的预测性能最好。原因可能是早上 6 点不是车流高峰时间，数据结构比较简单，更容易挖掘数据特征，得到更好的预测结果。此外，在大多数情况下，12am 的结果也比其他时间点的要好，这表明所提出的峰值缩放网络可以捕获有用的信息来提升预测性能，尤其是在中午 12 点这样的交通流数据量很大的情况下。

参考文献

[1] Lippi M, Bertini M, Frasconi P. Short-term traffic flow forecasting: an experimental comparison of time-series analysis and supervised learning. IEEE Transactions on Intelligent Transportation Systems, 2013, 14(2): 871-882.

[2] Deng D X, Shahabi C, Demiryurek U, et al. Latent space model for road networks to predict time-varying traffic. Proceedings of the 22nd ACM SIGKDD International Conference on Knowledge Discovery and Data Mining, 2016: 1525-1534.

[3] Ma X L, Dai Z, He Z B, et al. Learning traffic as images: a deep convolutional neural network for large-scale transportation network speed prediction. Sensors, 2017, 17(4): 1-16.

[4] Zhang J B, Zheng Y, Qi D K. Deep spatio-temporal residual networks for citywide crowd flows prediction. Proceedings of the 31st AAAI Conference on Artificial Intelligence, 2017: 1655-1661.

[5] Fu R, Zhang Z, Li L. Using LSTM and GRU neural network methods for traffic flow prediction. Proceedings of 31st Youth Academic Annual Conference of Chinese Association of Automation, 2016: 324-328.

[6] Zhao Z, Chen W H, Wu X M, et al. LSTM network: a deep learning approach for short-term traffic forecast. IET Intelligent Transport Systems, 2017, 11(2): 68-75.

[7] Yao H X, Wu F, Ke J T, et al. Deep multi-view spatial-temporal network for taxi demand prediction. Proceedings of the 32nd AAAI Conference on Artificial Intelligence, 2018, 32(1): 2588-2595.

[8] Lv Z J, Xu J J, Zheng K, et al. LC-RNN: a deep learning model for traffic speed prediction. Proceedings of the 27th International Joint Conference on Artificial Intelligence, 2018: 3470-3476.

[9] Zhao L, Song Y, Zhang C, et al. T-GCN: a temporal graph convolutional network for traffic prediction. IEEE Transactions on Intelligent Transportation Systems, 2020, 21(9): 3848-3858.

[10] Zheng C P, Fan X L, Wang C, et al. GMAN: a graph multi-attention network for traffic prediction. Proceedings of the 34th AAAI Conference on Artificial Intelligence, 2020: 1234-1241.

[11] Zhou W, Yang Y, Zhang Y L, et al. Deep flexible structured spatial-temporal model for taxi capacity prediction. Knowledge-Based Systems, 2020, 205: 106286.1-106286.9.

[12] Zhang J B, Zheng Y, Qi D K, et al. DNN-based prediction model for spatio-temporal data. Proceedings of the 24th ACM SIGSPATIAL International Conference on Advances in Geographic Information Systems, 2016: 1-4.

[13] Shi X J, Chen Z R, Wang H, et al. Convolutional LSTM network: a machine learning approach for precipitation nowcasting. Proceedings of the 29th Conference on Neural Information Processing Systems, 2015: 802-810.

[14] Ioffe S, Szegedy C. Batch normalization: accelerating deep network training by reducing internal covariate shift. Proceedings of the 32nd International Conference on Machine Learning, 2015: 448-456.

[15] Kingma D P, Ba J L. Adam: a method for stochastic optimization. 3rd International Conference on Learning Representations, ICLR 2015-Conference Track Proceedings, 2015: 1-15.

[16] 滴滴盖亚计划. 2017. https://gaia.didichuxing.com.

[17] Hochreiter S, Schmidhuber J. Long short-term memory. Neural Computation, 1997, 9(8): 1735-1780.

[18] Cho K, van Merrienboer B, Gulcehre C, et al. Learning phrase representations using RNN encoder-decoder for statistical machine translation. Proceedings of the 2014 Conference on Empirical Methods in Natural Language Processing, 2014: 1724-1734.

[19] LeCun Y, Bengio Y, Hinton G. Deep learning. Nature, 2015, 521: 436-444.

[20] Duan Z R, Yang Y, Zhou W. Multi-view spatial-temporal adaptive graph convolutional networks for traffic forecasting. Proceedings of the 2021 International Conference on Intelligent Systems and Knowledge Engineering, 2021: 35-41.

[21] Bruna J, Zaremba W, Szlam A. Spectral networks and locally connected networks on graphs. Proceedings of the International Conference on Learning Representations, 2014: 1-14.

[22] Defferrard M, Bresson X, Vandergheynst P. Convolutional neural networks on graphs with fast localized spectral filtering. Proceedings of the Neural Information Processing Systems, 2016: 3844-3852.

[23] Wu Z, Pan S, Long G, et al. Graph wavenet for deep spatial-temporal graph modeling. Proceedings of the International Joint Conference on Artificial Intelligence, 2019: 1907-1913.

[24] Yuan Z N, Zhou X, Yang T B. Hetero-ConvLSTM: a deep learning approach to traffic accident prediction on heterogeneous spatio-temporal data. Proceedings of the 24th ACM SIGKDD International Conference on Knowledge Discovery and Data Mining, 2018: 984-992.

[25] Chen C, Petty K, Skabardonis A, et al. Freeway performance measurement system: mining loop detector data. Transportation Research Record, 2001, 1748(1): 96-102.

[26] Kamarianakis Y, Prastacos P. Forecasting traffic flow conditions in an urban network: comparison of multivariate andunivariate approaches. Transportation Research Record: 2003, 1857(1): 74-84.

[27] Li Y G, Yu R, Shahabi C, et al. Diffusion convolutional recurrent neural network: data-driven traffic forecasting. Proceedings of the International Conference on Learning Representations, 2018: 1-16.

[28] Geng X, Li Y G, Wang L Y, et al. Spatiotemporal multi-graph convolution network for ride-hailing demand forecasting. Proceedings of the AAAI Conference on Artificial Intelligence, 2019, 33(1): 3656-3663.

[29] Guo S N, Lin Y F, Feng N, et al. Attention based spatial-temporal graph convolutional networks for traffic flow forecasting. Proceedings of the AAAI Conference on Artificial Intelligence, 2019, 33(1): 922-929.

[30] Song C, Lin Y F, Guo S, et al. Spatial-temporal synchronous graph convolutional networks: a new framework for spatial-temporal network data forecasting. Proceedings of the AAAI Conference on Artificial Intelligence, 2020, 34(1): 914-921.

[31] Misra I, Shrivastava A, Gupta A, et al. Cross-stitch networks for multi-task learning. Proceedings of the 2016 IEEE Conference on Computer Vision and Pattern Recognition, 2016: 3994-4003.

[32] Ranjan R, Patel V M, Chellappa R. Hyperface: a deep multi-task learning framework for face detection, landmark localization, pose estimation, and gender recognition. IEEE Transactions on Pattern Analysis and Machine Intelligence, 2019, 41(1): 121-135.

[33] Zhang Y L, Yang Y, Zhou W, et al. Multi-city traffic flow forecasting via multi-task learning. Applied Intelligence, 2021, 51: 6895-6913.

[34] Zhang H, Goodfellow I, Metaxas D, et al. Self-attention generative adversarial networks. Proceedings of the 36th International Conference on Machine Learning, 2019: 7354-7363.

第 4 章　社交媒体分析中面向序列数据的多视图方法

本章主要介绍社交媒体中面向序列数据的多视图方法。首先对社交媒体分析中的多视图研究进行概述；其次介绍三种基于多视图的序列模型，包括基于多任务多视图联合学习的方面级情感分析模型、基于自适应跨模态融合的方面级情感分析模型以及面向假新闻检测的跨模态实例感知模型。

4.1　社交媒体分析中的多视图概述

随着互联网及媒体技术的不断普及，以网络内容为代表的媒体内容数据逐渐呈现跨模态、跨数据源的复杂关联与协同动态演化特性。同时，随着移动通信技术的发展，社交媒体越来越广泛而深刻地融入人们的日常生活，成为获取分享信息、表达交流观点的主要途径。社交媒体信息也不再仅以纯文本形式进行传播，演变为包含文本、图像和视频等内容的多模态数据。相对于纯文本，多模态序列数据往往能提供更充分的信息，但这也给社交媒体分析引入了新的挑战，如何处理和分析来自多种模态或视图的数据并获取其包含的信息成为当下研究的热点[1]。

一方面，以往的社交媒体分析中，通常只需要关注单一的数据或模态。如何处理和分析多视图序列数据是当前社交媒体分析的一大挑战，这些挑战具体而言可以细化为多视图表示、多视图对齐和多视图融合[2]；另一方面，多视图数据比单视图数据包含更多信息，多种视图间的信息可能包含互补、冗余、噪声、对比等关系。如何正确理解不同视图之间的信息差异，可以帮助机器更好地进行社交媒体挖掘。多视图学习有效地协同利用了多视图信息，可以更好地揭示数据中存在的潜在模式，在许多实际应用中具有显著成效[3]。

面向多视图数据的机器学习方法是当前机器学习及数据挖掘领域的研究热点[3]。多视图是指对于同一事物可以从不同的角度进行描述。多模态学习、多特征学习以及多源信息融合等都可以归纳到多视图学习范畴。面向社交媒体的多视图方法主要包括表征与融合两个科学问题。表征即对相互关联但存在语义鸿沟的多模态信息进行统一(可度量)表征；融合是指在统一表征的基础上，对具有互补性的多个模态信息进行高层次相互转换，实现跨模态信息的融合与理解[4]。

跨媒体表征任务主要解决的问题是模态异构性，主要包含两大研究方向，即基于单视图表示和多视图联合表示[1]。单视图表示是指对单个视图或模态信息进行线性或非线性映射，产生单个模态信息的高阶语义特征表示。在社交媒体中，主要涉及用户发表的文本和图片内容。文本模态的表示方法有基于语言模型表示[5]、基于循环神经网络表示[6-8]、基于预训练模型的表示[9,10]。图片模态的表示主要采用基于卷积神经网络代表的深度学习方法，采用常规的卷积核池化操作对图像进行特征提取，完成图像模态表示，如 VGGNet[11]、ResNet[12]、Faster R-CNN[13]等。近年来随着 Transformer[14]的兴起，越来越多的工作也将其用于图片的特征抽取，如 Vision Transformer[15]。多视图联合表示是指包含多个模态数据信息的表示，它是多个模态共用的语义空间中的向量。一个好的多模态表示应该具有平滑性、时间和空间相干性、稀疏性和自然聚类等特性。多模态表示基于单模态表示，文献[2]将多模态表示分为模态共作用语义表示和模态约束语义表示。模态共作用语义表示是指融合各单模态的特征表示，以获得包含各模态语义信息的多模态表示。如 Kiros 等[16]构建了一个可以学习模态共作用语义表示的神经网络，并期望通过观察共作用语义表示对各模态原始输入数据的重构能力，评价共作用语义表示的性能。模态约束语义表示是指用一个模态的单模态表示结果去约束其他模态的表示，以使其他模态的表示能够包含该模态的语义信息。

跨媒体融合旨在整合对齐多个模态信息，可以大致分为模型无关的融合和基于模型的融合。其中，模型无关的融合方法较简单但实用性较低，融合过程容易产生信息丢失，如针对融合时期的不同，可以分为先融合、后融合与混合融合[17]。基于模型的融合方法复杂但准确率高、实用性强，常用方法包括多核学习方法[18]、图像模型学习方法[17]、神经网络方法[17]。社交媒体挖掘中主流的多视图融合方法是基于神经网络的方法，即先抽取不同视图的特征表示，再使用神经网络模型进行融合，如注意力机制。

尽管上述工作取得了一定进展，但在真实社交媒体环境下，多模态数据通常会受到噪声、信息缺失等问题的影响，使得跨媒体表征与融合方法依然存在挑战。

(1) 模态表示缺乏层次性、多粒度性。传统多模态表示学习方法通常只考虑单一的层次和粒度，而在开放环境下，噪声等因素会造成单模态的信息表示不充分，进而导致模态表征不充分，影响模型性能。

(2) 模态融合缺乏语义一致性对齐。传统多模态融合方法通常假设同一样本对的模态是相关的、对齐的信息。然而在开放社交媒体中，考虑到隐私保护、数据收集缺陷等因素，多模态数据可能存在模态语义不相关，甚至模态缺失情况，从而造成模态融合性能退化。

综上所述，模态表示缺乏层次性、多粒度性和模态融合缺乏语义一致性对齐是多视图方法在社交媒体下面临的新的两大挑战。针对这些挑战，本章将围绕跨媒体分析中两项重要任务——多模态情感分析和图文谣言检测进行介绍。

4.2 基于多视图学习的情感分析模型

本节介绍一种用于端到端方面级情感分析的多任务多视图神经网络模型。通过多任务学习，该模型成功实现方面抽取子任务、方面情感预测子任务以及联合标注策略下完整的方面级情感分析任务。基于多视图学习，该模型使整个网络学到的两个全局视图的相关性在模型训练时得到增强，其中两个全局视图分别来自局部视角下两个子任务学得的表征以及全局视角下完整方面级情感分析任务学得的表征，进一步增强子任务之间的信息交互，同时，相关性的限制也约束了网络训练过程，提高了模型的鲁棒性。

4.2.1 方面级情感分析

随着互联网的不断发展，人们越来越热衷在网络平台上发表自己对商品或事件的看法，这带来的是互联网各种评论文本数据在数量上的激增。有效利用这些评论文本数据，挖掘用户的观点与情感倾向，既可以帮助诸如电商网站等网络平台改进自己的服务、产品和内容，又能在用户选择某项产品或服务时为其提供参考。在这种需求背景下，比传统的文档级或句子级情感分析更细粒度、能将情感倾向准确定位到产品或服务的具体方面的方面级情感分析(aspect-based sentiment analysis，ABSA)获得了更多的关注。简言之，方面级情感分析是一项细粒度的情感分析任务，其目的是识别一句话中的方面项(aspect term)和其对应的情感极性。然而，针对方面级情感分析任务的现有相关研究往往倾向于将它拆分为两个子任务，即方面抽取子任务和方面情感预测子任务，分别建模处理，再通过流水线的方式将两个子任务的模型组合起来进行完整的方面级情感分析任务。这种处理方式会导致错误的积累与传播，且不利于实际应用。因此，本节基于当前热门的深度学习领域的相关技术，针对端到端的方面级情感分析展开研究，采用一个统一的架构同时进行方面抽取与方面情感预测。

本节尝试基于多任务学习与多视图学习的思想对这两类方法进行整合，提出了一种用于端到端方面级情感分析的多任务多视图神经网络(multitask multiview neural network for end-to-end aspect-based sentiment analysis，MTMVN)[19]模型。通过任务共享层与注意力机制，本模型成功实现了方面抽取子任务(aspect extraction，AE)、方面情感预测子任务(aspect sentiment prediction，ASP)以及联合标注策略下完整的方面级情感分析任务(union annotation strategy based full aspect-level sentiment analysis task，UFT）这三个任务之间的信息交互，并将它们放在一个多任务学习的架构下，设定一个联合目标函数同时进行学习，使三个任务相互促进以达到理想效果。基于多视图学习的相关方法，本模型将两个子任务各自从两个局部视角学习到的局部视图融合为一个全局视图表征。同时，在联合标注策略下进行的完整方面级情感分析任务，可以被视为是从任务整体的全局视角学习得到了另一个全局视图表征。模型进一步实现了两种全局视图的信息交互，并使用多视图学习方法使两个全局视图的相关性在模型训练时得到增强，让它们彼此之间互相影响互相制约，以增强模型的最终效果。

4.2.2 基于多任务多视图联合学习的方面级情感分析模型

1. 问题定义

给定一条由 L 个 token 组成的输入文本序列 S（S 往往就是一个句子），将其定义为 $S=\{w_1,w_2,\cdots,w_L\}$。对于中文文本来说，序列中的每个 token 可以是字，也可以是对文本进行中文分词之后得到的一个个词，而对于英文文本，序列中的 token 一般就是英文单词（word）。本节研究的端到端的方面级情感分析任务旨在从输入的文本序列中抽取出 M 个在序列中显式出现的方面，定义为 $A=\{a_1,a_2,\cdots,a_M\}$，并同时预测得到文本持有的针对这些方面的不同情感倾向 $P=\{p_1,p_2,\cdots,p_M\}$。

基于联合标注策略 T={B-polarity, I-polarity, O | polarity∈{POS,NEG,NEU,CONF}}，端到端的 ABSA 任务可以被当作一个序列标注任务来进行处理，即输入文本序列 S，输出对 S 中每个 token 进行标注的结果 $O=\{o_i \mid o_i \in T, 1 \leqslant i \leqslant L\}$。其中，若一个 token 被标注为“B-polarity”或“I-polarity”，则表明模型将该 token 分类为一个情感倾向为“polarity”的方面的起始部分或中间部分。相对地，如果一个 token 被标注为“O”，则表示该 token 不属于句中任何方面的组成部分，是其他 token（others）。

对于 AE 子任务和 ASP 子任务，MTMVN 模型同样将它们视为序列标注任务进行处理，标注策略分别为 $T^a=\{\mathrm{B,I,O}\}$ 和 $T^p=\{\mathrm{POS,NEG,NEU,CONF}\}$。本节研究的方面级情感分析会将文本持有的对方面的情感倾向分为 4 类，即标记策略 T 和 T^p 中的 POS、NEG、NEU 以及 CONF，分别指积极的（positive）、消极的（negative）、中性的（neutral）以及矛盾的（conflict）。

2. 模型框架

MTMVN 模型的总体架构如图 4-1 所示，主要由 6 个部分组成：嵌入层（emebedding layer）、共享层（shared layer）、编码层（encoding layer）、局部视图融

合层(local view fusion layer)、全局视图交互层(global view interaction layer)和输出层(output layer)。

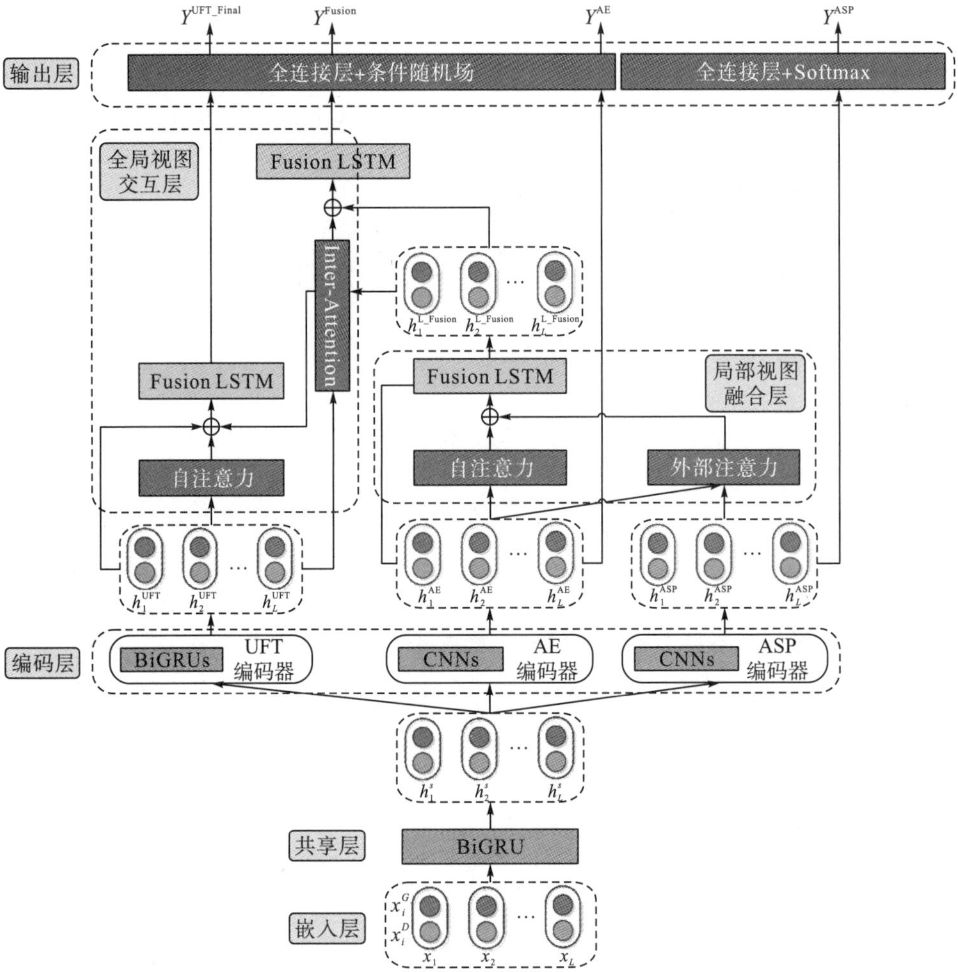

图 4-1 MTMVN 模型的总体架构

1)嵌入层文本表征

为了将输入文本序列映射成初始表征以输入到模型中，MTMVN 模型设计了一个嵌入层。仿照文献[20]的做法，该嵌入层拼接基于一般语料预训练所得的通用嵌入表征(general embedding)和基于特定领域知识的语料预训练所得的领域嵌入表征(domain embedding)作为文本序列的初始嵌入表征。即对于输入文本序列 $S=\{w_1,w_2,\cdots,w_L\}$，通过预训练的全局向量的词(global vectors for word representation，GLoVe)嵌入，嵌入层可以将其映射为通用嵌入表征

$X^G=\left\{x_1^G,x_2^G,\cdots,x_L^G\right\}$，而基于文献[16]提供的特定领域的嵌入，$S$又可被映射为领域嵌入表征$X^D=\{x_1^D,x_2^D,\cdots,x_L^D\}$，其中$x_i^G\in\mathbb{R}^{d_G}$，$x_i^D\in\mathbb{R}^{d_D}$。于是，嵌入层可得到$S$最终的嵌入表征$X=\left\{x_1,x_2,\cdots,x_L\right\}$，其中$x_i=x_i^G\oplus x_i^D$，$\oplus$表示级联(拼接)操作。

2) 共享特征提取层

在嵌入层之后，MTMVN 模型使用一个由双向 GRU 组成的多任务共享层进行初步的特征提取，获得 UFT 任务、AE 任务和 ASP 任务三者共享的潜在表征H^S，见式(4-1)。

$$\begin{aligned}\boldsymbol{h}_t^S&=[\overrightarrow{\mathrm{GRU}}(x_t);\overleftarrow{\mathrm{GRU}}(x_t)]\\\boldsymbol{H}^S&=\{h_1^S,h_2^S,\cdots,h_L^S\}\end{aligned}\tag{4-1}$$

其中，$\boldsymbol{h}_t^S$是$\boldsymbol{H}^S$的第t个时间步(或者说第t个 token)对应的向量表征；GRU 是门控循环单元，与 LSTM 模型相比，GRU 将遗忘门和输入门合并为了一个更新门，同时对 LSTM 模型的记忆单元和隐层状态也进行了合并，因此也不再含有输出门。对于更新门，GRU 首先同样基于当前时间步输入表征和上一个时间步的隐层状态计算控制信息以及当前时间步待存入记忆单元(此时也是隐层状态)的新内容，如式(4-2)所示。

$$\begin{aligned}r_t&=\sigma(W_r[h_{t-1},x_t]+b_r)\\\widetilde{h}_t&=\tanh(W[r_t*h_{t-1},x_t])\end{aligned}\tag{4-2}$$

之后，计算更新门的控制信息，并完成对隐层状态或者记忆单元的更新，见式(4-3)。

$$\begin{aligned}z_t&=\sigma(W_z[h_{t-1},x_t]+b_z)\\h_t&=(1-z_t)*h_{t-1}+z_t*\widetilde{h}_t\end{aligned}\tag{4-3}$$

其中，b_z是偏置；z_t既控制了保留多少上一个时间步的隐层状态的信息，也控制了当前时间步有多少新内容会被存入记忆单元，它同时充当了 LSTM 模型中的遗忘门和输入门。此时得到的h_t，既对应当前时间步的输出，也是用于下一个时间步相关计算的隐层状态和记忆单元内容。

3) 分支编码层

基于三个网络分支，MTMVN 模型进一步地分别从全局视角和两个局部视角来进行针对 UFT 任务和 AE 子任务、ASP 子任务的信息编码，以挖掘共享表征$\boldsymbol{H}^S$中侧重点不同的潜在信息，获得与不同任务相适应的文本序列表征。

对于 UFT 任务，进行该任务的网络分支使用堆叠的双向 GRU 编码器处理来自上游共享层的共享表征$\boldsymbol{H}^S$，得到的表征$\boldsymbol{H}^{\mathrm{UFT}}$被视为一个全局视图，含有更多与整个 ABSA 任务相关联的全局信息。处理过程见式(4-4)。

$$
\begin{aligned}
\boldsymbol{h}_t^{\mathrm{UFT}} &= [\overrightarrow{\mathrm{GRU}}(\boldsymbol{h}_t^S);\overleftarrow{\mathrm{GRU}}(\boldsymbol{h}_t^S)] \\
\boldsymbol{H}^{\mathrm{UFT}} &= \mathrm{BiGRUs}(\boldsymbol{H}^S)
\end{aligned} \tag{4-4}
$$

其中，$\boldsymbol{h}_t^{\mathrm{UTF}}$ 是 $\boldsymbol{H}^{\mathrm{UFT}}$ 第 t 个时间步对应的向量表征。

对于方面抽取子任务 AE，在共享表征 $\boldsymbol{H}^S$ 的基础上，MTMVN 模型应用堆叠的 CNN 编码器来对其进行进一步的特征提取。文献[20]中的相关研究已经说明这种堆叠的 CNN 网络结构在抽取方面时表现良好。对于 $\boldsymbol{H}^S$ 的每一个时间步 $\boldsymbol{h}_i^S$，该编码器的每层 CNN 对其进行的带 padding 的卷积操作如式(4-5)所示。

$$
\boldsymbol{h}_{i,r}^{l+1} = \max\left[0, \left(\sum_{j=-c}^{c} \omega_{j,r}^{l} \boldsymbol{h}_{i+j}^{l}\right) + b_r^l\right] \tag{4-5}
$$

其中，$\boldsymbol{h}_{i,r}^{l}$ 表示输入到第 l 层 CNN 的第 i 个时间步第 r 个卷积核对应的向量表征，并且有 $\boldsymbol{h}_i^1 = \boldsymbol{h}_i^s$，即编码器的第一层 CNN 接收 $\boldsymbol{H}^S$ 的每个时间步 $\boldsymbol{h}_i^S$ 作为输入；$\omega_{j,r}^{l}$ 和 b_r^l 分别表示第 l 层 CNN 的第 r 个卷积核的权重和偏置项，每个卷积核大小为 $2c+1$。式(4-5)中用 max 选择大于 0 的输出的操作，实质上是使用了 ReLU 作为每一层 CNN 的激活函数。$\boldsymbol{H}^{\mathrm{AE}}$ 作为整个堆叠的 CNN 编码器的输出，用于 AE 任务的最终表征，通过式(4-6)得到。

$$
\boldsymbol{H}^{\mathrm{AE}} = \mathrm{CNNs}(\boldsymbol{H}^S) \tag{4-6}
$$

其中，CNNs 表示堆叠的 CNN 编码器，每一层都进行式(4-6)所示的计算过程。

从局部视角出发进行 AE 子任务，可被视为一个侧重于从文本中挖掘出更多方面边界信息的过程，因此得到的表征 $\boldsymbol{H}^{\mathrm{AE}}$ 也可被视为一个侧重于含有更多方面边界信息的局部视图。

对于 ASP 子任务，基于上文介绍的标注策略 $T^p = \{\mathrm{POS}, \mathrm{NEG}, \mathrm{NEU}, \mathrm{CONF}\}$，MTMVN 模型仍将其当作一个序列标注问题来进行处理，并将序列中的每个 token 标注为其所属方面的情感极性。表 4-1 展示了一个用真实 AE 任务和 ASP 任务标签进行标注的例子。

表 4-1 AE 任务和 ASP 任务标注示例

文本序列	Moules	were	excellent	,	lobster	ravioli	was	very	salty	!
AE 标注结果	B	O	O	O	B	I	O	O	O	O
ASP 标注结果	POS	—	—	—	NEG	NEG	—	—	—	—

MTMVN 模型在针对 ASP 任务计算损失时将忽略文本序列中那些没有真实 ASP 标签的 token(即类似于表 4-1 中被标注为“—”的 token)，因为这些 token 不属于任何方面，针对它们预测得到的情感极性结果没有实际意义，也无法衡量模型在情感预测子任务上的性能好坏。在 ASP 任务进行网络分支中，MTMVN 模

型同样使用堆叠的 CNN 网络结构作为编码器，但是在堆叠数量和参数设置上与进行 AE 任务的网络分支有所区别。编码器的处理过程如式(4-7)所示。

$$\boldsymbol{H}^{\mathrm{ASP}}=\mathrm{CNNs}(\boldsymbol{H}^{S}) \tag{4-7}$$

其中，$\boldsymbol{H}^{\mathrm{ASP}}$作为 ASP 任务的最终表征，与$\boldsymbol{H}^{\mathrm{AE}}$相似，可被视为整个 ABSA 任务的又一个侧重于含有更多情感极性信息的局部视图。

4) 局部视图融合

上述分支编码层处理得到了一个全局视图$\boldsymbol{H}^{\mathrm{UFT}}$和两个局部视图$\boldsymbol{H}^{\mathrm{AE}}$与$\boldsymbol{H}^{\mathrm{ASP}}$。MTMVN 模型首先对两个局部视图进行融合，以整合两个局部视图中各自含有的方面边界信息和情感极性信息。这一操作既进行了视图的融合，也进行了 AE 任务与 ASP 任务之间的信息交互。在 MTMVN 模型多任务多视图的整体架构下以及在神经网络强大的特征提取能力的基础上，这一操作有利于促进多任务学习和多视图学习对文本信息的进一步挖掘，提升模型的整体性能。

基于注意力机制提出的一种用于视图融合的 LSTM 网络，MTMVN 模型将两个局部视图融合的操作定义为如式(4-8)所示的处理过程。

$$\begin{aligned}\boldsymbol{H}^{\mathrm{Concat}}&=[\boldsymbol{H}^{\mathrm{AE}};\boldsymbol{H}^{\mathrm{AE}'};\boldsymbol{H}^{\mathrm{ASP}'}]\\ \boldsymbol{H}^{\mathrm{L\_Fusion}}&=\mathrm{Fusion\_LSTM}(\boldsymbol{H}^{\mathrm{Concat}})\end{aligned} \tag{4-8}$$

其中，$\boldsymbol{H}^{\mathrm{AE}'}$由$\boldsymbol{H}^{\mathrm{AE}}$基于自注意力机制计算得到，见式(4-9)。

$$\begin{aligned}f(\boldsymbol{H}^{\mathrm{AE}})&=\tanh(W_{\mathrm{att\_S}}[\boldsymbol{H}^{\mathrm{AE}};\boldsymbol{H}^{\mathrm{AE}}])\\ \mathrm{self\_score}&=\mathrm{SoftMax}[f(\boldsymbol{H}^{\mathrm{AE}})]\\ \boldsymbol{H}^{\mathrm{AE}'}&=\mathrm{self\_score}^{\mathrm{T}}\boldsymbol{H}^{\mathrm{AE}}\end{aligned} \tag{4-9}$$

通过自注意力机制，$\boldsymbol{H}^{\mathrm{AE}}$中含有更多方面边界信息的关键内容将获得模型更多的关注，而这些关键内容对应到文本序列中往往就是构成方面的 token，也就是模型需要识别标注的内容。因为相比于其他 token 来说，从属于方面的 token 显然含有更多的与方面相关的潜在信息。自注意力机制可以进一步增强对局部视图$\boldsymbol{H}^{\mathrm{AE}}$中方面边界信息的挖掘和利用，有助于模型对方面的识别抽取。

为了区别于像$\boldsymbol{H}^{\mathrm{AE}}$那样自己与自己之间进行注意力计算的自注意力机制，本节将局部视图$\boldsymbol{H}^{\mathrm{AE}}$和局部视图$\boldsymbol{H}^{\mathrm{ASP}}$进行的注意力计算称为交互注意力机制，而$\boldsymbol{H}^{\mathrm{ASP}'}$即是通过这种交互注意力机制计算得到的，它含有两个局部视图之间的交互信息，见式(4-10)。

$$\begin{aligned}f(\boldsymbol{H}^{\mathrm{ASP}},\boldsymbol{H}^{\mathrm{AE}})&=\tanh(W_{\mathrm{att\_I}}[\boldsymbol{H}^{\mathrm{ASP}};\boldsymbol{H}^{\mathrm{AE}}])\\ \mathrm{Inter\_score}&=\mathrm{SoftMax}[f(\boldsymbol{H}^{\mathrm{ASP}},\boldsymbol{H}^{\mathrm{AE}})]\\ \boldsymbol{H}^{\mathrm{ASP}'}&=\mathrm{Inter\_score}^{\mathrm{T}}\boldsymbol{H}^{\mathrm{ASP}}\end{aligned} \tag{4-10}$$

这里将$\boldsymbol{H}^{\mathrm{AE}}$作为注意力机制中的 Query，而将$\boldsymbol{H}^{\mathrm{ASP}}$作为 Key 和 Value 计算得到的注意力分布得分 Inter_score，反映了在整合来自$\boldsymbol{H}^{\mathrm{AE}}$的方面边界信息后，$\boldsymbol{H}^{\mathrm{ASP}}$

中的哪些时间步(即哪些token)更值得模型关注。之后,注意力分布得分Inter_score被附加到 $\boldsymbol{H}^{\text{ASP}}$ 上，即得到进一步增强了情感极性信息的注意力表征 $\boldsymbol{H}^{\text{ASP}'}$。

为了使通过拼接 $\boldsymbol{H}^{\text{AE}}$、$\boldsymbol{H}^{\text{AE}'}$和 $\boldsymbol{H}^{\text{ASP}'}$得到的表征 $\boldsymbol{H}^{\text{Concat}}$ 更加充分地融合来自两个局部视图的信息，MTMVN 模型使用了一种融合 LSTM[即式(4-8)中的Fusion_LSTM]来进一步处理 $\boldsymbol{H}^{\text{Concat}}$。融合 LSTM 是双向 LSTM 的一种变体，这里以正向为例进行说明。当 $\boldsymbol{H}^{\text{Concat}}$ 被送入融合 LSTM 后，基于 LSTM 中正在处理的 $\boldsymbol{H}^{\text{Concat}}$ 的某个时间步，计算得到一个信息向量，如式(4-11)所示。

$$\boldsymbol{I}_{t-1} = \boldsymbol{W}_i \boldsymbol{h}_{t-1}^{\text{Concat}} + b_i \tag{4-11}$$

其中，$\boldsymbol{I}_{t-1}$ 是计算得到的该时间步对应的信息向量；$\boldsymbol{h}_{t-1}^{\text{Concat}}$ 是 $\boldsymbol{H}^{\text{Concat}}$ 第 $t-1$ 个时间步的向量表征；$\boldsymbol{W}_i$ 和 b_i 分别是计算信息向量的线性变换矩阵和偏置项。之后，将第 $t-1$ 个时间步对应的 LSTM 隐层状态 h_{t-1} 作为一个信号量，基于该信号量可以计算得到一个权重，以控制信息向量 $\boldsymbol{I}_{t-1}$ 中有多少信息将被整合到 LSTM 的记忆单元中，见式(4-12)。

$$\begin{gathered} z = \operatorname{Sigmoid}(\boldsymbol{W}_z \overrightarrow{h_{t-1}}) \\ \overrightarrow{M_t} = (1-z) \odot \overrightarrow{M_{t-1}} + z \odot \boldsymbol{I}_{t-1} \end{gathered} \tag{4-12}$$

其中，z 是基于对 h_{t-1} 进行线性变换和使用 Sigmoid 函数激活后得到的权重；$\overrightarrow{M_{t-1}}$ 是 LSTM 记忆单元对应第 t 个时间步时的内容。随着记忆单元内容 $\overrightarrow{M_{t-1}}$ 的不断更新，$\boldsymbol{H}^{\text{Concat}}$ 的每个时间步 $\boldsymbol{h}_{t-1}^{\text{Concat}}$ 含有的潜在信息也将在对应的 LSTM 隐层状态 h_{t-1} 的指导下，选择性地被整合到记忆单元中，而基于更新得到的第 t 个时间步的记忆单元状态 $\overrightarrow{M_t}$，前一个时间步的隐层状态 $\overrightarrow{h_{t-1}}$ 以及第 t 个时间步的输入 $\boldsymbol{h}_t^{\text{Concat}}$，LSTM 的隐层状态也可由 $\overrightarrow{h_{t-1}}$ 更新为 $\overrightarrow{h_t}$，见式(4-13)。

$$\overrightarrow{h_t} = \operatorname{LSTMCell}[\boldsymbol{h}_t^{\text{Concat}}, (\overrightarrow{h_{t-1}}, \overrightarrow{M_t})] \tag{4-13}$$

之后，基于新的输入 $\boldsymbol{h}_t^{\text{Concat}}$ 和新的隐层状态 $\overrightarrow{h_t}$，再次进行式(4-11)、式(4-12)和式(4-13)所示的计算，以此循环，不断更新隐层状态 $\overrightarrow{h_t}$ 和记忆单元内容 $\overrightarrow{M_t}$，直到所有的时间步都被处理完。

以上是融合 LSTM 中正向的计算过程。反向的计算过程与正向一致，只是序列方向相反。因此，通过拼接正向与反向的结果，可以得到融合 LSTM 的输出如式(4-14)所示。

$$\begin{gathered} \boldsymbol{M}_t = \left[\overrightarrow{M_t}; \overleftarrow{M_t} \right] \\ \boldsymbol{h}_t = \left[\overrightarrow{h_t}; \overleftarrow{h_t} \right] \end{gathered} \tag{4-14}$$

输入文本序列的长度为 L，因此有理由认为最后一个时间步对应的记忆单元状态 $\boldsymbol{M}_L$ 融合了 $\boldsymbol{H}^{\text{Concat}}$ 中每个时间步的信息。基于残差连接的思想，本节将 $\boldsymbol{M}_L$ 加到每一个隐层状态 $\boldsymbol{h}_t$ 上，得到最终的融合结果，见式(4-15)。

$$\boldsymbol{h}_t^{\text{L\_Fusion}} = \boldsymbol{h}_t + \boldsymbol{M}_L$$
$$\boldsymbol{H}^{\text{L\_Fusion}} = \left\{\boldsymbol{h}_t^{\text{L\_Fusion}} \mid 1 \leqslant t \leqslant L\right\} \tag{4-15}$$

5) 全局视图信息交互

局部视图 $\boldsymbol{H}^{\text{AE}}$ 和 $\boldsymbol{H}^{\text{ASP}}$ 融合得到的表征 $\boldsymbol{H}^{\text{L\_Fusion}}$ 整合了 $\boldsymbol{H}^{\text{AE}}$ 中的方面边界信息和 $\boldsymbol{H}^{\text{ASP}}$ 中的情感极性信息，被视为整个 ABSA 任务的全局视图表征，而在联合标注策略下进行 UFT 任务的网络分支得到的表征 $\boldsymbol{H}^{\text{UFT}}$ 也是一个全局视图。MTMVN 模型使用多视图学习方法，在模型训练阶段增强两个全局视图之间的相关性，使产生这两个全局视图的三个网络分支之间相互促进、相互约束，以达到在模型训练的基础上进一步微调网络的目的，让模型学习到的表征更具有鲁棒性。

在训练阶段使用多视图学习增强全局视图的相关性之前，MTMVN 模型首先同样基于注意力机制和融合 LSTM 模型，让两个全局视图之间发生更充分的信息交互。对于 $\boldsymbol{H}^{\text{UFT}}$，基于自注意力机制进行如式(4-16)的计算。

$$\boldsymbol{H}^{\text{UFT}'} = \text{Self\_Att}\left(\boldsymbol{H}^{\text{UFT}}, \boldsymbol{H}^{\text{UFT}'}\right) \tag{4-16}$$

其中，$\boldsymbol{H}^{\text{UFT}'}$是 $\boldsymbol{H}^{\text{UFT}}$ 中的关键信息进一步得到增强后的表征，同时，将 $\boldsymbol{H}^{\text{UFT}}$ 和 $\boldsymbol{H}^{\text{L\_Fusion}}$ 两个全局视图交替地作为注意力机制中的 Key 和 Query 进行式(4-17)所示的计算，让它们各自整合对方的信息，实现信息交互。

$$\boldsymbol{H}^{\text{L\_Fusion}'} = \text{Inter\_Att}\left(\boldsymbol{H}^{\text{L\_Fusion}}, \boldsymbol{H}^{\text{UFT}}\right)$$
$$\boldsymbol{H}^{\text{UFT}''} = \text{Inter\_Att}\left(\boldsymbol{H}^{\text{UFT}}, \boldsymbol{H}^{\text{L\_Fusion}}\right) \tag{4-17}$$

其中，$\boldsymbol{H}^{\text{L_Fusion}'}$是将 $\boldsymbol{H}^{\text{L\_Fusion}}$ 作为 Key 和 Value，$\boldsymbol{H}^{\text{UFT}}$ 作为 Query 得到的注意力机制结果，而 $\boldsymbol{H}^{\text{UFT}''}$则正好相反。

之后，类似于局部视图融合时采取的操作，本节同样使用融合 LSTM 模型来对拼接以上注意力机制结果得到的表征进行处理，使两个全局视图之间的信息交互更充分，见式(4-18)。

$$\boldsymbol{H}^{\text{UFT\_Final}} = \text{Fusion\_LSTM}\left(\left[\boldsymbol{H}^{\text{UFT}}; \boldsymbol{H}^{\text{UFT}'}; \boldsymbol{H}^{\text{L\_Fusion}'}\right]\right)$$
$$\boldsymbol{H}^{\text{Fusion}} = \text{Fusion\_LSTM}\left(\left[\boldsymbol{H}^{\text{L\_Fusion}}; \boldsymbol{H}^{\text{UFT}''}\right]\right) \tag{4-18}$$

完成了上述全局视图信息交互的过程后，得到了两个全局视图最终的表征 $\boldsymbol{H}^{\text{UFT\_Final}}$ 与 $\boldsymbol{H}^{\text{Fusion}}$，而这样的信息交互操作对训练阶段使用多视图学习方法增强两个全局视图之间的相关性具有促进作用。

6) 解码层与模型训练

在解码输出阶段，两个全局视图的最终表征 $\boldsymbol{H}^{\text{UFT\_Final}}$ 和 $\boldsymbol{H}^{\text{Fusion}}$ 以及由 AE 子任务与 ASP 子任务得到的两个局部视图表征 $\boldsymbol{H}^{\text{AE}}$ 和 $\boldsymbol{H}^{\text{ASP}}$，都会被送到解码层进行解码与输出。

对于 $\boldsymbol{H}^{\text{UFT\_Final}}$、$\boldsymbol{H}^{\text{Fusion}}$ 和 $\boldsymbol{H}^{\text{AE}}$，在它们经过全连接层的线性变换处理后，再使用条件随机场(conditional random field，CRF)进行针对 UFT 任务和 AE 任务的解码预测，见式(4-19)。

$$\begin{gathered} z_t^{\mathcal{Q}} = W^{\mathcal{Q}}\boldsymbol{h}_t^{\mathcal{Q}} + b^{\mathcal{Q}} \\ s(X,Y^{\mathcal{Q}}) = \sum_{t=1}^{L}\left(W_{y_{t-1}^{\mathcal{Q}}y_t^{\mathcal{Q}}} z_t^{\mathcal{Q}} + b_{y_{t-1}^{\mathcal{Q}}y_t^{\mathcal{Q}}}\right) \\ \text{s.t. } \mathcal{Q} \in \{\text{Fusion}, \text{UFT\_Final}, \text{AE}\} \end{gathered} \tag{4-19}$$

其中，$\boldsymbol{h}_t^{\mathcal{Q}}$ 是 $\boldsymbol{H}^{\mathcal{Q}}$ 的第 t 个时间步对应的向量表征，$\mathcal{Q} \in \{\text{Fusion}, \text{UFT\_Final}, \text{AE}\}$ 表示这里的 $\boldsymbol{H}^{\mathcal{Q}}$ 可以是 $\boldsymbol{H}^{\text{Fusion}}$、$\boldsymbol{H}^{\text{UFT\_Final}}$ 和 $\boldsymbol{H}^{\text{AE}}$。对于输入序列 X，$s(X,Y^{\mathcal{Q}})$ 表示 CRF 计算得到的每一个可能的标签序列的得分，其中标签序列是由对输入序列中每个 token 预测得到的标签组成的。于是可按式(4-20)计算出当前模型预测出的标签序列在所有可能的标签序列 $\widetilde{Y}^{\mathcal{Q}}$ 上的概率结果。

$$\begin{gathered} p\left(Y^{\mathcal{Q}} \mid X;\theta\right) = \frac{\mathrm{e}^{s(X,Y^{\mathcal{Q}})}}{\sum_{\widetilde{Y}} \mathrm{e}^{s(X,\widetilde{Y}^{\mathcal{Q}})}} \\ \text{s.t. } \mathcal{Q} \in \{\text{Fusion}, \text{UFT\_Final}, \text{AE}\} \end{gathered} \tag{4-20}$$

其中，θ 表示 MTMVN 模型中的相关参数。

对于 $\boldsymbol{H}^{\text{ASP}}$，同样先让其经过全连接层的线性变换处理，之后模型使用 SoftMax 函数而不是 CRF 来计算每个 token 在标签上的概率分布结果，以完成针对 ASP 任务的预测，见式(4-21)。

$$p\left(\boldsymbol{Y}^{\text{ASP}} \mid X;\theta\right) = \text{SoftMax}\left(\boldsymbol{W}^{\text{ASP}}\boldsymbol{H}^{\text{ASP}}\right) \tag{4-21}$$

这里不像上面对 $\boldsymbol{H}^{\text{Fusion}}$、$\boldsymbol{H}^{\text{UFT\_Final}}$ 和 $\boldsymbol{H}^{\text{AE}}$ 的解码使用 CRF，而是使用 SoftMax 函数的原因是，在联合标注策略下进行的针对全局视图 $\boldsymbol{H}^{\text{Fusion}}$ 和 $\boldsymbol{H}^{\text{UFT\_Final}}$ 的解码，其标签之间往往具有很强的依赖关系，例如，I-POS 的前面必须是 I-POS 或 B-POS，得到的其他标注结果都是不合理的，解码时应该考虑这一点。此时，基于 CRF，将所有 token 的标签视为一个整体序列，从而对这个序列整体进行解码预测会更好，更能体现标签之间的依赖关系。类似地，对于 AE 子任务，模型要抽取的方面往往由多个 token 构成，那么对于从属于同一个方面的 token 来说，在对其进行标记时考虑它们的标签之间的联系是很有必要的，因此同样基于 CRF 对局部视图 $\boldsymbol{H}^{\text{AE}}$ 进行解码和预测。而对于 ASP 子任务来说，每个标签仅反映对应 token 的情感极性信息，因此，用 SoftMax 函数独立预测局部视图 $\boldsymbol{H}^{\text{ASP}}$ 中每个时间步(每个 token)的标签概率分布会更好。

MTMVN 模型的联合损失函数如式(4-22)所示。

$$\mathcal{L} = \mathcal{L}^{\text{UTF\_Final}} + \mathcal{L}^{\text{Fusion}} + \mathcal{L}^{\text{AE}} + \mathcal{L}^{\text{ASP}} + \sigma\text{CCA\_Loss}\left(Z^{\text{UTF\_Final}}, Z^{\text{Fusion}}\right) \tag{4-22}$$

$\mathcal{L}^{\mathcal{T}}$ 是模型预测得到的标签概率分布 $p(Y^{\mathcal{T}} \mid X;\theta)$ 和真实标签 $\hat{Y}^{\mathcal{T}}$ 之间的交叉熵损失，$\mathcal{T} \in \{\text{Fusion}, \text{UFT\_Final}, \text{AE}, \text{ASP}\}$，计算过程见式(4-23)。

$$\begin{gathered}\mathcal{L}^{\mathcal{T}} = -\sum_i \mathbb{I}\left(\hat{y}_i^{\mathcal{T}}\right)\log p\left(y_i^{\mathcal{T}} \mid x_i;\theta\right) \\ \text{s.t. } \mathcal{T} \in \{\text{Fusion}, \text{UFT\_Final}, \text{AE}, \text{ASP}\}\end{gathered} \tag{4-23}$$

其中，$y_i^{\mathcal{T}}$ 是模型对序列中第 i 个 token 的预测标注结果；$\hat{y}_i^{\mathcal{T}}$ 是该 token 的真实标签；$\mathbb{I}(\hat{y}_i^{\mathcal{T}})$ 是将真实标签转换成独立编码。

从多视图学习的角度出发，MTMVN 模型计算两个全局视图之间的相关性，并在模型训练降低分类损失的同时，使两个全局视图的相关性增大。典型相关性分析(canonical correlation analysis，CCA)损失项定义如式(4-24)所示。

$$\text{CCA\_Loss} = -\text{corr}\left(Z^{\text{UFT\_Final}}, Z^{\text{Fusion}}\right) \tag{4-24}$$

其中，$Z^{\text{UFT\_Final}}$ 和 Z^{Fusion} 分别是 $\boldsymbol{H}^{\text{UFT\_Final}}$ 和 $\boldsymbol{H}^{\text{Fusion}}$ 经过全连接层线性变换后的结果。式(4-24)表示 CCA 损失项即计算两个全局视图的相关性并取反，这样在模型训练时，CCA 损失项变小，全局视图的相关性才能增大。CCA 损失项让两个全局视图之间可以相互影响，在梯度下降反向传播时便会随着链式求导过程影响到产生全局视图的三个网络分支，使三个网络分支在以减小分类损失为目标而进行参数更新的基础上，受到其他优化目标的微调，让它们相互促进相互约束，使模型学到的表征具有更强的鲁棒性。

7) 模型的集成输出

MTMVN 模型产生的 4 个输出将对应得到 4 个结果，其中全局视图 $\boldsymbol{H}^{\text{UFT\_Final}}$ 和 $\boldsymbol{H}^{\text{Fusion}}$ 基于联合标注策略产生的结果同时标注出了构成方面的 token 及对应的情感极性，得到的是两种针对 ABSA 任务的完整结果。而将两个进行 AE 子任务和 ASP 子任务的局部视图 $\boldsymbol{H}^{\text{AE}}$ 和 $\boldsymbol{H}^{\text{ASP}}$ 产生的结果进行组合，又可以进一步得到第三种结果。

对于这三种结果，这里采用一种集成输出策略来得到最终的结果。首先对三种结果依次进行处理，修复一些不合理的结果。对于抽取到的每个方面，统计从属于该方面的每个 token 的标签，使用频率最高的标签对应的情感极性作为整个方面的情感极性。如果在一个方面的所有 token 范围内出现的几种情感极性次数都相同，那么将该方面的第一个 token 的情感极性作为整个方面的情感极性。这个方法可以有效处理模型对同属于一个方面的不同 token 预测得到不同情感极性，进而造成方面内情感分类结果不一致的情况。之后，使用投票法对三种结果进行整合，生成端到端 ABSA 任务的最终结果。

4.2.3 实验结果与分析

1. 数据集描述与评价指标

表 4-2 与表 4-3 展示了实验所用的三个公开数据集的相关信息。

表 4-2 三个数据集含有的样本数量和方面数量

数据集	训练集		测试集	
	样本数(句子数)	方面数	样本数(句子数)	方面数
D_L	3045	2358	800	654
D_R	3041	3693	800	1134
D_T	2115	2608	235	604

表 4-3 三个数据集中持有不同情感级方面的数量

数据集		训练集	测试集	总计
D_L	POS	987	341	1328
	NEG	866	128	994
	NEU	460	169	629
	CONF	45	16	61
D_R	POS	2164	728	2892
	NEG	805	196	1001
	NEU	633	196	829
	CONF	91	14	105
D_T	POS	563	132	695
	NEG	218	48	266
	NEU	1827	424	2251

D_L 和 D_R 来自 SemEval-2014，分别由针对笔记本电脑的评论和针对酒店的评论组成，D_T 则是文献[21]收集整理的英文推特(Twitter)数据集。在这三个数据集中，每条样本的真实方面和情感极性已被给出。本节在这三个数据集上划分得到训练集和测试集(其中对于 D_L 和 D_R 直接采用了官方的划分)，训练时，在每个数据集的训练集上进行 5 折交叉验证，并取最好的测试集结果。

精度(precision，P)和召回率(recall，R)的定义如式(4-25)所示。

$$
\begin{aligned}
P &= \frac{\mathrm{TP}}{\mathrm{TP}+\mathrm{FP}} \\
R &= \frac{\mathrm{TP}}{\mathrm{TP}+\mathrm{FN}}
\end{aligned} \tag{4-25}
$$

P 和 R 的计算依赖于混淆矩阵，对于一个二分类问题，其混淆矩阵的形式如表 4-4 所示。

表 4-4　二分类问题的混淆矩阵

项目		预测值	
		1	0
真实值	1	TP	FN
	0	FP	TN

表 4-4 中，TP 表示真实标签为 1，预测结果也是 1 的真阳性(true positive)样本数量；TN 表示真实标签为 0，预测结果也是 0 的真阴性(true negative)样本数量；FP 表示真实标签为 0，预测结果却是 1 的假阳性(false positive)样本数量；FN 表示真实标签为 1，预测结果却是 0 的假阴性(false negative)样本数量。

端到端的方面级情感分析最常用的评价指标是 F1(F-measure)，定义式为

$$
\mathrm{F1} = 2\times\frac{P\times R}{P+R} = \frac{2}{\dfrac{1}{P}+\dfrac{1}{R}} \tag{4-26}
$$

其中，精度 P 表示模型预测的标签为 1 的样本中，有多少确实是 1，所占的比率；召回率 R 表示对于真实标签为 1 的样本，模型准确预测出了多少，所占的比率。由式(4-26)可知，当模型精度越高，召回率越高时，F1 值也会越大。F1 值能综合衡量模型的精度和召回率，从而综合评价模型的性能。

在被当作序列标注任务进行处理时，端到端的方面级情感分析任务是针对每个 token 的多分类问题，token 是此时计算 F1 值的样本，且对于多分类问题，有 Macro-F1 和 Micro-F1 两种 F1 值。

Macro-F1 是将模型针对每一类的预测结果都构建如表 4-4 所示的混淆矩阵，其中 1 表示真实值或预测值为该类，0 表示真实值或预测值为非该类，这样一来，多分类问题中的每个类别都有一个混淆矩阵，因此可把对每个类别的预测都视为一个二分类问题，计算得到每个类别的 F1 值，最后对所有类别的 F1 值取平均值，即得到整个多分类问题的 Macro-F1 值，如式(4-27)所示。

$$
\text{Macro-}\mathrm{F1} = \frac{1}{n}\sum_{i=1}^{n}\mathrm{F1}_i \tag{4-27}
$$

其中，$\mathrm{F1}_i$ 为第 i 个类别的 F1 值；n 为多分类问题的类别数。

Micro-F1 则是将每一类的混淆矩阵中的 TP 全部相加，得到多分类问题整体 TP，并以此类推地得到整体 FP 和 FN，从而计算多分类问题的整体精度与整体召回率，最后计算得到整体 F1 值。该整体 F1 值即是多分类问题的 Micro-F1。

这里要特别说明的是，在本章的相关实验部分，用来衡量端到端 ABSA 模型性能的 F1 值均是 Micro-F1 值。

2. 对比模型

为了验证以端到端方式执行 ABSA 任务的有效性和 MTMVN 模型的性能，这里将 MTMVN 模型与现有的流水线式基准模型(pipeline baselines)和端到端基准模型在上述三个公开数据集上分别进行了实验对比。

1)流水线式基准模型

与 MTMVN 模型进行对比实验的流水线式基准模型如下。

(1)CRF-pipeline[21]。基于语义特征，直接以流水线的形式，使用条件随机场 CRF 进行序列标注任务，来处理 ABSA 任务。

(2)NN-CRF-pipeline[22]。对文献[21]的方法进行了改进，使用了词嵌入来对方面及其上下文进行表征。

(3)CMLA-ALSTM。CMLA[23]是一种多层注意力网络，用于同时抽取文本中显式出现的方面和观点词。ALSTM[24]是在已知方面的情况下，基于注意力机制的进行 ASP 子任务的 LSTM 网络模型。在这里，CMLA 和 ALSTM 被组合成流水线式方法。CMLA 在上游抽取出方面，提供给下游的 ALSTM 进行方面情感预测。

(4)DECNN-ALSTM。DECNN[20]通过拼接领域嵌入表征和通用嵌入表征来引入领域知识，并基于多层堆叠的 CNN 网络结构进行方面抽取。在这里，它同样以流水线的方式与 ALSTM 相结合，用于处理整个 ABSA 任务。

(5)HAST-TOWE。HAST 模型是 Li 等[25]提出的方面抽取模型，基于一种历史信息注意力机制以及一种选择变换网络，该模型能很好地完成 AE 子任务。而利用 HAST 模型抽取得到的方面，TOWE 模型[26]能实现方面情感预测。这里它们组合成一种流水线式模型，用于完整的 ABSA 任务。

2)端到端基准模型

(1)Sentiment-Scope[27]。这是一种端到端的 CRF 模型，通过对 CRF 的节点类型进行扩展，来捕获情感极性范围，即同时得到情感极性与它所对应的方面。

(2)LSTM-CRF-LSTMc[28]。这是一种基于双向 LSTM 进行特征提取，使用 CRF 进行解码的命名实体识别模型，同时使用 LSTM 对字级别(char-level)的表征进行编码与学习。命名实体识别任务与联合标注策略下的端到端的方面级情感分析任务在形式上相近，都可视作序列标注任务，因此这里将该模型也作为端到端方法的一种，直接用该模型进行端到端的方面级情感分析任务。

(3) LSTM-CRF-CNNc[29]。该模型与 LSTM-CRF-LSTMc 具有相似的结构，唯一区别在于该模型使用 CNN 而不是 LSTM 来对字级别的表征进行编码和学习。

(4) MNN[30]。一种端到端方面级情感分析模型。该模型拼接词级和字级的嵌入表征作为嵌入层的输出，分别使用 CNN 与双向 LSTM 进一步对表征进行编码，并通过注意力机制实现对得到的两种编码结果的融合，最后在联合标注策略下实现对方面的抽取和情感极性的分类。

3) 主要实验结果及分析

表 4-5 展示了 MTMVN 模型与上述对比模型在三个公开数据集上的实验结果，结合方面抽取结果和情感预测结果计算 F1 值来衡量模型的性能。也就是说，只有对一个方面的全部 token 及其情感极性都进行了正确的预测，才将其视为一个正确的结果。

表 4-5　MTMVN 模型和其他基准模型基于 F1 值(%)的对比实验结果

	模型	D_L	D_R	D_T
流水线式对比模型	CRF-pipeline	51.73	54.16	31.35
	NN-CRF-pipeline	53.23	61.03	45.08
	CMLA-ALSTM	53.68	63.87	46.47
	DECNN-ALSTM	54.87	65.13	47.24
	HAST-TOWE	53.41	62.39	46.43
端到端式对比模型	Sentiment-Scope	50.27	62.01	45.91
	LSTM-CRF-LSTMc	54.37	65.03	46.82
	LSTM-CRF-CNNc	54.71	64.29	47.35
	MNN	53.93	63.71	46.16
本节模型	MTMVN	**55.08**	**65.20**	**47.89**

从表 4-5 中数据可以看出，MTMVN 模型在三个数据集 D_L、D_R 和 D_T 上都取得了令人信服的结果，优于其他对比方法。具体而言，与流水线式方法相比，MTMVN 模型在三个数据集上取得的 F1 值，比在流水线式方法中效果排第二的 CMLA-ALSTM 方法分别高出了 1.4%、1.33%和 1.42%。虽然差距很小，但 MTMVN 模型的性能也优于流水线式方法中最好的 DECNN-ALSTM。这表明与流水线式方法相比，以端到端的方式处理整个 ABSA 任务是有一定竞争力的。

与端到端的基准方法相比，MTMVN 模型在三个基准数据集上的最佳性能分别提高了 0.37%、0.17%和 0.54%。值得注意的是，与 MNN 模型相比，MTMVN 模型在三个基准数据集上的 F1 值也分别提高了 1.15%、1.49%和 1.72%。这里之所以强调与 MNN 模型之间的对比结果，是因为 MNN 模型是一种典型的基于多视图融合思想的端到端 ABSA 方法，与 MTMVN 模型有相似之处。但 MNN 作为一种统一模型，只是在联合标注策略下进行了完整的 ABSA 任务，而忽略了 AE 子任务和 ASP 子任务之间的关联性与交互作用。因此，基于多任务学习，捕获了 AE 子任务和 ASP 子任务之间的关联信息的 MTMVN 模型取得了比 MNN 更好的性能。

以上结果表明，基于多任务学习与多视图学习，将联合标注策略下的统一模型与同时进行 AE 和 ASP 子任务的联合模型相结合得到的 MTMVN 模型，在端到端地进行方面级情感分析时，其性能是有一定优越性的。

4.3 基于自适应多模态融合的情感分析模型

本节介绍一种基于图文多模态自适应融合的情感分析模型。该模型基于社交媒体中的用户图文数据，首先分别对图片、文本进行特征抽取；其次采用注意力机制捕获图文信息之间的语义交互；最后将融合后的特征用于用户情感属性预测。

4.3.1 方面级多模态情感分析

正如 4.2.1 中所述，方面级情感分析旨在推断句子中目标方面的情感极性，是一种细粒度情感分析任务。现有的方面级情感分析研究大多集中于文本单个模态，但随着社交网络的发展，越来越多的数据是以多模态的形式存在的，例如，淘宝上用户在对产品进行评论时不仅会有文本的评价信息，有时也会附上产品图片。对于多模态方面级情感分析任务来说，如何更好地结合多个模态的信息来辅助方面级情感的判断是关键。通过融合文本表示和图片表示往往能取得相比于单个模态而言更好的结果。对于图片特征的提取，CNN 网络具备很强的优势，因此本节主要采用预训练的深度残差网络(ResNet)来提取图片特征。

不同于 ABSA 只使用文本模态，方面级多模态情感分析(aspect-based multimodal sentiment analysis，ABMSA)融合不同的模态来执行情感分析任务，比如，利用图文两个模态进行情感评分。Xu 等[31]首次提出了 ABMSA 任务，其发布的 Multi-ZOL 数据集中每条记录都包含一段文本以及多张图片，并通过利用图文对用户评论的情感标签进行预测，其中情感标签为 1～10 的整数，在处理数据时处理为八分类任务。在 ABMSA 任务中，主要处理两个模态的数据，对于图片数据，CNN 网络在提取空间特征上具备优势，因此采用 ResNet 网络来提取图片特征，同时采用预训练语言模型来获得文本表示，最后通过融合两个模态的信息来提高模型的性能。

基于此，本节介绍一个基于多模态融合的方面级多模态情感分析模型(aspect-based attention and fusion network，ABAFN)[32]。首先针对视觉模态中的图片数据，采用预训练的残差网络提取图片特征，其次通过注意力机制获得基于方面的视觉表示，最后融合视觉表示和上下文表示来执行情感标签预测任务。通过在手机评论数据集上验证发现多模态融合后的模型相比于单模态的性能要好。

4.3.2　基于自适应跨模态融合的方面级情感分析模型

对于给定的包含 n 个词汇的评论文本 $S=\{s_1,s_2,\cdots,s_n\}$，包含 m 个词汇的方面项 $A=\{a_1,a_2,\cdots,a_m\}$ 以及包含 p 张图片的 $V=\{v_1,v_2,\cdots,v_p\}$，ABAFN 模型的目标是通过 V 和 S 两个模态对方面 A 的情感标签进行预测。

图 4-2 是 ABAFN 模型的整体结构。ABAFN 模型主要分为方面级视觉表示(aspect-based visual representation，ABVR)和方面级文本表示(aspect-based textual representation，ABTR)两个部分。ABVR 模块采用预训练语言模型基于变换器的双向编码器表示技术(bidirectional encoder representations from transformers，BERT)作为文本编码器获得方面词表示，采用预训练的 ResNet-50 网络作为视觉编码器获得图片特征，通过注意力机制得到最终的 ABVR 模块；ABTR 模块利用预训练语言模型 BERT 获得方面词和上下文表示，最后通过注意力机制获得基于方面词的上下文表示 ABTR 模块，接着通过级联得到多模态融合表示，最后采用 SoftMax 分类器进行情感标签分类。ABAFN 模型的具体实现方式在后文将进行详细描述。

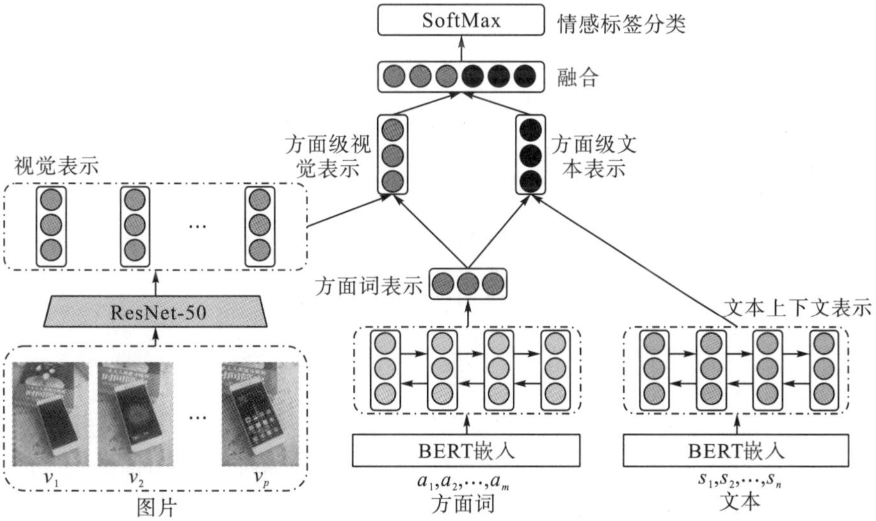

图 4-2　ABAFN 模型的整体结构

1. 特征提取

方面词表示：首先采用 BERT 得到方面词的嵌入向量表示，通常情况下方面词由多个词组成，并且词与词之间语义相关，因此之后采用双向 LSTM 得到方面词的上下文表示，最后通过平均池化得到最终的方面词表示。在计算嵌入向量表示之前需要先通过 BertTokenizer 将方面词转化为程序可以处理的 id。对于方面词表示而言，BertTokenizer 的输入为“[CLS] + aspect + [SEP]”。方面词表示的计算过程如式(4-28)所示。

$$
\begin{aligned}
e_i^a &= \mathrm{BERT}(a_i), i \in [1,m] \\
\overrightarrow{h_i^a} &= \overrightarrow{\mathrm{LSTM}}(e_i^a), i \in [1,m] \\
\overleftarrow{h_i^a} &= \overleftarrow{\mathrm{LSTM}}(e_i^a), i \in [m,1] \\
h_i^a &= \left[\overrightarrow{h_i^a}, \overleftarrow{h_i^a}\right], i \in [1,m] \\
P_{\mathrm{avg}}^A &= \frac{1}{m}\sum_{i=1}^{m} h_i^a
\end{aligned}
\tag{4-28}
$$

其中，e_i^a 为每个词的嵌入表示，$e_i^a \in \mathbb{R}^b$，b 为嵌入层维度；$\overrightarrow{h_i^a}$ 为词的前向隐层状态表示；$\overleftarrow{h_i^a}$ 为词的后向隐层状态表示；h_i^a 为词最终的隐层状态表示，$h_i^a \in \mathbb{R}^{2d}$，$d$ 为隐藏层维度；P_{avg}^A 为平均池化后最终的方面词表示。

文本上下文表示：对于分词后的文本依然采用 BERT 得到其嵌入表示，并通过双向 LSTM 获得文本的上下文依赖关系，双向 LSTM 输出的隐层状态表示为最终的文本上下文表示。同方面词表示一样，分词后的上下文文本需要采用 BertTokenizer 将上下文转换为程序可以处理的 id 表示，但文本上下文表示的 BertTokenizer 的输入为“[CLS] + context + [SEP] + aspect + [SEP]”。文本上下文表示的计算过程如式(4-29)所示。

$$
\begin{aligned}
e_i^s &= \mathrm{BERT}(s_i), i \in [1,n] \\
\overrightarrow{h_i^s} &= \overrightarrow{\mathrm{LSTM}}(e_i^s), i \in [1,n] \\
\overleftarrow{h_i^s} &= \overleftarrow{\mathrm{LSTM}}(e_i^s), i \in [n,1] \\
h_i^s &= \left[\overrightarrow{h_i^s}, \overleftarrow{h_i^s}\right], i \in [1,n] \\
H^S &= \left[h_1^s, h_2^s, \cdots, h_n^s\right]
\end{aligned}
\tag{4-29}
$$

其中，e_i^s 为上下文中每个词的嵌入表示，$e_i^s \in \mathbb{R}^b$；$\overrightarrow{h_i^s}$ 为上下文中词的前向隐层状态表示；$\overleftarrow{h_i^s}$ 为词的后向隐层状态表示；h_i^s 为词最终的隐层状态表示；H^S 为文本上下文表示，$H^S \in \mathbb{R}^{n\times 2d}$。

视觉表示：对于输入的图片首先将其转换成 RGB 格式，然后提取预训练的 ResNet-50 网络并去掉最后的全连接层，将图片输入到 ResNet 网络中计算图片特征表示，将多个图片特征附加在一起得到最终的视觉表示。视觉表示的计算过程如式(4-30)所示。

$$\begin{aligned} r_i^v &= \operatorname{ResNet}\left(v_i\right), i \in [1, p] \\ \boldsymbol{R}^V &= \left[r_1^v, r_2^v, \cdots, r_p^v\right] \end{aligned} \tag{4-30}$$

其中，r_i^v 为经过 ResNet-50 处理的图片特征，$r_i^v \in \mathbb{R}^q$，q 为图片特征维度；$\boldsymbol{R}^V$ 为 p 张图片附加在一起的最终视觉表示，$\boldsymbol{R}^V \in \mathbb{R}^{p*q}$。

2. ABVR 模块

ABVR 模块的作用是获得基于方面词的视觉表示，通过注意力机制可以得到加权的视觉表示。在计算注意力分数之前需要采用全连接层将 q 维视觉向量映射为 $2d$ 维如式(4-31)所示。

$$\boldsymbol{R}^{V_{2d}} = \boldsymbol{R}^V \boldsymbol{W}_V + b_V \tag{4-31}$$

其中，$\boldsymbol{W}_V \in \mathbb{R}^{2d*q}$ 和 $b_V \in \mathbb{R}^{2d}$ 分别为权重和偏差，由模型训练所得，$\boldsymbol{R}^{V_{2d}} \in \mathbb{R}^{p*2d}$。视觉表示每个图片的注意力分数根据式(4-32)获得。

$$\begin{aligned} s\left(\boldsymbol{P}_{\text{avg}}^A, \boldsymbol{R}_i^{V_{2d}}\right) &= \boldsymbol{P}_{\text{avg}}^A * \boldsymbol{W}_A^{V*} \boldsymbol{R}_i^{V_{2d}} \\ \alpha_i^v &= \frac{\exp\left[s\left(\boldsymbol{P}_{\text{avg}}^A, \boldsymbol{R}_i^{V_{2d}}\right)\right]}{\sum_{i=1}^{p} \exp\left[s\left(\boldsymbol{P}_{\text{avg}}^A, \boldsymbol{R}_i^{V_{2d}}\right)\right]} \end{aligned} \tag{4-32}$$

其中，$\boldsymbol{W}_A^V \in \mathbb{R}^{2d*2d}$ 为权重矩阵；$\boldsymbol{R}_i^{V_{2d}}$ 为每张图片映射后的向量表示；$\alpha_i^v \in \mathbb{R}^p$ 为最终的注意力得分。根据得分可以获得加权的视觉表示 $c^v \in \mathbb{R}^{2d}$，如式(4-33)所示。

$$c^v = \sum_{i=1}^{p} \alpha_i^v \cdot \boldsymbol{R}_i^{V_{2d}} \tag{4-33}$$

通过激活函数得到非线性的视觉表示如式(4-34)所示。

$$a^v = \tanh\left(\boldsymbol{W}_v \cdot c^v + b_v\right) \tag{4-34}$$

其中，$a^v \in \mathbb{R}^{2d}$；$\boldsymbol{W}_v \in \mathbb{R}^{2d*2d}$ 和 $b_v \in \mathbb{R}^{2d}$ 分别为权重和偏差，由模型训练所得。

3. ABTR 模块

ABTR 模块的作用是捕捉与方面词有关的上下文表示，主要通过注意力机制实现。上下文表示每个词的注意力分数根据式(4-35)获得。

$$s\left(\boldsymbol{P}_{\text{avg}}^{A},\boldsymbol{H}_{i}^{S}\right)=\boldsymbol{P}_{\text{avg}}^{A}*\boldsymbol{W}_{A}^{S*}\boldsymbol{H}_{i}^{S}$$
$$\alpha_{i}^{s}=\frac{\exp\left[s\left(\boldsymbol{P}_{\text{avg}}^{A},\boldsymbol{H}_{i}^{S}\right)\right]}{\sum_{i=1}^{n}\exp\left[s\left(\boldsymbol{P}_{\text{avg}}^{A},\boldsymbol{H}_{i}^{S}\right)\right]} \tag{4-35}$$

其中，$\boldsymbol{W}_{A}^{S}\in\mathbb{R}^{2d*2d}$为权重矩阵；$\boldsymbol{H}_{i}^{S}$为上下文中每个词的表示；$\alpha_{i}^{s}\in\mathbb{R}^{n}$为最终的注意力得分。根据得分可以获得加权的上下文表示$c^{s}\in\mathbb{R}^{2d}$，如式(4-36)所示。

$$c^{s}=\sum_{i=1}^{n}\alpha_{i}^{s}\cdot\boldsymbol{H}_{i}^{S} \tag{4-36}$$

通过激活函数得到非线性的上下文表示如式(4-37)所示。

$$a^{s}=\tanh\left(\boldsymbol{W}_{s}\cdot c^{s}+b_{s}\right) \tag{4-37}$$

其中，$a^{s}\in\mathbb{R}^{2d}$，$\boldsymbol{W}_{s}\in\mathbb{R}^{2d*2d}$和$b_{s}\in\mathbb{R}^{2d}$分别为权重和偏差，由模型训练所得。

4. 情感分类

在预测情感标签分类结果时先将最终的视觉表示a^{v}和上下文表示a^{s}进行级联融合得到融合后的表示如式(4-38)所示。其中，$f\in\mathbb{R}^{4d}$。

$$f=\left[a^{v},a^{s}\right] \tag{4-38}$$

再通过SoftMax获得分类结果，具有最高概率的标签将会是最终的结果，如式(4-39)所示。

$$\hat{y}=\text{SoftMax}(f)=\frac{\exp(f)}{\sum_{i=1}^{C}\exp(f)} \tag{4-39}$$

其中，C设置为8；$\hat{y}\in\mathbb{R}^{C}$为情感标签的估计分布。

5. 模型训练

通过优化交叉熵损失对模型进行训练，如式(4-40)所示，其中y为原始分布。

$$L=-\sum_{i=1}^{C}y^{i}\log\left(\hat{y}^{i}\right) \tag{4-40}$$

4.3.3 实验结果与分析

1. 数据集描述

本节模型主要在Multi-ZOL数据集上进行了验证。Multi-ZOL数据集来源于ZOL.com上手机频道的评论数据，Xu等[31]抓取了不同手机的前20页评论数据，包括 114 个品牌的 1318 种手机，通过过滤单一模态的数据，最终保留了 5288 条多模态评论数据，数据集的统计信息如表 4-6 所示。

表 4-6　Multi-ZOL 数据集的统计信息

属性	评论数目	情感标签个数	方面-评论对	每条评论的平均方面数目	评论中平均文本长度	评论中最大文本长度	评论中最小文本长度	评论中平均图片个数	评论中最大图片个数	评论中最小图片个数
统计	5228	10	28469	5.45	315.11	8511	5	4.5	111	1

Multi-ZOL 数据集的每条数据包括一段文本评论和多张图片，每条数据都包含 1～6 个方面，分别是：性价比、性能配置、电池续航、外观手感、拍照效果和屏幕效果。通过将方面词与多模态评论数据配对，最终得到 28469 条方面-评论对样本。每个样本都有对应的情感标签，情感标签为 1～10 的整数。

Multi-ZOL 数据集按照 8∶1∶1 的比例划分为训练集、验证集和测试集。图 4-3 是三种数据集的情感标签分布。可以看到训练集和测试集中情感标签为 7 和 9 的评论样本数量为 0，验证集中同样不包含情感标签为 7 和 9 的数据，因此在执行情感标签分类任务时模型设置为八分类。

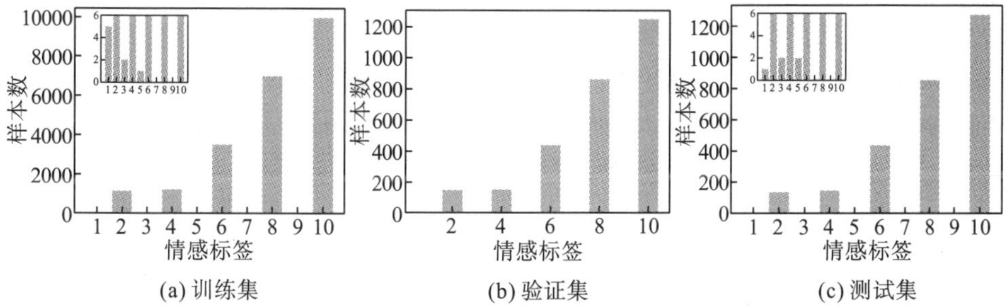

图 4-3　训练集、验证集和测试集情感标签分布

2. 对比模型

ABAFN 模型主要和以下 7 个模型进行了对比，此外对 MIMN 模型，修改嵌入层为 BERT，设计了 MIMN-BERT 模型，并测试了修改后的模型在 Multi-ZOL 数据集上的性能。

(1) LSTM 模型：对于输入的文本序列，采用一层 LSTM 模型学习其上下文表示，并对输出的上下文隐层状态求平均作为最终的表示来执行分类任务。

(2) MemNet[31]：将上下文序列的词嵌入作为记忆(memory)，结合方面词嵌入采用多跳注意力机制获得最终的上下文表示，相比 LSTM 模型更加快速，可以捕获与方面词有关的上下文信息。

(3) ATAE-LSTM 模型[24]：主要采用 LSTM 模型结构，并将方面词嵌入和文本表示级联送入 LSTM 模型，同时在 LSTM 模型的隐藏层输出部分再一次级联方面词嵌入，最后通过注意力机制获得最终表示并进行预测，这种方式使得模型可以更好地捕捉和方面词相关的文本序列。

(4) IAN 模型[33]：通过两个 LSTM 模型分别获得方面词和上下文的隐藏层表示，并通过平均池化和注意力机制获得基于上下文的方面词表示和基于方面词的上下文表示，最后通过级联进行分类。

(5) RAM[31]：采用双向 LSTM 模型学习上下文的隐藏表示并将其作为 Memory，然后对隐藏表示进行位置加权得到位置权重 Memory，最后通过对多个注意力层和 GRU 网络进行叠加得到最终的表示。位置加权可以使模型针对不同的方面得到相应的上下文表示。

(6) Co-Memory+Aspect[31]：将方面词信息引入多模态情感分析模型 Co-Memory[34]中作为上下文和视觉记忆网络的输入。

(7) MIMN[34]：对上下文、方面词和图片特征分别采用双向 LSTM 模型获取隐藏表示，然后结合多跳(hop)注意力机制融合两个模态的信息进行情感分类任务。其中除第一个跳的输入为单模态数据和方面词表示外，其他跳的输入为两个模态的表示，以此学习交叉模态特征，每一跳都由注意力机制和 GRU 组成。

(8) MIMN-BERT：将 MIMN 模型中的嵌入层替换为 BERT 来获得上下文和方面词的嵌入表示，对于嵌入维度以及最大的文本长度等参数均设置为与 ABAFN 模型一致。

3. 实验结果

表 4-7 为 ABAFN 模型与其他模型(Macro-F1)的性能比较。评价指标定义可参考 4.2.3 节。

表 4-7 ABAFN 模型与其他模型(Macro-F1)的性能比较

模型	LSTM	MemNet	ATAE-LSTM	IAN	RAM	Co-Memory+Aspect	MIMN	MIMN-BERT	ABVR	ABTR	ABAFN
Macro-F1	57.29	58.73	58.95	59.47	59.68	59.74	60.51	69.54	36.93	71.40	**72.59**

从表 4-7 中可看到当嵌入方式选择 BERT 嵌入时 MIMN 模型相较于之前 Macro-F1 提升了 9%，因此可表明当模型采用预训练语言模型做嵌入时可以获得

更好的文本表示，对模型的性能有很大的提升。表中 ABVR 为采用基于方面的视觉表示直接进行情感分类的结果，ABTR 为采用基于方面的上下文表示直接进行情感分类的结果，ABAFN 模型为融合两个模态表示的结果，可以看到相比于基于上下文的单模态，多模态的 ABTR 有一定的性能提升，同时相比于 MIMN-BERT 在两个评价指标上也有一定的性能提升。这充分表明了 ABAFN 模型的优越性。

4.4　基于跨模态融合的假新闻检测模型

本节介绍一种基于实例引导的多模态图融合模型，该模型通过联合建模图像和文本之间的模态内和模态间关系，用于社交媒体中的假新闻检测。具体来说，考虑到多媒体新闻的内容总是围绕实例进行叙述，该模型首先提取图像的实例级特征来表示视觉内容；之后，构建一个统一的图结构来增强多模态表示，此外，利用多个融合层来学习图嵌入，它能够同时捕获每个模态的内部关系以及文本和视觉实例之间的模态间关系；最后，设计一个具有分层多模态表示的假新闻检测器来识别假新闻。

4.4.1　跨模态假新闻检测

社交媒体帖子的形式变得越来越多元，吸引了越来越多的读者并为他们提供了更好的阅读体验，然而，多模态内容也助长了各种形式的假新闻，带来有害的社会影响。因此，检测涉及社交媒体图像的假新闻是紧迫而关键的。与其他视觉和语言任务一样，现有的主要跨模态谣言检测模型主要遵循“先抽取再融合”的范式：首先从图像和文本中分别提取视觉和文本特征，然后通过注意力机制将它们融合以获得多模态信息。从视觉特征提取的角度来看，本节将现有方法分为两大类：①区域引导方法[35,36]，将整个图像分割成多个区域，并让它们与文本序列交互；②全局引导方法[37]，将整个图像编码为全局特征向量，以执行与句子级特征的跨模态交互。尽管它们取得了令人瞩目的成功，但这些方法仍然面临着两大挑战。

一个挑战是它们忽略了视觉实例和文本标记之间的映射关系。实际上，多模态新闻的内容多为以实例为中心的描述，捕获这种实例级对齐对于假新闻检测是有益的。然而，这两种方法都未能捕捉到这两种模式之间的这种实例级语义交互。因此，有必要利用实例级别的特征来检测假新闻，而不是区域和全局级别的特征。另一个挑战是上述工作专注于进行各种多模态融合机制，但在很大程度上忽略了多模态表示的重要性。事实上，一个统一的多模态表示可以利用不同模态的互补性，为接下来的融合阶段打下坚实的基础。然而，当前的跨模态模型只考虑融合过程中的模态内和模态间语义交互，在多模态表示学习阶段缺乏这种信息交互。因此，构建统一的多模态表示对于假新闻检测是有益的，因为这种方式可以同时建模语义内和语义间的对应关系。

为了应对上述挑战，本节提出了一种实例引导的多模态假新闻检测框架，该框架融合了多模态线索来检测假新闻[38]。具体来说，考虑到多模态假新闻的特点，本框架首先引入了视觉实例来捕捉图像的细粒度语义，此外构建了一个统一图来连接视觉和文本实例，以获取全面的多模态表示；之后，利用多个基于图的融合层进行图编码，用以捕获同一模态内的语义关系和不同模态之间的语义交互；最后，将这些表示与假新闻检测器一起使用来识别假新闻。总体而言，主要贡献如下。

(1) 提出了一种新颖的实例引导多模态图融合模型，该模型增强了多模态表示以改进假新闻检测。据笔者所知，该工作是第一个在跨模态假新闻检测中构建基于实例级的多模态图融合模型。

(2) 设计了一个动态多模态融合模块，能够联合捕获模态内和模态间的语义交互以进行假新闻检测。

(3) 不需要像其他工作那样结合额外的知识，两个公共数据集的实验结果验证了模型的优越性，进一步的实验分析说明了本节提出模块的有效性。

4.4.2 面向假新闻检测的跨模态实例感知模型

给定一个包含文本句子 X 和与之关联的图像 I 的多模态内容，该模型旨在通过联合考虑文本与图像模态内和模态间的语义交互来学习全面的多模态表示。图 4-4 为本节所介绍的动态模型内和模态间融合(dynamic intra- and inter-modality fusion，DIIF)模型，该模型主要由实例表示模块、多模态图构建模块、模态内和模态间动态融合模块组成。

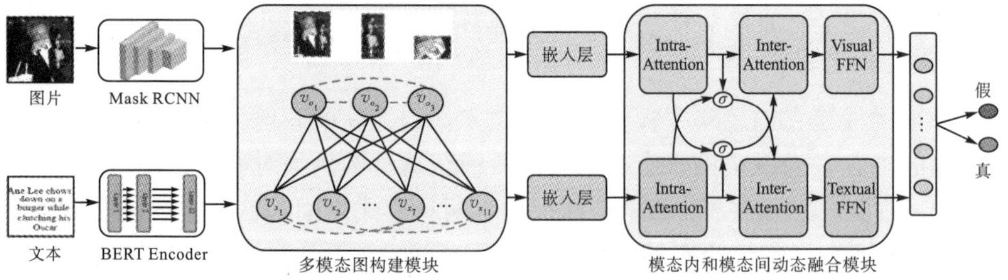

图 4-4 DIIF 模型结构图

1. 实例表示模块

(1) 文本编码器。由于能够在不同的上下文中为同一个词提供不同的表示，本节使用最新的上下文 BERT 表示作为文本编码器。给定一个句子 $X=\{x_1,x_2,\cdots,x_n\}$，其中 n 表示文本中的单词数，得到转换后的特征为 $T=\{t_1,t_2,\cdots,x_n\}$，其中 $t_i\in\mathbb{R}^{d_w}$，d_w 是词嵌入的维度。

(2) 图像编码器。先前的研究表明，视觉内容可以为模型提供补充线索。与这些方法不同，本节提取视觉实例来对图像的高级语义进行建模。更具体地说，给定图像 I，应用在 COCO 数据集上预训练的对象检测模型 Mask R-CNN[39]来识别图像中的对象。在大多数情况下，只有显著对象与句子中提到的事件相关。因此，该模型只考虑分类概率最高的前 k 个对象，定义为 $O=\{o_1,o_2,\cdots,o_k\}$，其中 $o_i\in\mathbb{R}^{d_v}$，d_v 表示图像的维度。

2. 多模态图构建模块

本节在节点集 V 中通过不同的策略构造两种节点。首先，将所有单词视为独立的文本节点(即 $v_{t_1},\cdots,v_{t_{11}}$)，以充分利用文本信息，以图 4-4 为例，该图总共 11 个文本节点，每个节点代表输入句子中的一个词；其次，将检测到的前 k 个图像对象作为独立的视觉节点来表达实例级的视觉信息。重新审视图 4-4 中的示例，选择图像的三个对象(即 v_{o_1},v_{o_2},v_{o_3})并将它们作为视觉节点包含在多模态图中。与其他跨模态谣言检测工作不同，该模型在多模态表示阶段就建立了模态内和模态间的语义连接。具体地，该模型还考虑了边集 E 中的两种边。首先，同一模态内的任何两个节点都由模态内边连接，在图 4-4 中，所有视觉节点以及所有文本节点都相互连接；其次，由于新闻的描述是由多个名词短语组成的事件，将这些短语视为文本实例，并使用斯坦福解析器工具包来识别输入句子中的所有名词短语，将这些节点和视觉节点进行跨模态连接。回到图 4-4，只有文本节点 v_{t_1}、v_{t_2}、v_{t_7} 和 $v_{t_{11}}$ 通过模态间边与视觉节点连接。因此，该模型直接在名词短语和视觉对象之间建立了跨模态语义连接，这对于识别样本的真实性至关重要，并显式地减轻了许多功能词(如 a、while)与任何视觉对象之间的对齐。

3. 模态内和模态间动态融合模块

如图 4-4 所示，在将图输入动态融合层之前，引入了一个嵌入层来获得初始节点状态。具体来说，该模型使用两个具有 ReLU 函数的多层感知机将来自两种模态的不同表示投影到相同的维度 d 上。因此，对于每个文本节点 v_{t_i} 和视觉节点

v_{o_j}，将它们的初始状态分别定义为$S_{t_i}^{(0)} \in \mathbb{R}^d$和$S_{o_j}^{(l)} \in \mathbb{R}^d$。在嵌入层之后，再堆叠$L$个融合层来编码上述多模态图。受 Transformer 成功的启发，采用基于多头注意力的动态模态内和模态间融合，对不同节点的内部和相互关系进行建模。特别地，考虑到视觉节点和文本节点是两种类型的语义单元，该模型应用相似的操作但具有不同的参数来模拟它们的状态更新过程。具体而言，在第 i 个融合层中，文本节点状态$S_t^{(l)} = \{S_{t_i}^{(l)}\}$和视觉节点状态$S_o^{(l)} = \{S_{o_j}^{(l)}\}$的更新主要涉及以下步骤。

步骤 1：模态内融合。采用多头注意力(multi-head attention，MHA)通过从具有相同模态的相邻节点收集消息来生成每个节点的上下文表示。具体来说，所有文本节点的上下文表示为

$$H_t^{(l)} = \mathrm{MHA}\left(S_t^{(l-1)}, S_t^{(l-1)}, S_t^{(l-1)}\right) \tag{4-41}$$

类似地，生成所有视觉节点的上下文表示为

$$H_o^{(l)} = \mathrm{MHA}\left(S_o^{(l-1)}, S_o^{(l-1)}, S_o^{(l-1)}\right) \tag{4-42}$$

为简单起见，此处省略了层归一化和残差连接的描述。

步骤 2：模态间融合。采用 MHA 通过从具有相同模态的相邻节点收集消息来生成每个节点的上下文表示。具体来说，所有文本节点的上下文表示为

$$H_{t_i \to o_j}^{(l)} = H_{t_i}^{(l)} + \sum_{i \in \mathcal{N}\left(v_{t_i}\right)} G_{i \to j} \odot H_{o_j}^{(l)} \tag{4-43a}$$

$$G_{i \to j} = \sigma\left[\boldsymbol{W}_1^{(l)} H_{t_i}^{(l)} + \boldsymbol{W}_2^{(l)} H_{o_j}^{(l)}\right] \tag{4-43b}$$

其中，$\odot$是元素操作；σ是 Sigmoid 函数；$\boldsymbol{W}_1^{(l)}$和$\boldsymbol{W}_2^{(l)}$是参数矩阵。类似地，产生视觉节点v_{o_j}的表示为

$$H_{o_j \to t_i}^{(l)} = H_{o_j}^{(l)} + \sum_{i \in \mathcal{N}\left(v_{o_j}\right)} G_{j \to i} \odot H_{t_i}^{(l)} \tag{4-44a}$$

$$G_{j \to i} = \sigma\left[\boldsymbol{W}_3^{(l)} H_{o_j}^{(l)} + \boldsymbol{W}_4^{(l)} H_{t_i}^{(l)}\right] \tag{4-44b}$$

其中，$\boldsymbol{W}_3^{(l)}$和$\boldsymbol{W}_4^{(l)}$是参数矩阵。使用前馈神经网络(feed-forward network，FFN)来生成文本节点状态$S_t^{(l)}$和视觉节点状态$S_o^{(l)}$，分别见式(4-45a)和式(4-45b)。

$$S_t^{(l)} = \mathrm{FFN}\left[H_{t \to o}^{(l)}\right] \tag{4-45a}$$

$$S_o^{(l)} = \mathrm{FFN}\left[H_{o \to t}^{(l)}\right] \tag{4-45b}$$

其中，$H_{t \to o}^{(l)} = \left\{H_{t_i \to o_j}^{(l)}\right\}$和$H_{o \to t}^{(l)} = \left\{H_{o_j \to t_i}^{(l)}\right\}$分别表示所有文本节点和视觉节点的上述更新表示。将两种表示的输出连接起来，得到最终的多模态特征表示，如式(4-46)所示。

$$\mathcal{M}_f = \mathrm{Concat}\left[S_t^{(l)}, S_o^{(l)}\right] \tag{4-46}$$

4. 假新闻检测模块

该模块将多模态表示 $\mathcal{M}_f$ 作为输入，并根据所提出的模型获得推文为假的概率为

$$\hat{y}_i = \mathrm{SoftMax}\left(W_f \mathcal{M}_f + b\right) \tag{4-47}$$

其中，W_f 和 b 是全连接层的参数。利用交叉熵来衡量分类损失，如式(4-48)所示。

$$\mathcal{L} = -\sum_{i=1}^{N}\left[y_i * \log\left(\hat{y}_i\right) + \left(1 - y_i\right) * \log\left(1 - \hat{y}_i\right)\right] \tag{4-48}$$

其中，N 是帖子的数量；y_i 是第 i 个帖子的真实标签。

4.4.3　实验结果与分析

1. 数据集描述

该模型分别在两个公共的真实世界数据集 Twitter 和微博(Weibo)上进行了实验。

Twitter 数据集在文献[40]中发布，用于检测假新闻。原始数据集包含训练集和测试集，并将训练集以 4∶1 拆分为训练和验证集。为了公平起见，实验保留了同时包含文本和图像的样本，过滤掉了其他样本。值得注意的是 Twitter 数据集中的图像数量远小于其样本量，这是由于多个样本(平均 27 个样本)共享同一张图像造成的。这种现象会导致一些问题，这些问题将在实验结果部分进行讨论。

微博(Weibo)数据集由文献[36]发布。真新闻来自新华社，假新闻来自微博，并通过官方辟谣系统进行验证。Weibo 数据集由训练集和测试集组成，每个样本由帖子文本、附加图像和社交上下文组成。具体实验中，遵循文献[36]中的预处理步骤，并报告在官方测试集上获得的结果。

2. 对比模型

将该模型与两种类型的基线模型进行比较：单模态模型和多模态模型。

(1) Textual：仅利用文本信息进行假新闻检测，即使用预训练模型 BERT 来获取新闻文本的表示，并通过一层全连接网络进行分类。

(2) Visual：仅利用图片信息进行假新闻检测，即利用卷积神经网络获取图片特征，再通过全连接层网络进行分类。

(3) att-RNN[35]：使用注意力机制来结合文本、视觉和社交内容信息。为进行公平比较，删除了处理社交上下文信息的组件。

(4) EANN[41]：EANN 由多模态特征提取器、假新闻检测器和事件鉴别器组成。

为了公平比较，使用 EANN 的简化版本进行实验，该版本删除了事件鉴别器。

(5) MVAE[37]：使用变分自动编码器和二进制分类器来学习文本和图像的多模态表示。

(6) SAFE[42]：一种基于相似性感知的多模态假新闻检测方法，通过研究图文的关系以获得多模态表示。

(7) MCAN[36]：使用多个注意层来融合文本、空间域和频域。为进行公平比较，实验中删除了频域信息。

3. 主要实验结果与分析

表 4-8 为本节的模型与其他模型在 *P*、*R* 和 F1 上的比较，详细评价指标定义可参见 4.2.3 小节。如表 4-8 所示，DIIF 模型几乎优于所有跨两个数据集的所有指标的基线。此外，还有一些有趣的观察。一方面，这两个数据集有许多相似的趋势。显然，单模态方法的性能大多比多模态联合方法差得多，这表明融合视觉和语言特征可以提高模型性能，但并不总是相关的。Textual 方法在 Weibo 数据集上的性能优于其他多模态方法。尽管它们有效，但值得注意的是，DIIF 模型在准确性上优于所有基线，这表明该模型的多模态表示和融合策略确实比其他策略更好。

表 4-8 DIIF 模型与其他模型的性能比较

数据集	方法	假新闻			真新闻		
		P	*R*	F1	*P*	*R*	F1
Twitter	Visual	0.783	0.536	0.636	0.430	0.631	0.511
	Textual	0.656	0.762	0.705	0.587	0.459	0.515
	EANN	**0.810**	0.498	0.617	0.584	0.759	0.660
	att-RNN	0.749	0.615	0.676	0.589	0.728	0.651
	MCAN	0.728	0.733	0.730	0.705	0.726	0.715
	MVAE	0.801	0.719	0.758	0.689	0.777	0.730
	SAFE	0.777	0.795	0.786	0.752	0.731	0.742
	DIIF（本节模型）	**0.810**	**0.803**	**0.806**	**0.758**	**0.786**	**0.772**
Weibo	Visual	0.702	0.718	0.710	0.713	0.726	0.719
	SAFE	0.833	0.659	0.736	0.717	0.868	0.785
	att-RNN	0.854	0.656	0.742	0.720	**0.889**	0.795
	EANN	0.827	0.697	0.756	0.752	0.863	0.804
	MVAE	0.854	0.769	0.809	0.802	0.875	0.837
	MCAN	0.883	0.872	0.877	0.862	0.878	0.870
	Textual	0.885	0.871	0.878	0.865	0.878	0.871
	DIIF（本节模型）	**0.912**	**0.894**	**0.903**	**0.905**	0.879	**0.892**

另一方面，这两个数据集也存在一些差异。微调 BERT 在 Weibo 数据集上的表现比在 Twitter 数据集上要好得多，因此 Textual 方法在 Weibo 数据集上获得了更好的性能。原因是 Weibo 数据集上每个句子的平均长度大约比 Twitter 数据集长 10 倍，这可能使 BERT 在 Weibo 数据集上表现更好。此外，Twitter 数据集上超过 70%的推文与单个事件相关，这可能导致 Twitter 数据集的过拟合，但 Weibo 数据集不存在这种不平衡的问题，这也是该模型在 Weibo 数据集上微调 BERT 而在 Twitter 数据集上没有微调的原因。

参 考 文 献

[1] 杨易, 庄越挺, 潘云鹤. 视觉知识: 跨媒体智能进化的新支点. 中国图象图形学报, 2022, 27(9): 2574-2588.

[2] 李学龙. 多模态认知计算. 中国科学: 信息科学, 2023, 53(1): 1-32.

[3] Baltrušaitis T, Ahuja C, Morency L P. Multimodal machine learning: a survey and taxonomy. IEEE Transactions on Pattern Analysis and Machine Intelligence, 2019, 41(2): 423-443.

[4] 刘新旺. 多视图学习的基础理论和方法研究. 中国基础科学, 2022, 24(3): 27-34.

[5] Bengio Y, Ducharme R, Vincent P. A neural probabilistic language model. Proceedings of the 2000 Conference in Neural Information Processing Systems, 2000: 932-938.

[6] Hochreiter S, Schmidhuber J. Long short-term memory. Neural Computation, 1997, 9(8): 1735-1780.

[7] Chung J, Gulcehre C, Cho K, et al. Empirical evaluation of gated recurrent neural networks on sequence modeling. Computer Science, 2014: 1412.

[8] Pennington J, Socher R, Manning C. Glove: global vectors for word representation. Proceedings of the 2014 Conference on Empirical Methods in Natural Language Processing, 2014: 1532-1543.

[9] Peters M, Neumann M, Iyyer M, et al. Deep contextualized word representations. Proceedings of the 2018 Conference of the North American Chapter of the Association for Computational Linguistics, 2018: 2227-2237.

[10] Devlin J, Chang M W, Lee K, et al. BERT: Pre-training of deep bidirectional transformers for language understanding. Proceedings of the 2019 Conference of the North American Chapter of the Association for Computational Linguistics, 2019: 4171-4186.

[11] Simonyan K, Zisserman A. Very deep convolutional networks for large-scale image recognition. Proceedings of the 3rd International Conference on Learning Representations, 2015: 1-14.

[12] He K M, Zhang X Y, Ren S Q, et al. Deep residual learning for image recognition. Proceedings of the 2016 Conference on Computer Vision and Pattern Recognition, 2016: 770-778.

[13] Ren S Q, He K M, Girshick R, et al. Faster R-CNN: towards realtime object detection with region proposal networks. Proceedings of the 2015 Conference on Advances in Neural Information Processing Systems, 2015: 91-99.

[14] Vaswani A, Shazeer N, Parmar N, et al. Attention is all you need. Proceedings of the 2017 Conference on Advances in Neural Information Processing Systems, 2017: 6000-6010.

[15] Dosovitskiy A, Beyer L, Kolesnikov A, et al. An image is worth 16×16 words: transformers for image recognition at scale. Computer Science, 2010: 11929.

[16] Kiros R, Salakhutdinov R, Zemel R S. Unifying visual-semantic embeddings with multimodal neural language models. Computer Science, 2014: 1411.

[17] 任泽裕, 王振超, 柯尊旺, 等. 多模态数据融合综述. 计算机工程与应用, 2021, 57(18): 49-64.

[18] Yeh Y R, Lin T C, Chung Y Y, et al. A novel multiple kernel learning framework for heterogeneous feature fusion and variable selection. IEEE Transactions on Multimedia, 2012, 14(3): 563-574.

[19] Bie Y, Yang Y. A multitask multiview neural network for end-to-end aspect-based sentiment analysis. Big Data Mining and Analytics, 2021, 4(3): 195-207.

[20] Xu H, Liu B, Shu L, et al. Double embeddings and CNN-based sequence labeling for aspect extraction. Proceedings of the Association for Computational Linguistics, 2018: 592-598.

[21] Mitchell M, Aguilar J, Wilson T, et al. Open domain targeted sentiment. Proceedings of the 2013 Conference on Empirical Methods in Natural Language Processing, 2013: 1643-1654.

[22] Zhang M S, Zhang Y, Vo D T. Neural networks for open domain targeted sentiment. Proceedings of the 2015 Conference on Empirical Methods in Natural Language Processing, 2015: 612-621.

[23] Wang W Y, Pan S J, Dahlmeier D, et al. Coupled multi-layer attentions for co-extraction of aspect and opinion terms. Proceedings of the 2017 AAAI Conference on Artificial Intelligence, 2017: 3316-3322.

[24] Wang Y Q, Huang M L, Zhu X Y, et al. Attention-based LSTM for aspect-level sentiment classification. Proceedings of the 2016 Conference on Empirical Methods in Natural Language Processing, 2016: 606-615.

[25] Li X, Bing L D, Li P J, et al. Aspect term extraction with history attention and selective transformation. Computer Science, 2018, 3(1), 1805.

[26] Fan Z F, Wu Z, Dai X Y, et al. Target-oriented opinion words extraction with target-fused neural sequence labeling. Proceedings of the 2019 Conference of the North American Chapter of the Association for Computational Linguistics, 2019: 2509-2518.

[27] Li H, Lu W. Learning latent sentiment Scopes for entity-level sentiment analysis. Proceedings of the 2017 AAAI Conference on Artificial Intelligence, 2017, 31(1): 3482-3489

[28] Lample G, Ballesteros M, Subramanian S, et al. Neural architectures for named entity recognition. Proceedings of the 2016 Conference of the North American Chapter of the Association for Computational Linguistics, 2016: 260-270.

[29] Ma X Z, Hovy E. End-to-end sequence labeling via Bi-directional LSTM-CNNs-CRF. Proceedings of 54th Annual Meeting of the Association for Computational Linguistics, 2016: 1064-1074.

[30] Wang F X, Lan M, Wang W T. Towards a one-stop solution to both aspect extraction and sentiment analysis tasks with neural multi-task learning. Proceedings of the 2018 International Joint Conference on Neural Networks, 2018: 1-8.

[31] Xu N, Mao W J, Chen G D. Multi-interactive memory network for aspect based multimodal sentiment analysis. Proceedings of the 2019 AAAI Conference on Artificial Intelligence, 2019, 33(1): 371-378.

[32] 刘路路，杨燕，王杰. ABAFN：面向多模态的方面级情感分析模型. 计算机工程与应用，2022，58(10)：193-199.

[33] Ma D H, Li S J, Zhang X D, et al. Interactive attention networks for aspect-level sentiment classification. Proceedings of the 26th International Joint Conference on Artificial Intelligence, 2017: 4068-4074.

[34] Xu N, Mao W J, Chen G D. A co-memory network for multimodal sentiment analysis. Proceedings of the 41st International ACM SIGIR Conference on Research and Development in Information Retrieval, 2018: 929-932.

[35] Jin Z W, Cao J, Guo H, et al. Multimodal fusion with recurrent neural networks for rumor detection on microblogs. Proceedings of the 25th ACM International Conference on Multimedia, 2017: 795-816.

[36] Wu Y, Zhan P W, Zhang Y J, et al. Multimodal fusion with co-attention networks for fake news detection. Proceedings of the Findings of the Association for Computational Linguistics, 2021: 2560-2569.

[37] Khattar D, Goud J S, Gupta M, et al. MVAE: multimodal variational autoencoder for fake news detection. Proceedings of the 2019 World Wide Web Conference, 2019: 2915-2921.

[38] Wang J, Yang Y, Liu K Y, et al. Instance-guided multi-modal fake news detection with dynamic intra-and inter-modality fusion. Proceedings of the 2022 Pacific-Asia Conference on Knowledge Discovery and Data Mining, 2022: 510-521.

[39] He K M, Gkioxari G, Dollár P, et al. Mask R-CNN. Proceedings of the IEEE International Conference on Computer Vision, 2017: 2980-2988.

[40] Maigrot C, Claveau V, Kijak E, et al. Mediaeval 2016: a multimodal system for the verifying multimedia use task//MediaEval 2016: Verfiying Multimedia Use task.

[41] Wang Y Q, Ma F L, Jin Z W, et al. EANN: event adversarial neural networks for multi-modal fake news detection. Proceedings of the 24th ACM SIGKDD International Conference on Knowledge Discovery and Data Mining, 2018: 849-857.

[42] Zhou X Y, Wu J D, Zafarani R. Safe: similarity-aware multi-modal fake news detection. Proceedings of the 2020 Pacific-Asia Conference on Knowledge Discovery and Data Mining, 2020: 354-367.

第 5 章　高速列车工况识别中面向序列数据的多视图方法

本章主要介绍高速列车工况识别中序列数据的多视图方法。首先对高速列车工况识别进行概述，然后介绍三种高速列车工况识别模型，包括基于多视图聚类集成的高速列车走行部工况识别模型、基于多视图核模糊聚类的高速列车走行部工况识别模型以及基于相似度比率和深度信念网络的高速列车走行部工况识别模型。

5.1　高速列车工况识别概述

近年来，随着国内高速列车技术的飞速发展，人们通过对高速列车运营状况进行长时间的监测已经采集到了大量的列车行驶数据。高速列车在长时间运行的状态下，它的某些部件会出现性能衰退或者损坏等问题。例如，受到轨道不平顺激扰而产生高频振动的高速列车走行部，易出现性能下降，甚至疲劳损坏。走行部是高速列车的重要组成部分，又称为转向架，其中空气弹簧、横向减振器和抗蛇行减振器三个关键部件是保障高速列车安全运营的主要因素[1]。由于高速列车的一些关键部件在实际运行时会出现异常，需要对其不同部件安装传感器来采集各种工况下的监测数据，然后进行工况识别，提前发现安全隐患和故障工况，从而保障列车的安全运行。因此，如何使用机器学习技术有效地从高速列车走行部的振动信号中挖掘出有用的信息，进而实现高速列车走行部的工况识别，具有重要的实际应用价值。

在高速列车的工况识别中，工况通常分为正常工况和故障工况。例如，高速列车走行部的故障工况主要包含空气弹簧失气、横向减振器失效、抗蛇行减振器失效[1]。因此，高速列车走行部的工况识别主要是对这几种故障工况进行识别。同时，在进行工况识别之前还需要进行特征提取与分析，挖掘出对工况识别更加有效的信息，为工况识别奠定基础。故障工况的特征提取及故障工况识别方法是高速列车故障诊断技术的主要研究领域。随着国内高速列车技术的飞速发展，高速列车故障诊断技术在这两方面也出现了许多研究成果。

在故障工况的特征提取方面，主要是根据信号的特点从时域、频域、时频域三个方面来分析提取特征。时域分析通过提取振动信号的峰值、峭度等统计参数来获取信号的特征信息。频域分析则常使用傅里叶变换(Fourier transform，FT)、快速傅里叶变换(fast Fourier transform，FFT)来获取数据的频率特征，挖掘隐藏在频域中的特征信息。时频分析方法则兼顾信号的时域和频域特征，可以有效分析复杂非平稳信号。常用的时频分析方法有：小波变换(wavelet transform，WT)[2]、经验模态分解(empirical mode decomposition，EMD)[3]、变分模态分解(variational mode decomposition，VMD)[4]等。Liang 等[5]提出一种基于小波变换和改进残差神经网络的轴承故障诊断方法。该方法通过小波变换将滚动轴承的原始信号转化为时频图像，并训练改进的残差神经网络用于轴承故障诊断。李亚兰和金炜东[6]针对非线性、非平稳特性的高速列车振动信号，首先使用多元经验模态分解(multivariate EMD，MEMD)对振动信号进行处理得到一系列本征模态函数(intrinsic mode function，IMF)；其次计算全矢 IMF 信息熵并进行特征维数约简；最后使用支持向量机(SVM)进行转向架故障识别。于萍等[7]提出基于集成经验模态分解和流形学习的工况特征提取模型，利用集成经验模态分解(ensemble EMD，EEMD)获取各故障主要冲击特征信息及流形学习对高维特征进行维数约简，最后通过 SVM 进行故障类型识别。

在故障工况识别方面，通常采用机器学习和深度学习的算法，主要有 SVM、聚类分析、神经网络等。冯泽阳和郇平波[8]提出一种基于 SVM 的列车转向架故障诊断方法，通过小波包变换提取转向架故障工况的能量特征向量，同时结合列车振动信号的时频特征训练 SVM，从而达到故障诊断目的。Chen 等[9]将卷积神经网络(CNN)和极限学习机(ELM)进行结合，通过 CNN 提取振动信号的时频特征，并进一步采用 ELM 作为强分类器以提高故障工况识别的精度。Xiao 等[10]受变色龙(Chameleon)思想的启发，提出一种半监督聚类集成模型，并在高速列车走行部故障诊断中进行了应用。Huang 等[11]提出一种改进的尺度空间 VMD 方法，首先对轴承信号进行尺度空间表示并确定 VMD 参数，从而自适应地提取 IMF，进一步通过包络分析来进行故障诊断。Luo 等[12]提出一种简化的浅层信息融合的卷积神经网络，首先对振动信号分别提取时域和频域的特征，其次通过全局卷积运算得到多个隐藏层的特征序列；最后将不同层的特征序列连接成一维特征作为全连接层输入，从而实现故障工况识别任务。

目前大多数的高速列车工况识别方法在特征提取方面，对工况特征的处理是单一的。高速列车的振动信号具有特征信息复杂、非线性、非平稳、难辨别等特点，采用单一的特征提取方法难以保证提取出完备的特征信息，使工况识别结果的可靠性和稳定性降低。因此需要结合多视图学习，从时域、频域和时频域等多个视图出发进行多视图特征提取，以获得更加完备的特征信息。Sun 等[13]结合多视图学习，提出基于随机森林和自动编码器的故障诊断方法，首先分别提取振动信号的时域、频域、时频域特征；其次通过随机森林模型筛选与轴承运行状态高度相关的特征；最后将筛选的特征通过自动编码器进行融合，并通过 SVM 进行故障识别。

同时，在高速列车工况识别的过程中，还需要考虑多传感器采集信号带来的多通道特征融合问题。列车在出现故障时各部件的不同部位会有不同的表现，而振动信号则往往由不同部位的传感器采集，是多通道的，具有多视图数据的特点。因此，可以将高速列车振动信号的各个通道作为不同的视图。Li 等[14]提出一种基于多通道融合的协方差矩阵和黎曼流形超盘(maximum margin Riemannian manifold-based hyperdisk，MMRMHD)的故障诊断方法。首先，提取各通道的时域、频域统计特征；其次计算多通道融合协方差矩阵作为故障特征表示，并进行多通道特征融合；最后，通过 MMRMHD 分类器进行轴承故障识别。因此，通过结合多视图方法，处理多通道中存在的信息互补和冗余的问题，有效地进行多通道特征融合，筛选出特征信息丰富的通道，能提高高速列车工况识别的准确性与可靠性。

综上所述，本章引入多视图学习的思想，从时域、频域和时频域等多个视角出发，旨在利用多视图学习提取更加完备的特征信息，从而为后续列车的工况识别阶段奠定基础。进一步，本章结合多通道的筛选方法，介绍了针对多通道振动信号的高速列车走行部工况识别方法。

5.2 基于多视图聚类集成的高速列车走行部工况识别模型

本节介绍一种基于多视图聚类集成的高速列车走行部工况识别模型，该模型采用多种特征提取方法创建多视图，并利用多视图学习不同视图间的互补信息，最后结合加权聚类集成来获得最终工况识别结果。

5.2.1 多视图的构建

在复杂的应用场景中，一些领域的数据往往具有样本数量少、维度较高的特点，传统的数据挖掘很难取得较好的效果，如何充分发挥多视图学习的优势并利用已有的数据进行多视图的构建成为值得探讨的话题。多视图构建的目标是获取关于特征集合的不相交子集的视图，这些视图的联合构成了数据集。为了更好地利用多视图数据进行学习，已经提出了许多基于机器学习算法的多视图构建方法[15,16]。多视图构建方法可以分为三大类，即基于随机的视图构建方法、基于性能的视图构建方法和基于特征集合划分的视图构建方法。基于随机的视图构建方法，最简单的操作是将特征集合随机拆分为一个子集，然而随机视图构建并不能保证结果的差异性是可接受的，因为它取决于数据域和学习算法；基于性能的视图构建方法，则是使用多样的特征子集搜索算法寻找最佳的特征子集集合；基于特征集合划分的视图构建方法有水平划分和垂直划分两种类型，前者的一组样本被分割成许多具有数据集全部特征的子集，后者的原始数据集被划分为许多子集，其包含原始数据集的整个实例。

本节介绍一种从时域、频域、时频域不同方面构建多视图，并根据不同视图的特性进行分析，并采用加权非负矩阵分解（weighted non-negative matrix factorization，WNMF）进行集成的高速列车走行部工况识别模型[17]。该模型克服了传统故障诊断方法计算量大、需要大量先验知识的缺陷，同时集成了不同视图的有效信息，以实现对高速列车走行部工况的有效识别。

5.2.2 基于多视图加权聚类集成的高速列车走行部工况识别模型

1. 模型框架

本节将详细介绍基于多视图加权聚类集成的高速列车走行部工况识别模型，整体框架如图 5-1 所示。该模型主要包含三个部分：多视图的建立、*k*-means 聚类、WNMF。首先，将采集的振动信号分段处理；其次通过 FFT[18]、小波变换[2]、EMD[3]以及时域统计特征提取方法，从时域、频域、时频域角度构建多视图；再次，利用 *k*-means 聚类得到各视图的基聚类结果；最后，采用基于基矩阵的权值算法、基于关系矩阵的权值算法计算出不同视图的权值，进行加权的非负矩阵分解集成，输出结果。

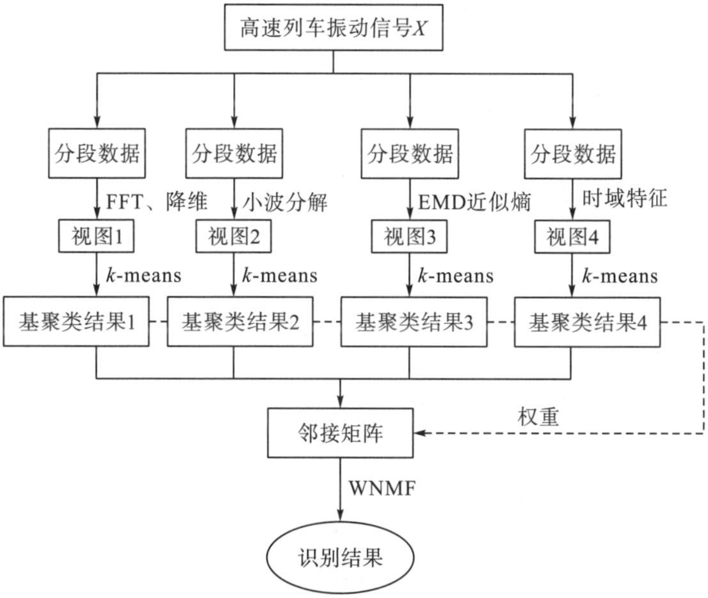

图 5-1　基于多视图加权聚类集成的高速列车走行部工况识别模型框架图

2. 多视图的建立

该模型采用不同的特征提取方法来构建多视图。通过特征提取降低数据维度，提高走行部工况识别效率。快速傅里叶变换能够将信号从时域转变为频域，小波变换可以对信号进行多分辨分析，经验模态分解得到的近似熵和模糊熵可以构成多尺度复杂性度量的特征向量，时域统计特征的提取有速度快、操作简单等优点，因此该模型采用这 4 种特征提取方法来构建不同的视图。

1) 快速傅里叶变换

视图 1 (View1) 采用 FFT 进行构建。FFT 是信号处理和数据分析领域最重要的算法之一[18]。FFT 需要偶数个数据点，即 $n=2N$ 。考虑输入序列 $y=(y_0,\cdots,y_{2N-1})$ (已进行了周期为 $n=2N$ 的周期拓展)。 $\hat{y}_k$ 由式 (5-1) 得到。

$$\hat{y}_k=\sum_{j=0}^{2N-1} y_j \bar{w}^{jk} \tag{5-1}$$

把式 (5-1) 分为偶数指标部分和奇数指标部分：

$$\hat{y}_k=\sum_{j=0}^{N-1} y_{2j}\bar{w}^{2jk}+\sum_{j=0}^{N-1} y_{2j+1}\bar{w}^{(2j+1)k} \tag{5-2}$$

因为 $w=\mathrm{e}^{2\pi i/n}$ 和 $n=2N$ ，令 $W=\exp(2\pi i/N)=w^2$ ，于是有

$$\hat{y}_k=\sum_{j=0}^{N-1} y_{2j}\bar{W}^{jk}+\bar{w}^k\left(\sum_{j=0}^{N-1} y_{2j+1}\bar{W}^{jk}\right) \tag{5-3}$$

式 (5-3) 把 $\hat{y}_k$ 表示为两个离散傅里叶变换的形式，并用 N 取代 n。

$$\hat{y}_k=F_N\left[\{y_0,y_2,\cdots,y_{2N-2}\}\right]_k+\bar{w}^k F_N\left[\{y_1,y_3,\cdots,y_{2N-1}\}\right]_k \tag{5-4}$$

其中，$0\leqslant k\leqslant 2N-1$ 。

在式 (5-4) 中，用 $k+N$ 代替 k，并利用了事实：$F_N\left[y_{\mathrm{even}}\right]$ (y_{even} 表示序列 y 的偶数指标部分) 和 $F_N\left[y_{\mathrm{odd}}\right]$ (y_{odd} 表示序列 y 的奇数指标部分) 的周期为 N，$\bar{w}^{k+N}=\bar{w}^k\exp(-\pi i)=-\bar{w}^k$ 。于是，当 $0\leqslant k\leqslant N-1$ 时，有

$$\hat{y}_k=F_n\left[\{y_0,y_2,\cdots,y_{2N-2}\}\right]_k+\bar{w}^k F_n\left[\{y_1,y_2,\cdots,y_{2N-1}\}\right]_k \tag{5-5}$$

$$\hat{y}_{k+N}=F_n\left[\{y_0,y_2,\cdots,y_{2N-2}\}\right]_k-\bar{w}^k F_n\left[\{y_1,y_2,\cdots,y_{2N-1}\}\right]_k \tag{5-6}$$

其中，$\left(F_{2Ny}\right)_k=\hat{y}_k$ ，可用 $F_n\left[\{y_0,y_2,\cdots,y_{2N-2}\}\right]_k$ 和 $F_n\left[\{y_1,y_2,\cdots,y_{2N-1}\}\right]_k$ ，$0\leqslant k\leqslant N-1$ 来表达。

传感器采集的高铁振动数据是一些时间离散序列，通过 FFT 处理后，便于分析信号不同频率分量的特征。为了提升故障诊断的准确率，可采用主成分分析 (principal component analysis，PCA) 算法对 FFT 处理后的数据进行适当降维得到

View1 的特征向量。PCA 是一种常用的数据降维方法，使得在转换后的空间中数据的方差最大，其本质是低维数据表示的信息能够尽量接近高维数据。假设有一组 D 维的样本 $\boldsymbol{X}=[\boldsymbol{x}_1,\boldsymbol{x}_2,\cdots,\boldsymbol{x}_N]\in\mathbb{R}^{D\times N}$，每个样本点 $\boldsymbol{x}_i$ 在转换空间投影后的表示为 $\boldsymbol{W}^{\mathrm{T}}\boldsymbol{x}_i$，$\boldsymbol{W}=[\boldsymbol{w}_1,\boldsymbol{w}_2,\cdots,\boldsymbol{w}_D]\in\mathbb{R}^{D\times D'}$ 为投影后的新坐标系，$\boldsymbol{x}_i$ 是一个 i 维的标准正交基向量，投影后样本点 $\boldsymbol{x}_i$ 的协方差矩阵是 $\sum_i\boldsymbol{W}^{\mathrm{T}}\boldsymbol{x}_i\boldsymbol{x}_i^{\mathrm{T}}\boldsymbol{W}$。由于要使得在转换后的空间中数据的方差最大，则优化目标可以定义为

$$\begin{gathered}\max_{W}\ \operatorname{tr}\left(\boldsymbol{W}^{\mathrm{T}}\boldsymbol{X}\boldsymbol{X}^{\mathrm{T}}\boldsymbol{W}\right)\\ \text{s.t. } \boldsymbol{W}^{\mathrm{T}}\boldsymbol{W}=\boldsymbol{I}\end{gathered}\tag{5-7}$$

其中，$\boldsymbol{I}$ 是一个大小为 $D'\times D'$ 的单位矩阵。利用拉格朗日函数转换为无约束优化问题，可得

$$\boldsymbol{X}\boldsymbol{X}^{\mathrm{T}}\boldsymbol{w}_i=\lambda_i\boldsymbol{w}_i\tag{5-8}$$

对协方差矩阵 $\boldsymbol{X}\boldsymbol{X}^{\mathrm{T}}$ 进行特征值分解，并取得前 D' 个最大的特征值 $\lambda=[\lambda_1,\cdots,\lambda_{D'}]$ 所对应的特征向量，构成最终主成分分析的解。

2) 小波变换

视图 2(View2) 采用小波变换进行构建。小波变换在低频部分具有时间分辨率低和频率分辨率高的特点，由于对信号有较好的自适应性，所以被广泛应用于信号处理中[2]。小波变换能够分解高速列车振动信号，得到各频带能量信息并反映出一些运行状况特征。

小波变换把一个函数分解成各频率分量的加权和，此时的权值仅包括某一特定的小波而不是指数项 $\mathrm{e}^{i\lambda x}$。

小波变换定义：给定一个小波函数 $\phi(x)$，满足 $\phi(x)$ 是连续的且呈现指数衰减［即 $\phi(x)\leqslant M\mathrm{e}^{-C|x|}$，$C$、$M$ 为特定常量］，并且 ϕ 的积分为零，即 $\int_{-\infty}^{\infty}\phi(x)\mathrm{d}x=0$。函数 $f\in L^2(R)$ 的小波变换为 $W_f:\mathbb{R}^2\to\mathbb{R}$，即

$$W_f(a,b)=\frac{1}{\sqrt{|a|}}\int_{-\infty}^{\infty}f(x)\overline{\phi\left(\frac{x-b}{a}\right)}\mathrm{d}x\tag{5-9}$$

3) EMD 的近似熵

视图 3(View3) 的构建采用 EMD 的近似熵方法。首先，EMD 的近似熵方法是将一系列复杂信号分解为有限个 IMF，所分解出来的有限个 IMF 分量包含了原信号的不同时间尺度的局部特征信号[3]。每个 IMF 必须满足以下两个条件：①在整个数据段内，极值点个数与过零点个数相等或最多相差一个；②在任意时刻，

由局部极大值点形成的上包络线和由局部极小值点形成的下包络线的平均值为零，即上、下包络线相对于时间轴局部对称。

IMF 公式定义为

$$s_k(t) = a_k(t)\cos[\varphi_k(t)] \tag{5-10}$$

其中，$\varphi_k(t)$ 相位是一个非递减函数，$\varphi_k'(t) \geqslant 0$；$a_k(t)$ 信号包络为非负，$a_k(t) \geqslant 0$。

为了衡量一个随机变量出现的期望值和确定信息源所蕴含的平均信息量，考虑近似熵(approximate entropy)，既可以消除对事物了解的不确定性，又可以度量信号输出信息的不确定性。近似熵通常用来衡量时间序列复杂度，它具有较高的抗噪性和抗干扰能力。将一列长度为 N 的序列进行 EMD 分解后，第 m 个 IMF 分量为 X^m，设置一个阈值 r，统计每个矢量间距 $d[X_i^m, X_j^m] < r$ 的数目并计算其与总距离数 $N-m$ 的比值 $C_i^m(r)$：

$$C_i^m(r) = \frac{1}{N-m} \tag{5-11}$$

进一步，EMD 的近似熵定义为

$$\text{ApEn}(m,r) = \lim_{N\to\infty}\left[\varphi^m(r) - \varphi^{m+1}(r)\right] \tag{5-12}$$

其中，$\varphi^m(r) = \frac{1}{N-m}\sum_{i=1}^{N-m}\ln C_i^m(r)$。

当 N 为有限长度时，EMD 的近似熵表达式可以记作：

$$\text{ApEn}(m,r) = \varphi^m - \varphi^{m+1}(r) \tag{5-13}$$

4) 时域统计特征

视图 4(View4)的构建采用时域统计特征。信号在时域中的统计特征是指对信号的各种时域参数和指标进行估计或计算。对于序列数据 x，$x(t)$ 表示其 t 时刻的值。常用的时域参数和指标有均值、峰峰值、均方值和均方根值等。

(1) 均值。均值是常用的表示信号集中程度的统计特征，它是描述数据集中位置的一种重要测度值。它表示信号中心的变化趋势，也被称作信号直流分量。它的定义是当观测时间 T 趋近无穷大时，取该时间段内的信号数据和的平均数，常用 $E\left[x(t)\right]$ 表示为

$$u_x = E\left[x(t)\right] = \lim_{T\to\infty}\frac{1}{T}\int_0^T x(t)\,\mathrm{d}t \tag{5-14}$$

(2) 峰峰值(peak-peak value)。峰峰值指波形信号的最大正值与最大负值的差值，因此它为正数，也即信号的最高波峰 $X_{\max}$ 与最低波谷 $X_{\min}$ 之间的范围，它可以描述信号值的变化范围大小，常用 X_{P-P} 表示。

$$X_{P-P} = X_{\max} - X_{\min} \tag{5-15}$$

(3)均方值。均方值指在观测时间内计算的信号的取值平方之和，它能表示信号的强度，常用 ψ_x^2 表示。

$$\psi_x^2 = \lim_{T\to\infty}\frac{1}{T}\int_0^T x^2(t)\mathrm{d}t \tag{5-16}$$

(4)均方根值。均方根值是均方值的正算数平方根，又称为方根均值，它表征信号的平均能量，一般用 x_{rms} 表示。

$$x_{\mathrm{rms}} = \sqrt{\lim_{T\to\infty}\frac{1}{T}\int_0^T x^2(t)\mathrm{d}t} \tag{5-17}$$

3. *k*-means 聚类

聚类分析是一种无监督学习算法，通过学习无标签数据的内在性质和规律，将数据对象按照它们在空间中的相似程度划分成多个类或簇。最终，使得簇内的数据对象尽可能具有最大的相似性，而不同簇之间的数据对象相似程度尽可能最小。*k*-means 聚类是聚类分析中的经典算法，具有容易实施、简单、高效的优点[19]。本节用 *k*-means 聚类分别对 4 个视图的数据子集进行聚类得到基聚类结果。

k-means 聚类的核心思想是首先从数据集中随机选取 k 个初始聚类中心 $\boldsymbol{C}_i$ ($1\leqslant i\leqslant k$)，计算其余数据对象与聚类中心 $\boldsymbol{C}_i$ 的距离(如欧氏距离等，详见 5.4.2 节的相似性度量)，找出离目标数据对象最近的聚类中心 $\boldsymbol{C}_i$，并将数据对象分配到聚类中心 $\boldsymbol{C}_i$ 所对应的簇中；然后计算每个簇中数据对象的平均值作为新的聚类中心，进行下一次迭代，直到聚类中心不再变化或达到最大的迭代次数停止。空间中数据对象与聚类中心间的欧氏距离计算公式为

$$d(\boldsymbol{x},\boldsymbol{C}_i) = \sqrt{\sum_{j=1}^{m}\left|x_j - C_{ij}\right|^2} \tag{5-18}$$

其中，$\boldsymbol{x}$ 为数据对象；$\boldsymbol{C}_i$ 为第 i 个聚类中心；m 为数据对象的维度；x_j 和 C_{ij} 分别为 $\boldsymbol{x}$ 和 $\boldsymbol{C}_i$ 的第 j 个属性值。整个数据集的误差平方和(sum of squared errors，SSE)，计算公式为

$$\mathrm{SSE} = \sum_{i=1}^{k}\sum_{\boldsymbol{x}\in\boldsymbol{C}_i}\left|d(\boldsymbol{x},\boldsymbol{C}_i)\right|^2 \tag{5-19}$$

其中，SSE 值的大小表示聚类结果的好坏，值越小则簇内样本的相似度越高；k 为簇的个数。

4. WNMF 的聚类集成方法

1)聚类集成

由于不同的聚类算法对同一个数据集进行聚类时可能会产生不同的结果，因

此仅使用单一的聚类算法进行聚类是很难得到最优结果的。聚类集成，其目标是通过将不同的基聚类算法或同一类基聚类算法采用不同初始化参数多次运行得到的基聚类结果进行集成，最终获得更优的聚类结果[20]。相比单一的聚类算法，聚类集成能够从多个聚类结果中找到一个最佳的共识聚类，达到比单一聚类算法更加具有鲁棒性和稳定性的效果。聚类集成的过程如下，假设数据集 X 有 n 个数据对象，$X=\{x_1,x_2,\cdots,x_n\}$，如果对它做 N 次聚类，那么得到的基聚类结果表示成 $S=\{s_1,s_2,\cdots,s_N\}$，然后使用一致性函数 T 集成这些结果，得到一个最终的聚类结果 S'，如图 5-2 所示。

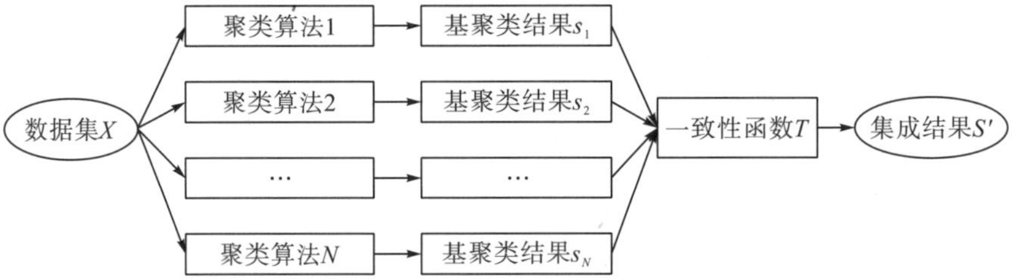

图 5-2 聚类集成的过程

一致性函数是一个可以集成多种聚类结果，得到一个最终结果的函数或方法。常用的方法主要有超图法[21]、投票法[22]、非负矩阵分解(non-negative matrix factorization，NMF)[23]法等。本节结合多视图学习，采用一种加权的非负矩阵分解的聚类集成方法。

2) WNMF

NMF 算法的基本思想是：对于任意给定的一个非负矩阵 $\boldsymbol{X}$，NMF 算法能够寻找到一个非负矩阵 $\boldsymbol{W}$ 和一个非负矩阵 $\boldsymbol{H}$，使得这两个矩阵相乘的结果约等于分解前的原始矩阵 $\boldsymbol{X}$。NMF 算法在分解后能够保留更多原始样本所反映的信息。分解后的结果都是非负的，具有良好的物理意义。NMF 目标函数为

$$\min=\|\boldsymbol{X}-\boldsymbol{W}\boldsymbol{H}\|_{\mathrm{F}}^2,\ \text{s.t.}\ \boldsymbol{W},\boldsymbol{H}\geqslant 0 \tag{5-20}$$

其中，非负矩阵 $\boldsymbol{X}=[\boldsymbol{x}_1,\boldsymbol{x}_2,\cdots,\boldsymbol{x}_n]\in\mathbb{R}_+^{m\times n}$，这个矩阵包括 n 个样本，每个样本 $\boldsymbol{x}_i$ 有 m 个维度；基矩阵 $\boldsymbol{W}=[\boldsymbol{w}_1,\boldsymbol{w}_2,\cdots,\boldsymbol{w}_r]\in\mathbb{R}_+^{m\times r}$，$\boldsymbol{w}_i$ 表示一个 m 维的列向量，代表一个基向量；系数矩阵 $\boldsymbol{H}=[\boldsymbol{h}_1,\boldsymbol{h}_2,\cdots,\boldsymbol{h}_r]\in\mathbb{R}_+^{r\times n}$，$\boldsymbol{h}_i$ 表示 r 维的列向量，可以视为由 $\boldsymbol{x}_i$ 向量投影在 $\boldsymbol{W}$ 基矩阵定义的新空间中的坐标，满足 $\boldsymbol{x}_i=\boldsymbol{W}*\boldsymbol{h}_i$ 为投影系数。为有效减少存储和计算，令 r 满足 $(m+n)*r<m*n$，即将一个高维非负矩阵分解为两个低维非负矩阵的乘积。

本节考虑加入视图的权值来获得更稳定的聚类结果，接下来介绍两种 WNMF 算法。两者的区别仅在于权值的计算方法不同，具体包括：①基于基矩阵的权值计算方法，简写为 WNMF1；②基于关系矩阵的权值计算方法，简写为 WNMF2。

设多视图 $\{V_1,V_2,\cdots,V_k\}$ 的一组聚类结果为 $\{C_1,C_2,\cdots,C_k\}$，第 i 个视图 V_i 的聚类结果为 $\left\{C_1^i,C_2^i,\cdots,C_n^i\right\}$，其中 k 为视图数，n 为样本数。

(1) WNMF1 的权值计算过程。将多视图的聚类结果表示成一个非负的邻接矩阵 $\boldsymbol{X}_{m\times n}$，则可以找到两个非负矩阵，即基矩阵 $\boldsymbol{U}$ 和系数矩阵 $\boldsymbol{V}$，如式(5-21)，使得

$$\boldsymbol{X}\approx\boldsymbol{U}\times\boldsymbol{V}^{\mathrm{T}} \tag{5-21}$$

其基于欧氏距离的目标函数定义为

$$\left\|\boldsymbol{X}-\boldsymbol{U}\boldsymbol{V}^{\mathrm{T}}\right\|^2=\sum_{ij}\left[\boldsymbol{X}_{ij}-\left(\boldsymbol{U}\boldsymbol{V}^{\mathrm{T}}\right)_{ij}\right]^2 \tag{5-22}$$

通过乘法更新规则，不断迭代，可求得基矩阵 $\boldsymbol{U}$ 和系数矩阵 $\boldsymbol{V}$：

$$\boldsymbol{V}_{kj}\leftarrow\boldsymbol{V}_{kj}\frac{\left(\boldsymbol{X}^{\mathrm{T}}\boldsymbol{U}\right)_{kj}}{\left(\boldsymbol{V}\boldsymbol{U}^{\mathrm{T}}\boldsymbol{U}\right)_{kj}} \tag{5-23}$$

$$\boldsymbol{U}_{ik}\leftarrow\boldsymbol{U}_{ik}\frac{\left(\boldsymbol{X}\boldsymbol{V}\right)_{ik}}{\left(\boldsymbol{U}\boldsymbol{V}^{\mathrm{T}}\boldsymbol{V}\right)_{ik}} \tag{5-24}$$

基于基矩阵的值，可以计算视图的贡献度，即为视图的权值 w：

$$w_{hf}=\frac{\sum\limits_{c_f^j\in C_f}\boldsymbol{U}_{jf}}{\sum\limits_{g=1}^{l}\boldsymbol{U}_{gf}} \tag{5-25}$$

其中，w_{hf} 为视图 V_h 的权重；c_f^j 为分解维度。

通过对 $\boldsymbol{w}$ 向量进行归一化和对角化，得到一个 $k\times k$ 的对角矩阵 $\boldsymbol{W}=\{\boldsymbol{w}_1,\boldsymbol{w}_2,\cdots,\boldsymbol{w}_k\}$，对角线上的元素集合即为权值向量。

(2) WNMF2 的权值计算过程。对于 k 个视图 V 的聚类结果 $\left\{C_1,C_2,\cdots,C_k\right\}$，可以计算它的关系矩阵 $\left\{P_1,P_2,\cdots,P_k\right\}$：

$$P_i\left(a,b\right)=\begin{cases}1, & \text{当且仅当} P_i\left(a\right)=P_i\left(b\right)\left(1\leqslant a,b\leqslant n\right)\\0, & \text{其他}\end{cases} \tag{5-26}$$

初始化聚类集成的结果也可以得到一个关系矩阵为 $\boldsymbol{P}^*$。

对于任意的视图，可以通过计算对应关系矩阵的欧氏距离 $\mathrm{dist}\left(\boldsymbol{P}_i,\boldsymbol{P}^*\right)$ 获得权值：

$$w_i = \frac{\text{dist}\left(\boldsymbol{P}_i, \boldsymbol{P}^*\right)}{k} = \frac{\sqrt{\sum_{i=1}^{k}\left|\boldsymbol{P}_i - \boldsymbol{P}^*\right|^2}}{k} \tag{5-27}$$

通过对 $\boldsymbol{w}$ 向量进行归一化和对角化，也得到了一个 $k \times k$ 的对角矩阵 $\boldsymbol{W} = \{\boldsymbol{w}_1, \boldsymbol{w}_2, \cdots, \boldsymbol{w}_k\}$，其中对角线上的元素集合即为权值向量。

本节介绍的 WNMF 算法采用 k-means 作为基聚类算法，用 k-means 分别对 4 个视图的数据子集进行聚类得到基聚类的标签结果：基聚类结果 1、基聚类结果 2、基聚类结果 3 和基聚类结果 4。根据介绍的权值算法完成基聚类结果的权值求取以后，进入聚类集成的一致性函数阶段，具体流程如下。

输入由多视图的结果所构建的邻接矩阵 $\boldsymbol{X}_{m\times n}$ 和划分数目 k，并随机初始化矩阵 $\boldsymbol{U}$、$\boldsymbol{V}$。

当固定 $\boldsymbol{U}$ 时，计算 $\boldsymbol{V}$，通过迭代规则：

$$\boldsymbol{V}_{kj} \leftarrow \boldsymbol{V}_{kj} \frac{\left(\boldsymbol{X}^{\mathrm{T}}\boldsymbol{W}\boldsymbol{U}\right)_{kj}}{\left(\boldsymbol{V}\boldsymbol{U}^{\mathrm{T}}\boldsymbol{W}\boldsymbol{U}\right)_{kj}} \tag{5-28}$$

其中，求取的权值为 $\boldsymbol{W} = \{w_1, w_2, \cdots, w_k\}$。

当固定 $\boldsymbol{V}$ 时，计算 $\boldsymbol{U}$，通过迭代规则：

$$\boldsymbol{U}_{ik} \leftarrow \boldsymbol{U}_{ik} \frac{\left(\boldsymbol{W}\boldsymbol{X}\boldsymbol{V}\right)_{ik}}{\left[\boldsymbol{W}\left(\boldsymbol{U}\boldsymbol{V}^{\mathrm{T}}\right)\boldsymbol{V}\right]_{ik}} \tag{5-29}$$

检查 $\boldsymbol{V}$ 的每一列 $\boldsymbol{V}_j$，将簇标签 l_i 指派为该列中最大元素所在的行：

$$l_i = \arg\max_{k} \boldsymbol{V}_{kj} \tag{5-30}$$

其中，$1 \leqslant l \leqslant k$。

最终聚类结果为 $L = \{l_1, l_2, \cdots, l_k\}$。

WNMF 算法的具体过程如算法 5-1 所示。

算法 5-1　WNMF 算法

输入：聚类结果的邻接矩阵 $\boldsymbol{X}$；权重矩阵 $\boldsymbol{W}$；簇个数 k；
输出：数据对象标签 L

1. 初始化基矩阵 $\boldsymbol{U}$，系数矩阵 $\boldsymbol{V}$
2. repeat
3. 　固定 $\boldsymbol{U}$，根据式(5-28)更新 $\boldsymbol{V}$
4. 　固定 $\boldsymbol{V}$，根据式(5-29)更新 $\boldsymbol{U}$
5. until 目标函数收敛
6. 根据式(5-30)求 L

5.2.3　实验结果与分析

1. 数据集描述与评价指标

本节所用的实验数据集来源于仿真数据集(simulation data sets，SDS)，包括 6 种速度：SDS40、SDS80、SDS120、SDS140、SDS160、SDS200，每种速度下包含正常工况、空气弹簧失气、横向减振器失效、抗蛇行减振器失效 4 种运行工况类别，还有 200km/h 的横向减振器阻尼的参数渐变数据集(parameter gradient data sets，PGDS)。该模型使用三个指标：标准化互信息(normalized mutual information，NMI)、F1、兰德系数(Rand index，RI)评估提出的模型。

1) NMI

NMI 常用在聚类评估中，将聚类结果之间的互信息值进行归一化，度量两个聚类结果的相近程度。计算出来的 NMI 是一个 0～1 之间的数值，越接近 1 代表聚类结果越好。NMI 的计算公式为

$$\mathrm{NMI}=2\frac{I(X,Y)}{H(X)+H(Y)} \tag{5-31}$$

其中，X 和 Y 表示两个聚类结果的标签；$I(X,Y)$ 表示 X 和 Y 的互信息；$H(X)$ 表示 X 的信息熵，具体计算公式为

$$\begin{aligned} I(X,Y) &= \sum_i\sum_j P(x_i \cap y_j)\log\frac{P(x_i\cap y_j)}{P(x_i)P(y_j)} \\ &= \sum_i\sum_j \frac{|x_i\cap y_j|}{N}\log\frac{N(x_i\cap y_j)}{|x_i||y_j|} \end{aligned} \tag{5-32}$$

$$H(X)=-\sum_i P(x_i)\log P(x_i)=-\sum_i\frac{|x_i|}{N}\log\frac{|x_i|}{N} \tag{5-33}$$

式中 x_i 表示聚类结果 X 中的一个簇； y_j 代表聚类结果 Y 中的一个簇，$P(x_i\cap y_j)$ 表示 X 和 Y 的联合概率分布，$P(x_i)$ 和 $P(y_j)$ 分别为 X 和 Y 的边缘概率分布。

2) F1

具体请参考第 4 章。

3)RI

RI 可以评价两个聚类结果的相似性。假设数据集的真实划分是 $P=\{P_1,P_2,\cdots,P_k\}$，划分后的结果是 $C=\{C_1,C_2,\cdots,C_k\}$，有以下几个定义。

(1)两个数据点在聚类划分 C 和真实划分 P 中都属于同一个簇，这样的样本对全部用 a 表示。

(2)两个数据点在聚类划分 C 和真实划分 P 中都不属于同一个簇，这样的样本对全部用 b 表示。

(3)在聚类划分 C 中两个数据点为同一簇，但在原本的划分 P 中却不在同一类，这样的样本对全部用 c 表示。

(4)在聚类划分 C 中两个数据点为不同簇，但在原来的划分 P 中仍然在同一类，这样的样本对全部用 d 表示。

RI 的计算公式为

$$\mathrm{RI}=\frac{a+b}{a+b+c+d} \tag{5-34}$$

RI 值也是一个 0～1 之间的数，对于相同的数据集，值越趋近 1 表示聚类效果越好。

2. 基准方法

为了更综合地比较本模型所提算法的效果，这里将 WNMF 算法与基于超图的聚类集成算法 CSPA[21]、集成算法 MvKKMCE[24]、MvSpecCE[24]和基于 NMF 的集成算法[23]分别进行了实验对比。

(1)聚类集成算法 CSPA：基于对象与对象之间相似度构建图，顶点代表对象，边代表对象与对象之间的相似度。

(2)集成算法 MvKKMCE：基于核 k-means 的多视图聚类集成算法。

(3)MvSpecCE：基于谱聚类的多视图聚类集成算法。

(4)基于 NMF 的集成算法：基于多视图的矩阵分解集成算法。

3. 主要实验结果与分析

首先，将不同特征提取方法做 k-means 聚类得到基聚类结果，与本节中所介绍的两种 WNMF 算法集成的结果做比较，即 WNMF1 和 WNMF2；其次，分别运行 10 次，得到 NMI、F1 和 RI 的平均值，结果如表 5-1、表 5-2 和表 5-3 所示；最后，在 PGDS 下进行实验，各视图的聚类结果与集成后的结果的 RI 曲线图如图 5-3 所示。

表 5-1　不同速度下基聚类和集成算法的 NMI 值

速度	算法					
	View1	View2	View3	View4	WNMF1	WNMF2
SDS40	0.7423	0.7445	0.7663	0.6582	0.8635	**0.8954**
SDS80	0.8488	0.6148	0.8044	0.6412	**0.8505**	0.8116
SDS120	0.7891	0.6505	0.7227	0.6514	0.7925	**0.7948**
SDS140	0.6961	0.6735	0.8449	0.6826	0.9347	**0.9430**
SDS160	0.8005	0.6792	0.8132	0.7336	**0.8486**	0.8425
SDS200	0.8743	0.8396	0.7489	0.7400	0.9578	**0.9816**

表 5-2　不同速度下基聚类和集成算法的 F1 值

速度	算法					
	View1	View2	View3	View4	WNMF1	WNMF2
SDS40	0.8251	0.7385	0.9024	0.7355	0.9047	**0.9463**
SDS80	0.7480	0.7900	0.9078	0.7460	**0.9326**	0.8937
SDS120	0.7996	0.7393	0.7585	0.7084	**0.8096**	0.7809
SDS140	0.9055	0.8198	0.9352	0.8001	0.9597	**0.9676**
SDS160	0.8051	0.7882	0.8339	0.7727	**0.9049**	0.8700
SDS200	0.8157	0.6821	0.7769	0.7445	0.8749	**0.9479**

表 5-3　不同速度下基聚类和集成算法的 RI 值

速度	算法					
	View1	View2	View3	View4	WNMF1	WNMF2
SDS40	0.7976	0.5670	0.8069	0.5413	0.9320	**0.9547**
SDS80	0.8278	0.5623	0.7883	0.6834	**0.9414**	0.8802
SDS120	0.6318	0.5002	0.7307	0.5156	**0.8548**	0.8384
SDS140	0.9492	0.5373	0.8423	0.5422	**0.9677**	0.9328
SDS160	0.8477	0.5222	0.7879	0.6470	**0.9169**	0.9024
SDS200	0.8597	0.7796	0.6771	0.6022	0.9449	**0.9479**

由表 5-1、表 5-2 和表 5-3 可知，无论采用何种评估指标，单个视图的特征提取后的聚类效果都会出现较大变化，且波动范围较大；与单个视图的特征提取方法相比，多视图的特征提取方法具有显著的改善和更好的稳定性。

从图 5-3 中 PGDS 的 RI 值比较可以看出，两种 WNMF 算法都优于其他单个视图的聚类结果。与 CSPA[21]、MvKKMCE[24]、MvSpecCE[24]、NMF 集成方法[23]

比较，如图 5-4、图 5-5、图 5-6 所示。WNMF1 和 WNMF2 在三种评价指标下均有较好的效果，同时在不同速度的情况下也是较稳定的，而其他几种方法的波动均比较大。因此，引入多视图特征提取思想和聚类集成思想所构建的模型对于高速列车走行部的工况识别具有一定的提升效果。

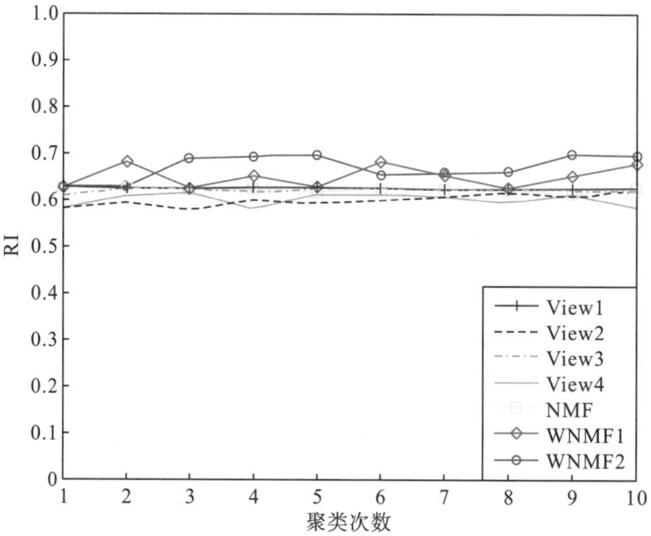

图 5-3 PGDS 识别后的 RI 值图

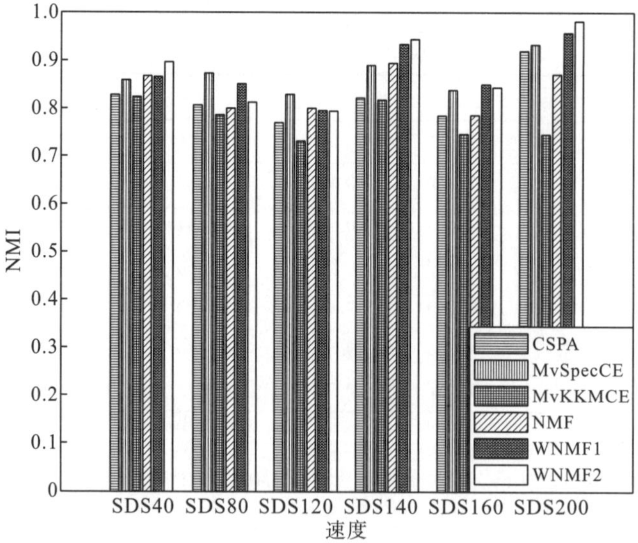

图 5-4 NMI 柱状图

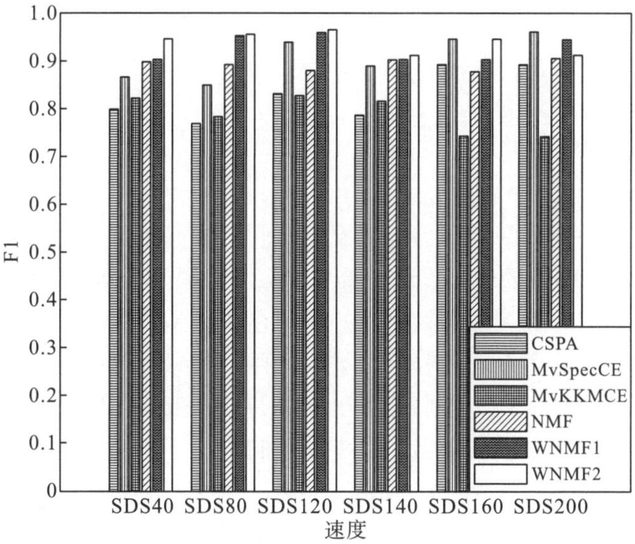

图 5-5　F1 柱状图

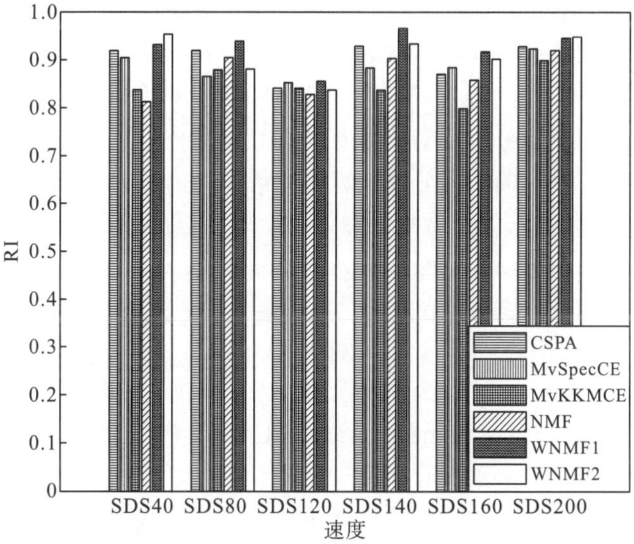

图 5-6　RI 柱状图

5.3　基于多视图核模糊聚类的高速列车走行部工况识别模型

本节介绍基于多视图核模糊聚类的高速列车走行部工况识别模型。该模型首先对高速列车走行部振动信号的所有通道进行核模糊聚类，并采用模糊分类系数进行评价；其次进一步将评价结果进行排序并选出适合聚类的通道，最后对挑选出的多个通道进行聚类，从而得到最终的识别结果。

5.3.1 模糊聚类

传统的聚类分析是一种硬划分的聚类，它把数据对象严格地划分到某个簇或类当中，具有非此即彼的性质，这样得到的聚类结果的类别界限是分明的。然而，在现实世界中，大多数客观事物之间的界限往往是模糊的，它们在形态和类别属性方面具有中介性，适合软划分的聚类。得益于模糊集理论的提出，这种软划分聚类有了有力的分析工具，人们开始用模糊的方法来处理聚类问题并称之为模糊聚类分析。模糊聚类分析是依据客观事物间的特征、亲疏程度和相似性，通过建立模糊相似关系对客观事物进行聚类的方法。在模糊聚类分析中，数据对象对于各个簇隶属度可以取区间[0,1]中的任意值(但各个簇隶属度总和必须为 1)，即不再被严格地划分到某个簇当中。模糊聚类得到了样本属于各个簇的不确定性程度，能够对类与类间样本有重叠的数据集进行聚类，更能客观地反映现实世界。

模糊 C 均值(fuzzy C-means，FCM)算法是目前应用最广泛的模糊聚类方法之一[25]，它对数据尺度的变化具有较好的鲁棒性。在高速列车工况识别领域，向玲等[26]提出一种基于改进的固有时间尺度分解和 FCM 的轴承故障诊断方法，首先用改进的固有时间尺度分解振动信号并通过互信息分析筛选得到三个含有主要信息的特征，然后将得到的结果分别计算近似熵作为信号的特征向量，最后将得到的特征输入到 FCM 算法计算得到故障识别结果。李毓磊等[27]提出一种基于 NMF 的高速列车走行部工况识别方法，该方法先使用 FCM、*k*-means 等算法获得基聚类结果，然后用 NMF 对各个结果进行聚类集成，获得最终的识别结果。

本节面向高速列车走行部工况识别问题，考虑核模糊 C 均值聚类(kernel fuzzy C-means，KFCM)算法，同时结合多视图学习，介绍一种基于多视图核模糊 C 均值(multi-view kernel fuzzy C-means，MvKFCM)聚类的高速列车走行部工况识别模型[28]。针对多通道的高速列车转向架的振动信号，该模型首先根据单一的通道识别情况进行排序筛选，然后挑选出合适的通道输入 MvKFCM 以得到最终的工况识别结果。

5.3.2 基于多视图核模糊聚类的高速列车走行部工况识别模型

1. 模型框架

本节将详细介绍基于多视图核模糊聚类算法的工况识别模型，整体框架如图 5-7 所示。该模型包括四个部分：FFT 特征提取、FCM 算法、FCC 值计算和

MvKFCM 算法。首先，对所有的振动加速度信号的通道进行 FFT 特征提取；其次，对所有通道特征分别进行 FCM 聚类，采用模糊分类系数(fuzzy classification coefficient，FCC)对各通道的聚类结果进行评价，根据评价结果进行排序并选出适合最终多视图融合的通道；最后，结合 KFCM 与多视图学习，采用 MvKFCM 算法直接对挑选出来的多个通道特征进行聚类，从而得到最终的识别结果。

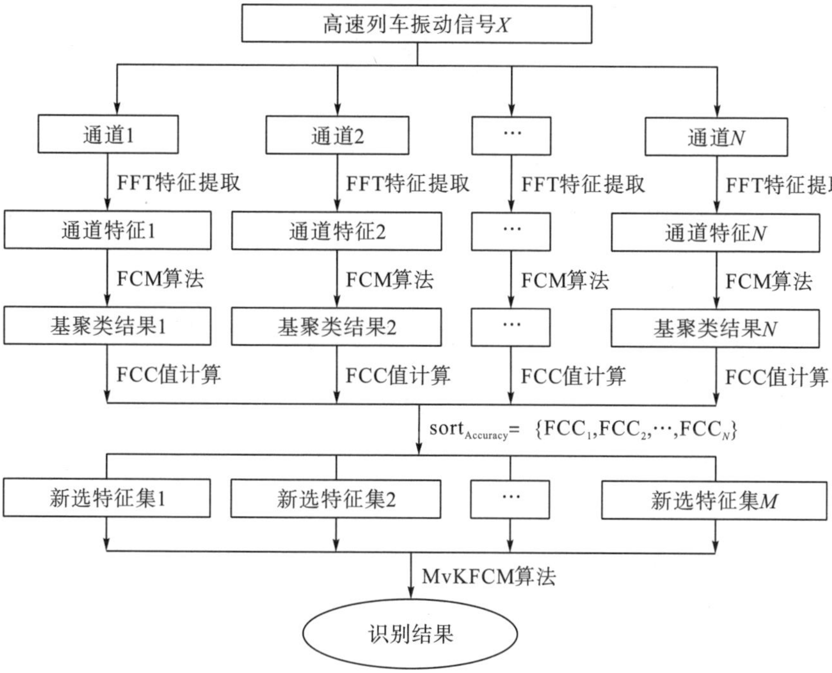

图 5-7　基于 MvKFCM 的高速列车走行部工况识别模型

2. FFT 特征提取

为了减少计算量，提升运算效率，本节采用 FFT 进行特征提取，得到初始视图。FFT 的相关算法可参考 5.2.1 第一小节。

3. FCM 算法

FCM 算法是一种基于划分的聚类算法，它的原理就是把相似度大的对象划分到同一簇，相似度小的对象划分到不同簇；核心思想是把 n 个数据 $x_i(i=1,2,\cdots,N)$ 分为 C 个簇 $v_c(c=1,2,\cdots,C)$，求出每个簇的聚类中心，并使得目标函数达到最小。目标函数可以定义为

$$J(U,V)=\sum_{i=1}^{N}\sum_{c=1}^{N}u_{ic}^{m}d^{2}(x_i-v_c) \tag{5-35}$$

约束条件为$\sum_{c=1}^{C} u_{ic}=1,\ \forall i$；划分后的簇一般用二维隶属度矩阵 $\boldsymbol{u}$ 来表示，且 $u_{ic} \geqslant 0,\ \sum_{i=1}^{N} u_{ic}>0,\ \forall i,c$；$m$ 表示模糊加权指数，值大于 1；$d(x_i - v_c)$ 表示第 i 个数据点与第 c 个簇中心的相似性度量(如欧氏距离等)；$u_{ic} \in [0,1]$；v_c表示每个簇对应的聚类中心。

为了求约束条件函数各变量的解，采用拉格朗日函数把原函数转化成新的目标函数：

$$J_{\lambda}(U,V)=\sum_{i=1}^{N}\sum_{c=1}^{N} u_{ic}^{m} d^{2}(x_i - v_c)+\lambda\left(\sum_{c=1}^{C} u_{ic}-1\right) \tag{5-36}$$

u_{ic} 和 v_c 的更新公式如下：

$$u_{ic}=\frac{d\left(x_i, v_c\right)}{\sum_{c=1}^{C-x} d\left(x_i, v_c\right)} \tag{5-37}$$

$$v_c=\frac{\sum_{i=1}^{N} u_{ic}^{m} x_i}{\sum_{i=1}^{N} u_{ic}^{m}} \tag{5-38}$$

因此，可以对式(5-37)和式(5-38)不断迭代，求出满足条件的解。

4. FCC 值计算

本节首先对所有通道特征分别进行 FCM 聚类，得到各通道聚类结果，然后分别计算各通道 FCC 值，从而根据 FCC 值进行排序筛选。FCC 是专门针对模糊聚类的评价指标，表达式为

$$\mathrm{FCC}=\frac{1}{N}\sum_{k=1}^{K}\sum_{i=1}^{N} \boldsymbol{u}_{ik}^{z} \tag{5-39}$$

其中，$\boldsymbol{u}_{ik}^{z}$ 表示通过模糊聚类划分后的隶属度矩阵；N 表示样本个数；K 表示簇个数，值越接近 1，表示聚类结果越准确。

5. MvKFCM 算法

本节结合多视图学习的概念，介绍一种改进的 KFCM 算法。KFCM 基于 FCM 引入核函数，它可以将数据集映射到高维特征空间，扩大数据样本间的距离，从而增加可分性，实现有效聚类[29]。KFCM 通过非线性映射 $\phi: \chi \rightarrow H$ 将样本投影到高维特征空间 H，如果输入待测样本为 $\boldsymbol{x}_i \in \mathbb{R}^n (i=1,2,\cdots,N)$，将映射后的样本进行聚类，则 KFCM 的目标函数是

$$J_m(u,v)=2\sum_{k=1}^{C}\sum_{i=1}^{N}u_{ik}^m\left[1-K\left(\boldsymbol{x}_i,\boldsymbol{v}_k\right)\right] \tag{5-40}$$

其中，$\boldsymbol{U}=\left[u_{ik}\right]_{C\times N}$ 表示隶属度矩阵，u_{ik} 满足 $0\leqslant u_{ik}\leqslant 1$ 且 $\sum_{k}^{C}u_{ik}=1$；$\boldsymbol{v}_k$ 表示第 $k(k=1,2,\cdots,C)$ 个聚类中心，C 为簇个数；$m(m>1)$ 表示加权指数；$K\left(\boldsymbol{x}_i,\boldsymbol{x}_j\right)=\exp\left(\dfrac{-\left\|\boldsymbol{x}_i-\boldsymbol{x}_j\right\|}{2\sigma^2}\right)$ 表示选取的高斯核，σ 为高斯核参数。

结合约束条件，为了使目标函数最小化，可以得到聚类中心和隶属度矩阵的计算公式为

$$u_{ik}=\frac{\left[1-K(\boldsymbol{x}_i,\boldsymbol{v}_k)\right]^{-1/(m-1)}}{\sum_{k=1}^{C}\left[1-K(\boldsymbol{x}_i,\boldsymbol{v}_k)\right]^{-1/(m-1)}} \tag{5-41}$$

$$v_k=\frac{\sum_{i=1}^{N}u_{ik}^m K\left(\boldsymbol{x}_i,\boldsymbol{v}_k\right)\boldsymbol{x}_i}{\sum_{i=1}^{N}u_{ik}^m K\left(\boldsymbol{x}_i,\boldsymbol{v}_k\right)} \tag{5-42}$$

由于多视图数据存在信息的多样性和不一致性，为了可以充分利用所有视图中的有用信息，本节将介绍一种基于多视图学习的 KFCM 算法——MvKFCM。考虑到每个视图对最终结果的贡献是不同的，MvKFCM 算法首先将多个核函数进行线性组合，其次进行聚类，最后通过调节权重得到较好的聚类结果[30]。

对于给定的多视图数据集 $\tilde{\boldsymbol{X}}=\left\{\boldsymbol{x}_1^{(v)},\boldsymbol{x}_2^{(v)},\cdots,\boldsymbol{x}_N^{(v)}\right\}\in\mathbb{R}^{d(v)}$，其中 $\boldsymbol{x}_i^{(v)}(i=1,2,\cdots,N)$ 是样本 $\boldsymbol{x}_i$ 在第 v 个视图中的向量。如果将数据集划分为 k 个簇 $\left\{\boldsymbol{C}_k\right\}_{y=1}^{K}$，聚类中心为 $\left\{\boldsymbol{y}_k\right\}_{k=1}^{K}$，使用一组非线性映射 $\{\tilde{\boldsymbol{\phi}}\}_{v=1}^{V}$ 将 V 个视图的数据映射到特征空间 $\left\{H^{(v)}\right\}_{v=1}^{V}$，由于内积无法计算，则使用 V 个核矩阵 $\{\tilde{\boldsymbol{K}}\}_{v=1}^{V}$ 替代表示。

为了提取所有视图的有效信息，本算法使用权重矩阵 $\boldsymbol{w}_v$ 进行线性组合，它具有核矩阵的所有特性。组合核矩阵表示为

$$\tilde{\boldsymbol{K}}=\sum_{v=1}^{V}\boldsymbol{w}_v^p\tilde{\boldsymbol{K}}^{(v)},\boldsymbol{w}_v\geqslant 0,\sum_{v=1}^{V}\boldsymbol{w}_v=1,p\geqslant 1 \tag{5-43}$$

MvKFCM 算法的目标函数：

$$\begin{aligned}&\min_{\{C_k\}_{k=1}^{K},\{w_v\}_{v=1}^{V}} J_{\tilde{H}}=\sum_{v=1}^{V}\boldsymbol{w}_v^p\sum_{i=1}^{N}\sum_{k=1}^{K}\boldsymbol{u}_{ik}^m\left\|\tilde{\boldsymbol{\phi}}\left(\boldsymbol{x}_i^{(v)}\right)-\tilde{\boldsymbol{\phi}}\left(\boldsymbol{y}_k^{(v)}\right)\right\|^2\\ &\text{s.t.}\quad \boldsymbol{w}_v\geqslant 0,\sum_{v=1}^{V}\boldsymbol{w}_v=1,p\geqslant 1\end{aligned} \tag{5-44}$$

其中，$\boldsymbol{w}_v(v=1,2,\cdots,V)$ 为视图权重矩阵；$\boldsymbol{u}_{ik}^m$ 为隶属度矩阵；m 为隶属度矩阵的指数；u_{ik} 表示对象 $\boldsymbol{x}_i^{(v)}$ 在第 k 个聚类簇的隶属度；$\tilde{\boldsymbol{Y}}=\{\boldsymbol{y}_1^{(v)},\boldsymbol{y}_2^{(v)},\cdots,\boldsymbol{y}_K^{(v)}\}$ 为聚类中心。高维特征空间的距离表示为

$$\left\|\tilde{\phi}(\boldsymbol{x}_i^{(v)})-\tilde{\phi}(\boldsymbol{y}_k^{(v)})\right\|^2=\tilde{K}(\boldsymbol{x}_i^{(v)},\boldsymbol{x}_i^{(v)})-2\tilde{K}(\boldsymbol{x}_i^{(v)},\boldsymbol{y}_k^{(v)})+\tilde{K}(\boldsymbol{y}_k^{(v)},\boldsymbol{y}_k^{(v)}) \tag{5-45}$$

采用高斯核函数，则目标函数可以转化为

$$\min_{\{C_k\}_{k=1}^K,\{w_v\}_{v=1}^V} J_{\tilde{H}}=2\sum_{v=1}^V w_v^p\sum_{i=1}^N\sum_{k=1}^K u_{ik}^m\left[1-\tilde{K}(\boldsymbol{x}_i^{(v)}-\boldsymbol{y}_k^{(v)})\right] \tag{5-46}$$

其中，$\sum_{v=1}^V \boldsymbol{w}_v=1$；$\sum_{k=1}^K u_{ik}=1$。利用拉格朗日表达式来使目标函数最小化：

$$\begin{aligned}L_{(w,u,y)}&=2\sum_{v=1}^V w_v^p\sum_{i=1}^N\sum_{k=1}^K u_{ik}^m\left[1-\tilde{K}\left(\boldsymbol{x}_i^{(v)}-\boldsymbol{y}_k^{(v)}\right)\right]\\&\quad+\lambda_{(w)}\left(\sum_{v=1}^V \boldsymbol{w}_v-1\right)+\lambda_{(u)}\left(\sum_{k=1}^K u_{ik}-1\right)\end{aligned} \tag{5-47}$$

分别求偏导 $\frac{\partial L}{\partial u_{ik}}=0$，$\frac{\partial L}{\partial y_k}=0$ 可以得到聚类中心、隶属度矩阵的更新公式：

$$\tilde{\boldsymbol{y}}_k^{(v)}=\frac{\sum_{i=1}^K u_{ik}^m\tilde{\phi}(\boldsymbol{x}_i^{(v)})}{\sum_{i=1}^N u_{ik}^m} \tag{5-48}$$

$$\tilde{\boldsymbol{u}}_{ik}=\left(\sum_{k'=1}^K\left\{\frac{\sum_{v=1}^V \boldsymbol{w}_v^p\left[1-\tilde{K}(\boldsymbol{x}_i^{(v)},\boldsymbol{y}_k^{(v)})\right]}{\sum_{v=1}^V \boldsymbol{w}_v^p\left[1-\tilde{K}(\boldsymbol{x}_i^{(v)},\boldsymbol{y}_{k'}^{(v)})\right]}\right\}^{\frac{1}{m-1}}\right)^{-1} \tag{5-49}$$

令 $D_v=2\sum_{i=1}^N\sum_{k=1}^K u_{ik}^m\left[1-\tilde{K}(\boldsymbol{x}_i^{(v)},\boldsymbol{y}_k^{(v)})\right]$，则权重矩阵的更新公式为

$$\tilde{\boldsymbol{w}}_v=\frac{1}{\sum_{v'=1}^v\left(\frac{D_v}{D_{v'}}\right)^{1/p-1}} \tag{5-50}$$

MvKFCM 算法的步骤如算法 5-2 所示。设数据集为 X，大小为 $N\times M$，视图数为 V，迭代次数为 I，则 MvKFCM 的时间复杂度为 $O(I\times N^2\times M\times V)$。由于 MvKFCM 算法涉及三个参数——高斯核参数 σ、隶属度矩阵的指数 m 和核矩阵的幂指数 p，本节采用经验值对其进行设置，其中，$\sigma=2.5$，$m=2$，$p=1.5$。

算法 5-2　MvKFCM 算法

输入：多视图数据集 X，视图数量 V，聚类簇个数 K，高斯核参数σ，迭代次数
输出：聚类中心 Y，隶属度矩阵 $\boldsymbol{U}$，权重 $\boldsymbol{W}$
1. 初始化：聚类中心 Y，隶属度矩阵 $\boldsymbol{U}$，权重 $w=1/V$
2. repeat
3.　固定 $\boldsymbol{W}$ 和 $\boldsymbol{U}$，根据式(5-48)更新 Y
4.　固定 Y 和 $\boldsymbol{W}$，根据式(5-49)更新 $\boldsymbol{U}$
5.　固定 $\boldsymbol{U}$ 和 Y，根据式(5-50)更新 $\boldsymbol{W}$
6. until 目标函数式(5-44)收敛或达到迭代次数

5.3.3　实验结果与分析

1. 数据集描述

本节所用的实验数据来源于某实验数据集(laboratory data sets，LDS)，包括 7 种速度：LDS40、LDS80、LDS120、LDS140、LDS160、LDS200、LDS220，每种速度下包含正常工况、空气弹簧失气、横向减振器失效、抗蛇行减振器失效 4 种运行工况类别。

由于每个通道搜集的数据是一个连续的波形信号，需要对其进行分段处理。该模型在初始阶段将数据集每个通道的每条信号、每个 LDS 子集的样本、每个样本采样点、每种工况记录等进行分割处理最终得到样本。

在验证 MvKFCM 模型的工况识别性能的实验中，采用 NMI、F1 和 RI 来对实验结果进行评价，具体参考 5.2.3 节。为避免偶然性，均取运行 10 次结果的平均值。

2. 基准方法与评价指标

为了更进一步验证 MvKFCM 模型的工况识别性能，实验在选取相同通道数目的情况下，与多视图双层变量自动加权快速聚类算法(two-level variable weighting method k-means，TWK)[31]、多视图核 k-means 算法(multi-view kernel k-means，MVKKM)[30]、多视图核谱聚类算法(multi-view k-means spectral，MVS)[30]、多视图加权鲁棒 k-means 算法(weighted robust multi-view k-means，WRMVK)[32]共 4 种多视图学习方法对比。

(1) TWK：一种通过对视图加权和样本属性加权来自动更新目标函数的聚类算法。

(2) MVKKM：一种通过将核函数引入到多视图聚类的基于核的多视图 k-means 算法。

(3) MVS：一种将核函数引入到多视图聚类中，提出的基于核的多视图谱聚类算法。

(4) WRMVK：一种对大规模多视图数据进行聚类的方法。

3. 主要实验结果与分析

首先对 LDS 进行通道筛选，采取 FFT 提取前 30 个通道特征，然后采用 FCM 对各通道进行聚类，并对各通道的聚类结果分别计算 FCC 值，对获得的 FCC 值由大到小排序，从而选择用于最终聚类的合适通道。图 5-8 展示了不同速度下经过排序后各通道的工况识别的 FCC 值。可以看出不同通道的 FCC 值存在差异，并且不同的速度下同一通道的 FCC 值也不同。如图 5-8 (a) 和图 5-8 (b) 所示，LDS40 和 LDS80 各个通道 FCC 值最高的是通道 13。如图 5-8 (c) 和图 5-8 (d) 所示，LDS120 和 LDS140 各个通道 FCC 值最高的是通道 4。如图 5-8 (e) 所示，LDS160 各个通道 FCC 值最高的是通道 14。如图 5-8 (f) 和图 5-8 (g) 所示，LDS200 和 LDS220 各个通道 FCC 值最高的是通道 28。

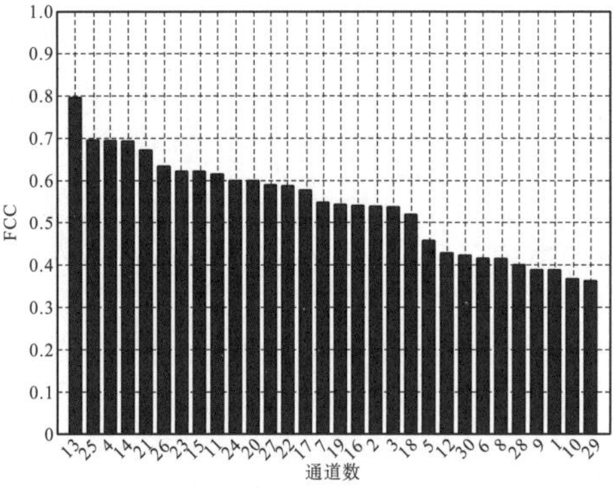

(a) LDS40的各个通道的FCC值

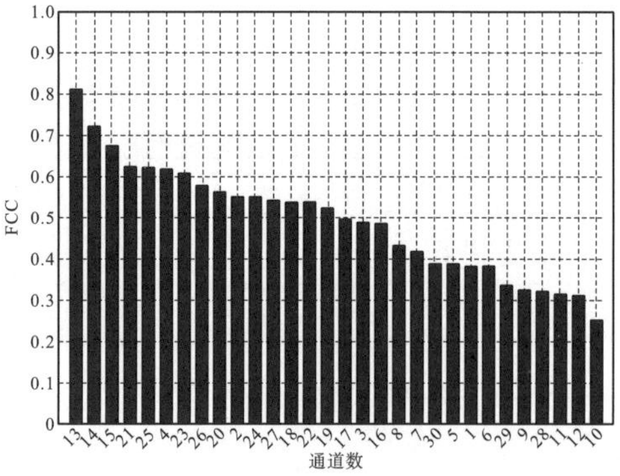

(b) LDS80的各个通道的FCC值

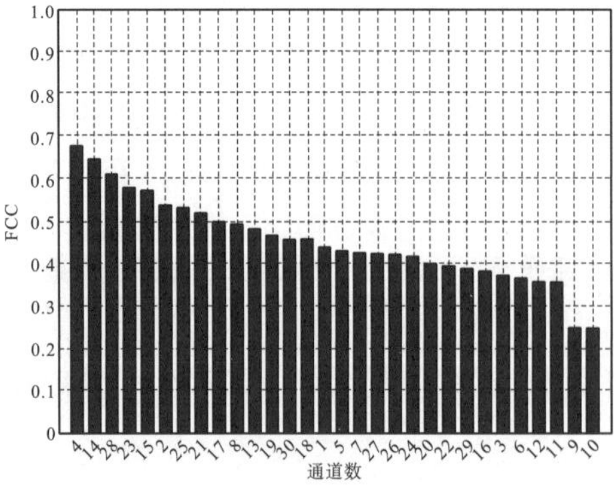

(c) LDS120的各个通道的FCC值

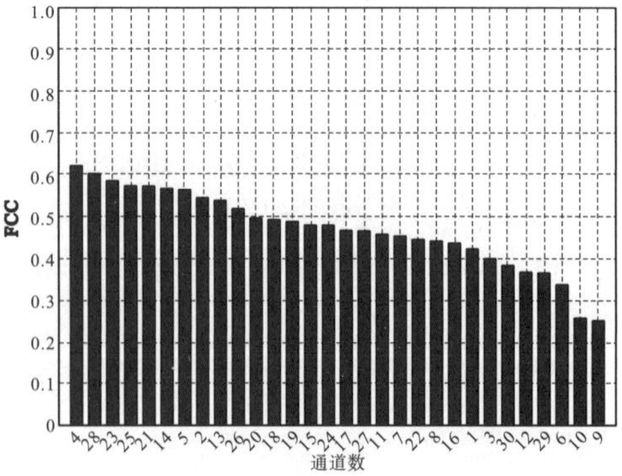

(d) LDS140的各个通道的FCC值

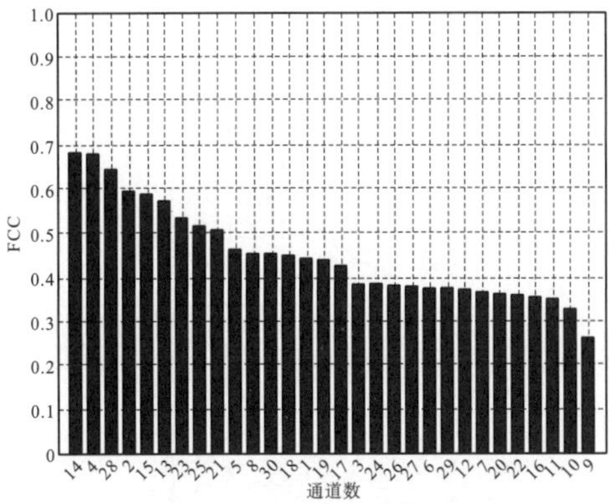

(e) LDS160的各个通道的FCC值

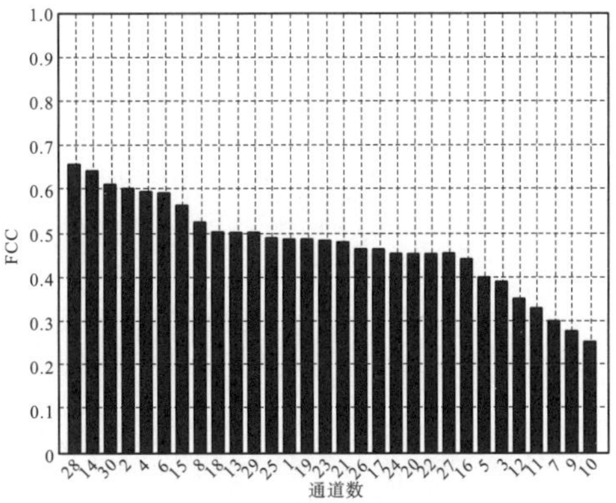

(f) LDS200的各个通道的FCC值

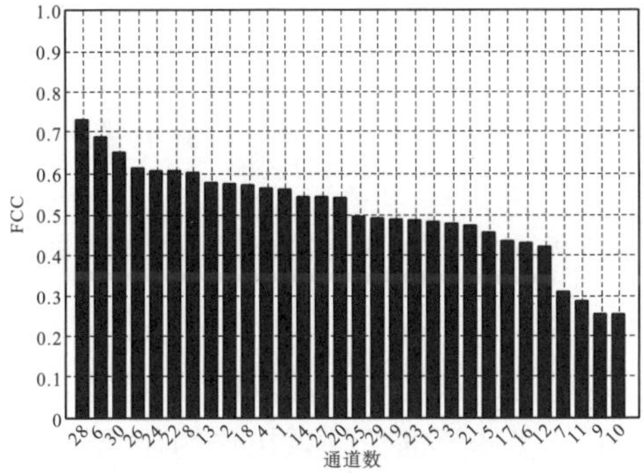

(g) LDS220的各个通道的FCC值

图 5-8　LDS 不同速度下的单通道模糊分类系数值

由于 FCC 很难确定合适的阈值，无法通过确定阈值的方法选取用于最终聚类的通道个数。本节使用不同通道数目用于 MvKFCM 算法来确定最终合适的通道个数。由各通道的 FCC 排序后由大到小逐个选取 2 个、3 个至 30 个视图采用 MvKFCM 进行聚类，计算出不同速度下的多通道的 FCC 值。图 5-9 展示了 MvKFCM 模型在不同速度下进行工况识别的 FCC 值随选取的通道个数变化的曲线。可以看出速度在 LDS40 至 LDS200 时，通道数为 2～5 具有较高的 FCC 值，当速度在 LDS220 时，通道数为 6～10 具有较高的 FCC 值，但随着通道数量的增加，FCC 值却在不断下降，这也说明并非参与聚类的视图越多，最终的识别结果越好。因此，可以根据这些变化趋势选择合适的视图数目。由于算法受初始化条件和参数的影响，为避免偶然性，本节的后续实验以不同速度下表现较好的 5 种通道数目进行工况识别，计算评价指标的均值用于实验结果的比较。

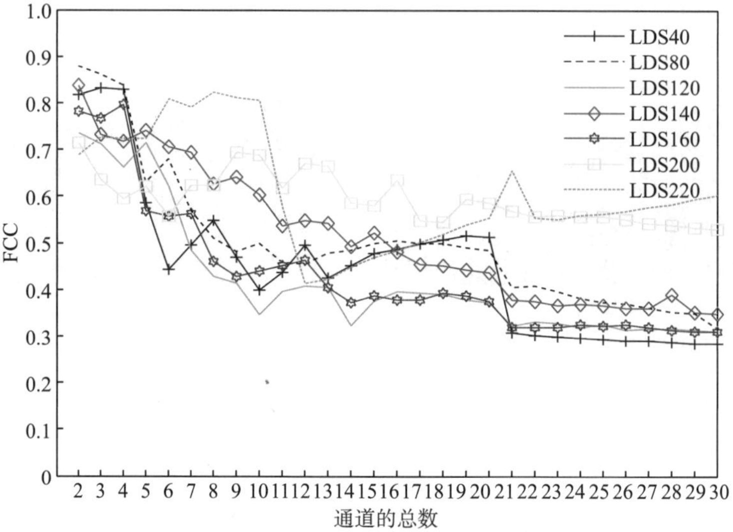

图 5-9 FCC 随集成通道个数变化的曲线图

表 5-4 中列出了不同速度下最大的单通道的 FCC 值，对比多通道 FCC 值，可以看出，不同的速度下，多通道的识别效果均明显优于单通道的识别结果。

表 5-4 LDS 的单通道和多通道的 FCC 值

速度	通道	
	单通道	多通道
LDS40	0.7975	**0.8328**
LDS80	0.8093	**0.8796**
LDS120	0.6068	**0.7355**
LDS140	0.6885	**0.7958**
LDS160	0.7680	**0.8390**
LDS200	0.6415	**0.7162**
LDS220	0.6506	**0.8241**

在表 5-5 中，NMI 的比较可以看出，MvKFCM 在 LDS40、LDS80、LDS160、LDS200 和 LDS220 等数据集上具有较好的识别效果；在 LDS120 数据集上，MVS 表现最好；在 LDS140 数据集上，MVKKM 达到最大值，效果最优。

表 5-5　不同的多视图算法的 NMI 值

速度	多视图算法				
	TWK	MVKKM	WRMVK	MVS	MvKFCM
LDS40	0.8374	0.8325	0.7655	0.8148	**0.8542**
LDS80	0.7478	0.7691	0.7638	0.8451	**0.8912**
LDS120	0.6918	0.8646	0.8541	**0.8742**	0.8005
LDS140	0.7766	**0.9549**	0.8288	0.9516	0.9240
LDS160	0.6815	0.8096	0.7452	0.7035	**0.8428**
LDS200	0.7243	0.8290	0.7205	0.7842	**0.8374**
LDS220	0.5097	0.6442	0.7046	0.6316	**0.7848**

在表 5-6 中，F1 的比较可以看出，MvKFCM 在 LDS40、LDS140、LDS160、LDS200 和 LDS220 等数据集上具有较好的识别效果；在 LDS80 和 LDS120 数据集上，MVS 具有最好的表现。

表 5-6　不同的多视图算法的 F1 值

速度	多视图算法				
	TWK	MVKKM	WRMVK	MVS	MvKFCM
LDS40	0.7536	0.8244	0.8300	0.8274	**0.9084**
LDS80	0.8581	0.7834	0.7292	**0.9186**	0.8553
LDS120	0.7984	0.7939	0.8479	**0.9196**	0.8368
LDS140	0.7809	0.9641	0.8335	0.9586	**0.9758**
LDS160	0.7172	0.8341	0.8356	0.8195	**0.8396**
LDS200	0.8114	0.8305	0.8294	0.7519	**0.8423**
LDS220	0.7024	0.7736	0.8111	0.7459	**0.8127**

在表 5-7 中，RI 的比较可以看出，MvKFCM 在 LDS40、LDS140、LDS200 和 LDS220 等数据集上具有较好的识别效果；而在 LDS80 和 LDS120 数据集上，MVS 表现最好；在 LDS160 数据集上，MVKKM 达到最高值。

表 5-7　不同的多视图算法的 RI 值

速度	多视图算法				
	TWK	MVKKM	WRMVK	MVS	MvKFCM
LDS40	0.8632	0.8523	0.8346	0.8323	**0.9061**
LDS80	0.8651	0.8073	0.7980	**0.9434**	0.8846
LDS120	0.8056	0.8412	0.8434	**0.9294**	0.8627
LDS140	0.9625	0.9685	0.9313	0.9643	**0.9765**
LDS160	0.7635	**0.8565**	0.8185	0.8259	0.8341
LDS200	0.8140	0.8245	0.8449	0.8391	**0.8813**
LDS220	0.7303	0.8226	0.7857	0.8173	**0.8978**

综合单通道和其他多视图方法的识别结果来看，MvKFCM 在大多数 LDS 数据集上能取得较好的识别结果。

5.4 基于相似度比率和深度信念网络的高速列车走行部工况识别模型

本节介绍一种基于相似度比率和深度信念网络的高速列车走行部工况识别模型。针对高速列车走行部工况识别中单通道的列车振动信号无法准确反映全部的故障信息的问题，该模型采用相似度比率作为通道筛选的准则，并构建多通道深度信念网络对振动信号进行特征学习和融合，从而实现高速列车走行部工况的识别。

5.4.1 深度信念网络

深度信念网络(deep belief network，DBN)[33]是由若干层受限玻尔兹曼机(restricted Boltzmann machines，RBM)堆叠组成的概率多层神经网络。图 5-10 展示了由两个 RBM 组成的 DBN 模型。DBN 模型的训练过程包含无监督预训练阶段和有监督微调阶段。无监督预训练阶段是为了学习数据的分布式特征，有监督微调阶段通过局部搜索进行精调。为了构建 DBN 模型，多个 RBM 以无监督方式逐层进行训练，低层 RBM 的输出作为高层 RBM 的输入，重复直到所有 RBM 训练完成。逐层的无监督预训练使 DBN 避免了陷入局部最优解和训练时间过长的问题。当预训练完成后，在顶层附加一个标签层，使用交叉熵共轭梯度下降算法和反向传播算法微调整个网络参数。DBN 可以自动地学习原始数据的特征，为高速列车工况识别的研究开拓了新的思路。

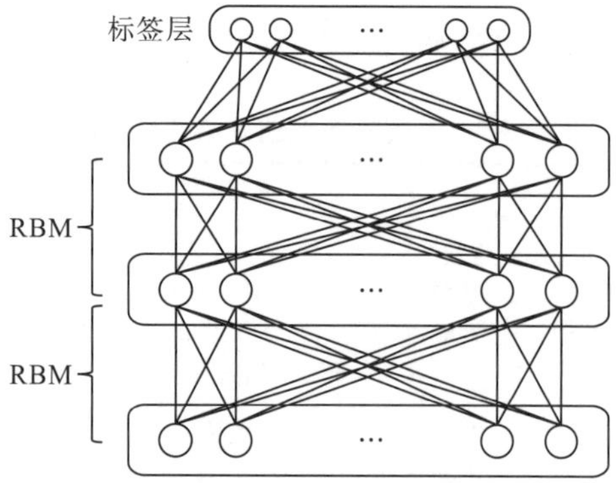

图 5-10 DBN 模型

高速列车走行部出现故障时，走行部的不同部位、同一部位的不同方向采集得到的振动信号不同，单一通道采集的振动信号无法准确地反映全部的故障信息，而利用全部通道采集的振动信号进行分析，又存在大量的冗余信息。因此，如何有效筛选出特征信息丰富的通道是一个关键问题。

为筛选特征信息丰富的通道，本节介绍一种基于相似度比率的通道筛选方法，同时描述了一个多通道深度信念网络(multi-channel deep belief network，MDBN)模型进行多通道数据的工况识别[34]。通过相似度比率进行通道筛选，然后将筛选的多通道振动信号与 MDBN 连接，利用 MDBN 的共联层(见 5.4.2 节的 MDBN 部分)实现特征信息的融合，并实现高速列车走行部工况识别。

5.4.2　基于相似度比率和 MDBN 的高速列车走行部工况识别模型

1. 模型框架

本节将详细介绍一种基于 MDBN 的高速列车工况识别模型，整体框架如图 5-11 所示。该模型主要包含三个部分：FFT 特征提取、相似度比率、MDBN。首先，使用 FFT 提取各通道特征；然后，使用相似度比率筛选出利于特征学习的列车振动信号的通道；最后，将根据相似度比率筛选的通道特征作为 MDBN 输入，进行多通道振动信号的工况识别。

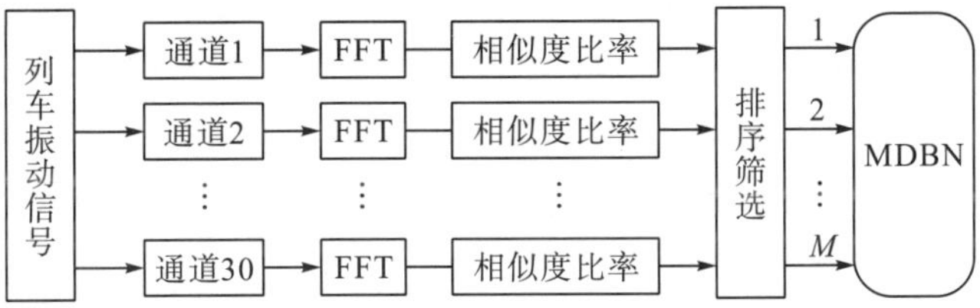

图 5-11　基于相似度比率和 MDBN 的高速列车走行部工况识别模型框架图

2. FFT

本节采用 FFT 进行特征提取，得到通道特征。FFT 的相关算法可参考 5.2.1 节。

3. 相似度比率

本节利用 MDBN 模型实现工况识别的前提是筛选出利于特征学习的列车振动信号通道。相似度比率算法能够衡量不同类别的区分能力，这为振动信号的通道筛选提供了参考。因此，本节把每个通道的相似度比率作为通道选择的准则。

在数据挖掘和机器学习中，常常要衡量两个样本之间的相似度。相似度反映了样本的分离或接近程度。相似性度量通常采用计算距离的方法。样本间的距离越大，相似度越小。假设样本集 $X=\{x_1,x_2,\cdots,x_n\}$ 有 n 个样本，其对应的标签为 $Y=\{y_1,y_2,\cdots,y_n\}$。对每个样本 $x_i=\{x_{i1},x_{i2},\cdots,x_{id}\}$，计算样本 $X=\{x_1,x_2,\cdots,x_n\}$ 集中全部样本之间的相似度，得到相似度矩阵：

$$\boldsymbol{P}=\begin{bmatrix}\mathrm{sim}(x_1,x_1) & \cdots & \mathrm{sim}(x_1,x_n)\\ \vdots & \mathrm{sim}(x_i,x_j) & \vdots \\ \mathrm{sim}(x_n,x_1) & \cdots & \mathrm{sim}(x_n,x_n)\end{bmatrix} \tag{5-51}$$

其中，$\mathrm{sim}(\cdot,\cdot)$ 表示相似度，常用的相似性度量包括：欧氏距离、马氏距离、切比雪夫距离、余弦距离、汉明距离、相关距离等。相似度的取值范围为[0,1]之间的实数。当相似度 $\mathrm{sim}(x_i,x_j)=1$ 时，表明样本 x_i 和样本 x_j 相同。当 $\mathrm{sim}(x_i,x_j)=0$ 时，表明样本 x_i 和样本 x_j 之间没有共性。

相似度比率 SimRatio 定义为类内相似度 P_s 和类间相似度 P_d 的比值：

$$\mathrm{SimRatio}=\frac{P_s}{P_d}=\frac{\sum_{i,j=1}^{n}p_{ij}\prod\left(y_i=y_j\right)}{\sum_{i,j=1}^{n}p_{ij}\prod\left(y_i\neq y_j\right)} \tag{5-52}$$

其中，$\prod(z)$ 为指示函数，若 z 为真则取 1，为假则取 0。样本集的类内相似度 P_s 越大，类间相似度 P_d 越小；相似度比率越大，就越容易区别不同类别的样本。

本节首先对 FFT 提取的各通道特征分别进行相似度比率计算，然后根据相似度比率由大到小进行排序筛选，并选取相似度比率较大的若干通道特征作为 MDBN 的输入，从而进行工况识别。

4. MDBN

为处理多个通道的高速列车走行部的振动信号数据，本节介绍 MDBN 模型。图 5-12 展示了具有三层网络的 MDBN 模型，其中，$\{v_1,v_2,\cdots,v_M\}$ 是 M 个通道的可视层输入；$\{h_1^1,h_2^1,\cdots,h_M^1\}$ 是 M 个通道的隐藏层状态。MDBN 模型使用多个并列的 DBN 采用无监督方式提取每个通道的高层抽象特征，首先将每个 DBN 的顶层连接在一起构成共联层 h^2，共联层 h^2 实现了多通道振动信号特征的融合；其次在共联层 h^2 上附加一个标签层 L，通过连接权值 G 自顶向下有监督地微调每一个 DBN；最后在标签层 L 输出样本的类别。

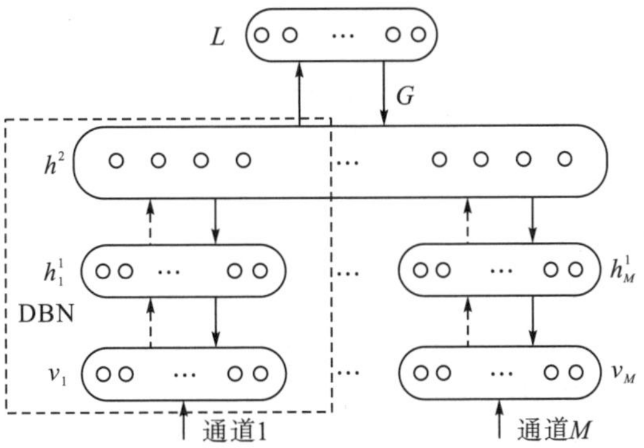

图 5-12　MDBN 模型

MDBN 模型多通道输入的联合概率分布为

$$
\begin{aligned}
P\left(v_1,v_2,\cdots,v_M,L;\theta\right) = & \sum_{h_1^1,h_2^1,\cdots,h_M^1,h^2} P\left(h_1^1,h_2^1,\cdots,h_M^1,h^2,L\right) \\
& \sum_{h_1^1} P\left(v_1,h_1^1\right)\cdots\sum_{h_s^1} P\left(v_s,h_s^1\right)\cdots\sum_{h_M^1} P\left(v_M,h_M^1\right)
\end{aligned}
\tag{5-53}
$$

其中，θ 为 MDBN 模型的参数；v_s 和 h_s^1 为第 S 个通道的可视层输入和隐藏层状态。MDBN 模型的参数学习可以采用 DBN 的参数学习策略。对于标签层，MDBN 模型采用 Logistic 函数：

$$
P(L_l = 1 \mid h^2) = \frac{\exp\left(\sum_{k=1}^{F_2} g_{lk} h_k^2\right)}{\sum_{l'=1}^{C} \exp\left(\sum_{k=1}^{F_2} g_{l'k} h_k^2\right)}
\tag{5-54}
$$

其中，$\boldsymbol{G} = [g_{lk}] \in \mathbb{R}^{C \times F_2}$ 表示共联层 h^2 和标签层 L 的连接权；F_2 表示共联层的单元数目；$\boldsymbol{L} = [L_l] \in \{0,1\}^C$ 表示类别标签向量；C 表示类别数目。

5.4.3　实验结果与分析

1. 数据集描述与评价指标

本节采用高速列车振动数据集进行实验，包括全拆数据集(complete demolished data sets，CDDS)和单拆数据集(incomplete demolished data sets，IDDS)。CDDS 是指把高速列车的空气弹簧、横向减振器和抗蛇行减振器三个部件全部拆除的情况下采集的振动信号，其记录了列车在 40～200km/h 之间 6 种速度的运行状况。IDDS 是在正常状态下以及对高速列车的空气弹簧、横向减振器和抗蛇行减振器分别拆除的状态下采集得到的 4 种工况数据集，其中正常状态下采集的数据为工况 1，空气弹簧失气状态下采集的数据为工况 2，横向减振器失效情况下采集的数据为工况 3，抗蛇行减振器故障情况下采集的数据为工况 4。

为了更进一步验证基于 MDBN 模型的工况识别性能，采用准确率(Accuracy)来对实验结果进行评价，其计算公式为

$$\text{Accuracy} = \frac{1}{N}\sum_{i=1}^{N}\prod\left[f\left(x_i\right) = y_i\right] \tag{5-55}$$

其中，N 为样本数；$f(x_i)$ 为第 i 个样本的预测值；y_i 为第 i 个样本的真实值；$\prod(z)$ 为指示函数，若 z 为真则取 1，为假则取 0。

2. 基准方法

为验证 MDBN 模型的工况识别性能，采用 CDDS 和 IDDS 分别进行实验，并与 DBN 以及基于多数投票(majority voting，MV)法、分类熵(classification entropy，CE)投票策略和胜者全胜(winner takes all，WTA)的三种单通道 DBN 层次集成模型[35](DBN-MV、DBN-CE 和 DBN-WTA)进行工况识别对比。

1)DBN

用 DBN 进行特征提取，然后利用学习到的特征训练分类器。

2)DBN 层次集成模型(DBN-MV、DBN-CE、DBN-WTA)

结合了 DBN 和分类集成的优点，首先使用 FFT 提取振动信号的特征作为可视层；其次使用 DBN 逐层学习层次特征；再次将 DBN 学习到的层次特征分别用于多个分类器的训练；最后分别采用基于 MV、CE 和 WTA 三种方法对多个分类器进行集成。

(1)DBN-MV：采用 MV 法对每个分类器的输出进行集成，MV 法是一种经典的集成学习方法，其使用多个基分类器对样本进行分类，并将该样本分到大多数分类器所分的类别。

(2)DBN-CE：采用基于 CE 的投票方法对多个分类器的输出进行集成，其不仅考虑了集成分类器的整体性能，还同时兼顾了每个分类器的局部性能。该方法能够自适应地控制每个分类器的权重。

(3)DBN-WTA：采用 WTA 法对每个分类器的输出进行集成，WTA 法是一种简单而有效的数据集成方法，其集成分类器输出结果由多个基分类器中分类性能最好的分类器所决定。WTA 集成策略中，多个基分类器相互竞争，更容易选择出最好的分类器。

3. 主要实验结果与分析

本节在 CDDS 上进行通道筛选，用 CDDS-c 表示第 c 个通道的全拆数据集，用 CDDS-c-s 表示通道 c 在速度 s km/h 的全拆数据集。实验用 FFT 对 30 个通道提取特征，计算每个通道特征的相似度比率，并由大到小进行排序。

图 5-13 展示了经过排序后 30 个通道特征的相似度比率。对于相似度比率很难确定合适的阈值，这就无法通过确定阈值的方法选取合适的通道个数。为此使用具有不同数目的通道特征作为 MDBN 模型输入以确定合适的通道个数，依次选取平均相似度比率较大的前 2～30 个通道特征输入 MDBN 模型。

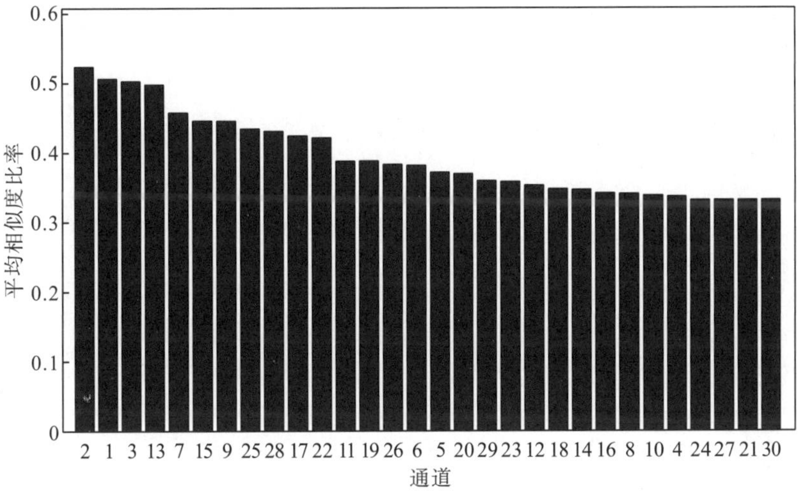

图 5-13　通道相似度比率

图 5-14 给出了不同通道数对 MDBN 模型准确率的影响。从图 5-14 中可以看出，当通道个数为 8 个，根据图 5-13 的相似度比率排序结果，选择排序前 8 的通道，即选择 CDDS-1、CDDS-2、CDDS-3、CDDS-7、CDDS-9、CDDS-13、CDDS-15、CDDS-25 时，MDBN 模型的识别性能最好。同时当通道数目一直增加，不同通道间产生的冗余特征信息增多，MDBN 模型的准确率逐渐下降。

为观察 MDBN 模型学习到的高层特征，根据选择的 8 个通道分别构建 CDDS 子集进行实验。具体来说，首先将每个通道的 CDDS 子集截取为 2500 个样本，每个样本 260 个采样点；然后使用 DBN 模型分别对构建的 8 个通道数据子集进行特征学习，同时，将 8 个通道的数据输入到 MDBN 模型，用于比较单通道和多通道模型学习到的特征分布。图 5-15 展示了所选择的 8 个通道振动信号经过随机

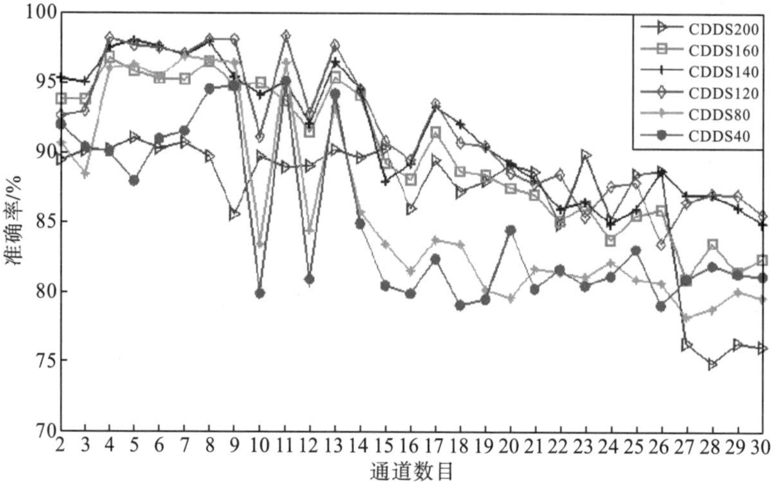

图 5-14 不同通道数对 MDBN 模型准确率的影响

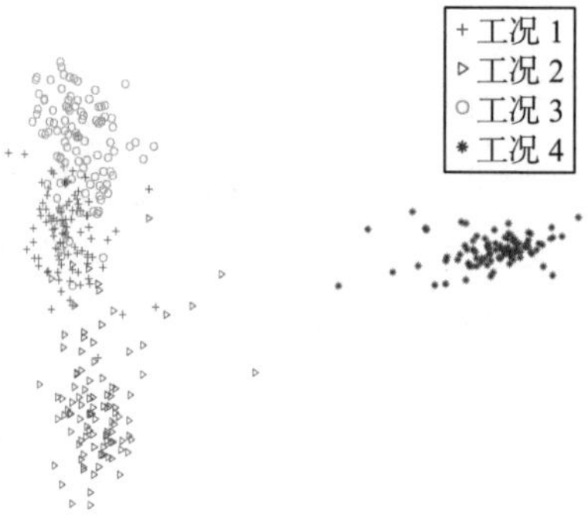

(a) CDDS-1-160在DBN的高层特征分布

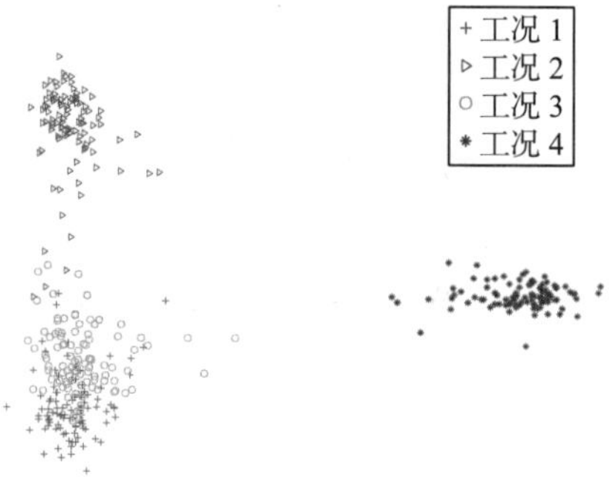

(b) CDDS-2-160在DBN的高层特征分布

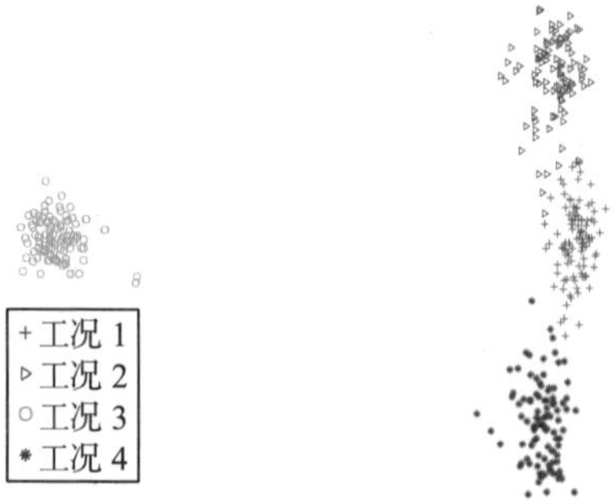

(c) CDD-9-160在DBN的高层特征分布

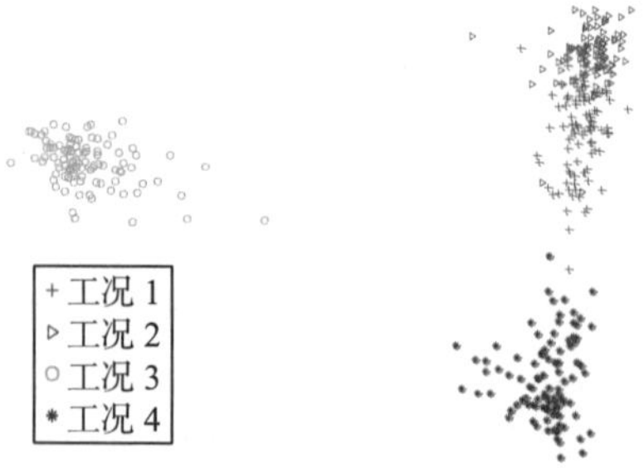

(d) CDD-13-160在DBN的高层特征分布

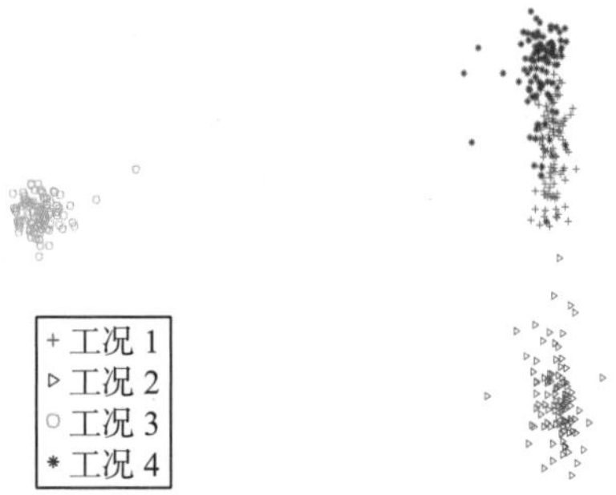

(e) CDDS-15-160在DBN的高层特征分布

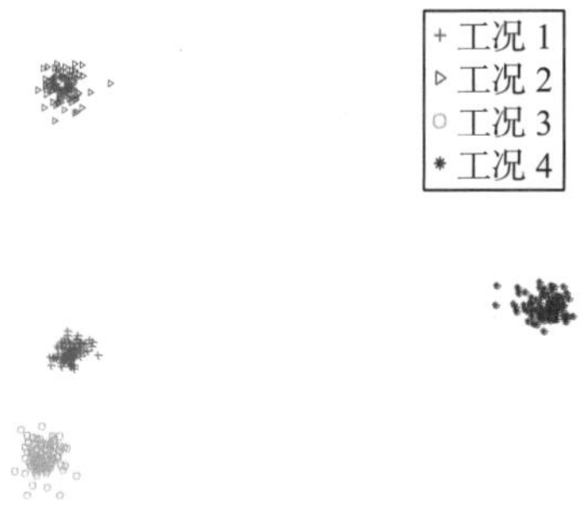

(f) MDBN模型的高层特征分布

图 5-15　单通道 DBN 模型和 MDBN 模型的高层特征分布

采样后 DBN 模型的高层特征图(为了便于展示，选择其中 5 个通道振动信号的高层特征图进行说明)，可以看出在不同通道中，不同工况具有明显的类间分离性。从图 5-15(a)可以看出，在 CDDS-1-160 数据子集上，工况 4 的类间分离性最好；从图 5-15(e)可以看出，在 CDDS-15-160 数据子集上，工况 3 和工况 2 的类间分离性较好；图 5-15(f)为 MDBN 模型学习到的高层特征分布，可以看出 4 种工况的类间分离性和类内紧凑性均优于单通道的 DBN 模型。这说明 MDBN 模型充分利用了不同通道间的互补信息，在共联层实现了特征信息的有效融合。

表 5-8 描述了不同基准模型与 MDBN 模型在 CDDS 不同速度下的工况识别准确率，DBN-c、DBN-MV-c、DBN-CE-c、DBN-WTA-c 分别代表 DBN、DBN-MV、DBN-CE、DBN-WTA 采用单个通道 c 作为模型输入，MDBN 采用 8 个通道数据作为输入。在同一通道 c 下，DBN-MV-c、DBN-CE-c、DBN-WTA-c 的准确率均高于 DBN-c。在相同的列车速度运行情况下，DBN-MV、DBN-CE、DBN-WTA 的工况识别准确率优于 DBN。在不同的列车速度运行情况下，MDBN 模型的平均准确率均高于 DBN、DBN-MV、DBN-CE、DBN-WTA。

表 5-8　CDDS 工况识别准确率(%)

项目	CDDS40	CDDS80	CDDS120	CDDS140	CDDS160	CDDS200	平均值
DBN-1	86.01	82.70	85.44	84.98	86.75	84.05	84.99
DBN-MV-1	86.05	83.34	85.56	85.27	87.86	84.09	85.36
DBN-CE-1	86.05	83.41	85.64	85.20	87.95	84.05	85.38
DBN-WTA-1	87.17	83.91	86.33	85.86	88.11	84.16	85.92
DBN-2	81.97	82.31	88.17	89.89	88.64	85.13	86.01
DBN-MV-2	82.83	82.44	89.03	90.20	89.58	86.04	86.69

续表

项目	CDDS40	CDDS80	CDDS120	CDDS140	CDDS160	CDDS200	平均值
DBN-CE-2	83.00	82.78	89.03	89.98	89.16	85.74	86.62
DBN-WTA-2	84.00	83.55	89.33	90.47	89.59	86.08	87.17
DBN-3	63.34	84.64	91.41	86.38	83.17	82.44	81.90
DBN-MV-3	66.02	85.55	92.86	86.69	83.98	83.92	83.17
DBN-CE-3	67.70	86.39	91.55	86.44	84.55	83.61	83.37
DBN-WTA-3	74.31	87.97	92.67	87.61	87.53	84.27	85.73
DBN-7	65.89	85.05	88.63	82.73	81.39	78.66	80.39
DBN-MV-7	67.06	85.75	88.63	82.44	83.72	79.89	81.25
DBN-CE-7	68.39	86.28	88.73	83.33	84.14	79.88	81.79
DBN-WTA-7	71.05	86.94	89.00	83.70	85.00	80.91	82.77
DBN-9	66.48	82.97	82.45	81.67	82.97	74.25	78.47
DBN-MV-9	67.27	83.30	82.58	82.59	83.14	74.27	78.86
DBN-CE-9	68.63	83.38	83.78	83.25	84.00	75.06	79.68
DBN-WTA-9	74.97	84.98	84.34	83.86	84.56	75.78	81.42
DBN-13	71.27	79.19	84.09	84.59	85.41	88.28	82.14
DBN-MV-13	74.00	81.14	84.11	85.23	86.14	88.89	83.25
DBN-CE-13	74.56	82.00	84.34	85.09	85.95	88.95	83.48
DBN-WTA-13	77.23	81.80	84.94	85.67	86.12	89.17	84.16
DBN-15	70.34	81.72	81.55	84.45	85.13	71.38	79.10
DBN-MV-15	71.84	81.75	82.13	85.03	85.42	73.02	79.87
DBN-CE-15	73.34	81.88	82.16	85.20	85.70	74.70	80.50
DBN-WTA-15	77.70	84.41	83.16	85.78	85.91	75.97	82.16
DBN-25	82.02	61.59	78.13	74.48	65.59	59.41	70.20
DBN-MV-25	82.28	61.52	79.11	75.56	66.30	60.06	70.81
DBN-CE-25	82.23	64.83	79.66	76.67	67.55	62.11	72.18
DBN-WTA-25	82.42	69.42	79.78	76.75	69.08	62.56	73.34
MDBN	**91.50**	**93.56**	**96.06**	**95.88**	**94.44**	**89.69**	**93.52**

图 5-16 展示了 4 种基准模型和 MDBN 模型在 IDDS 上的工况识别准确率，从中可以看出，MDBN 模型对 4 种工况的平均准确率最高。MDBN 模型对 4 种工况的识别准确率分别为 72.25%、96.63%、88.00%、85.63%，其中在工况 2 的准确率取得最高。实验结果验证了 MDBN 模型的工况识别能力优于 4 种基准模型。

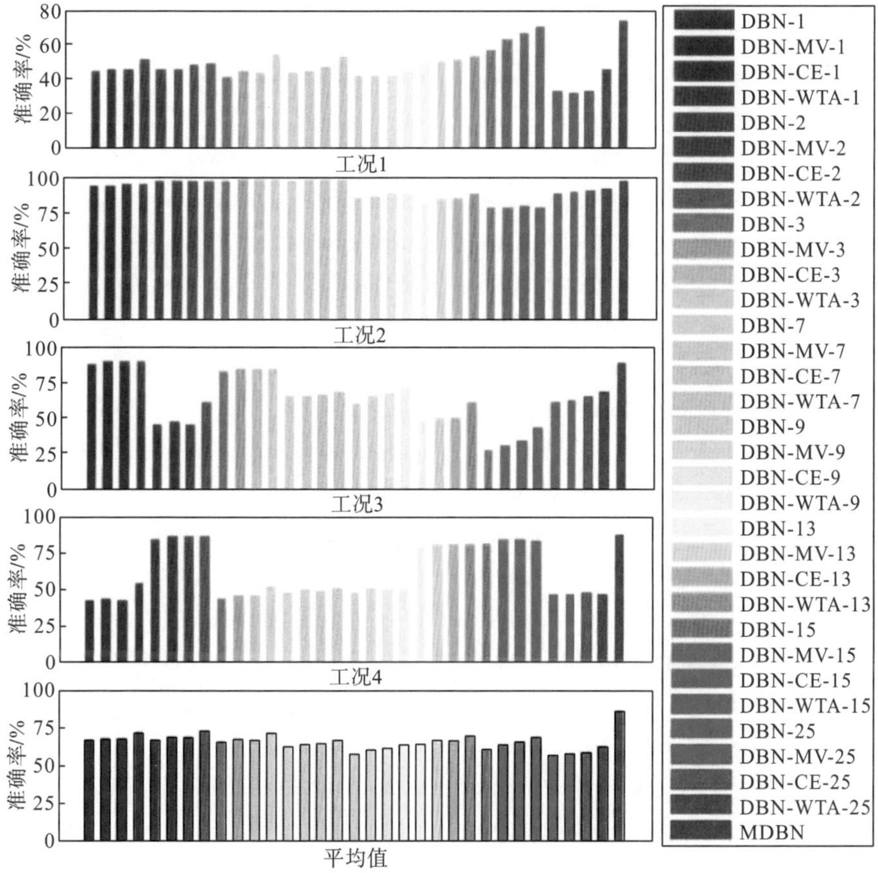

图 5-16　IDDS 工况识别准确率

参考文献

[1] 李天瑞, 李平. 高速铁路大数据技术. 北京: 中国铁道出版社有限公司, 2021: 137-167.

[2] Daubechies I. The wavelet transform, time-frequency localization and signal analysis. IEEE Transactions on Information Theory, 1990, 36(5): 961-1005.

[3] Zeiler A, Faltermeier R, Keck I R, et al. Empirical mode decomposition-an introduction. Proceedings of the International Joint Conference on Neural Networks, 2010: 1-8.

[4] Dragomiretskiy K, Zosso D. Variational mode decomposition. IEEE Transactions on Signal Processing, 2014, 62(3): 531-544.

[5] Liang P F, Wang W H, Yuan X M, et al. Intelligent fault diagnosis of rolling bearing based on wavelet transform and improved ResNet under noisy labels and environment. Engineering Applications of Artificial Intelligence, 2022, 115: 105269-105284.

[6] 李亚兰, 金炜东. 全矢 IMF 信息熵用于高速列车转向架故障诊断. 振动、测试与诊断, 2021, 41(5): 874-879.

[7] 于萍, 金炜东, 秦娜. 基于 EEMD 降噪和流形学习的高速列车走行部故障特征提取. 铁道学报, 2016, 38(4): 16-21

[8] 冯泽阳, 邬平波. 基于 SVM 的转向架故障诊断技术研究. 机械, 2020, 47(8): 37-43.

[9] Chen Z Y, Gryllias K, Li W H. Mechanical fault diagnosis using convolutional neural networks and extreme learning machine. Mechanical Systems and Signal Processing, 2019, 133: 106272.

[10] Xiao W C, Yang Y, Wang H J, et al. Semi-supervised hierarchical clustering ensemble and its application. Neurocomputing, 2016, 173: 1362-1376.

[11] Huang Y, Lin J H, Liu Z C, et al. A modified scale-space guiding variational mode decomposition for high-speed railway bearing fault diagnosis. Journal of Sound and Vibration, 2019, 444: 216-234.

[12] Luo H L, Bo L, Peng C, et al. Fault diagnosis for high-speed train axle-box bearing using simplified shallow information fusion convolutional neural network. Sensors, 2020, 20(17): 4930.

[13] Sun W Q, Deng A D, Deng M Q, et al. Multi-view feature fusion for rolling bearing fault diagnosis using random forest and autoencoder. 东南大学学报(英文版), 2019, 35(3): 302-309.

[14] Li X, Yang Y, Hu N Q, et al. Maximum margin Riemannian manifold-based hyperdisk for fault diagnosis of roller bearing with multi-channel fusion covariance matrix. Advanced Engineering Informatics, 2022, 51: 101513-101530.

[15] Kumar V, Minz S. Multi-view ensemble learning: an optimal feature set partitioning for high-dimensional data classification. Knowledge and Information Systems, 2016, 49(1): 1-59.

[16] Chang X J, Yang Y, Wang H. Multi-view construction for clustering based on feature set partitioning. Internation Joint Conference on Neural Networks, 2018: 2319-2326.

[17] 饶齐, 杨燕, 滕飞. 基于多视图加权聚类集成的高速列车工况识别. 中国科学技术大学学报, 2018, 48(1): 35-41.

[18] Rai V K, Mohanty A R. Bearing fault diagnosis using FFT of intrinsic mode functions in Hilbert-Huang transform. Mechanical Systems and Signal Processing, 2007, 21(6): 2607-2615.

[19] Jain A K. Data clustering: 50 years beyond k-means. Pattern Recognition Letters, 2010, 31(8): 651-666.

[20] Minaei-Bidgoli B, Topchy A, Punch W. A comparison of resampling methods for clustering ensembles. Proceedings of the International Conference on Artificial Intelligence, 2004: 939-945.

[21] Strehl A, Ghosh J. Cluster ensembles-A knowledge reuse framework for combining multiple partitions. Journal of Machine Learning Research, 2003, 3(3): 583-617.

[22] Zhou Z H, Tang W. Clusterer ensemble. Knowledge-Based Systems, 2006, 19(1): 77-83.

[23] Greene D, Cunningham P. A matrix factorization approach for integrating multiple data views. Proceedings of the European Conference on Machine Learning and Knowledge Discovery in Databases, 2009: 423-438.

[24] Xie X J, Sun S L. Multi-view clustering ensembles. Proceedings of the International Conference on Machine Learning and Cybernetics, 2013: 51-56.

[25] 张敏, 于剑. 基于划分的模糊聚类算法. 软件学报, 2004, 15(6): 858-868.

[26] 向玲, 郭鹏飞, 高楠, 等. 基于 IITD 和 FCM 聚类的滚动轴承故障诊断. 航空动力学报, 2018, 33(10): 2553-2560.

[27] 李毓磊, 杨扬, 段雯誉. 基于非负矩阵分解的高速列车走行部工况识别. 铁道通信信号, 2020, 56(1): 56-59.

[28] Rao Q, Yang Y, Jiang Y Q. Condition recognition of high-speed train bogie based on multi-view kernel FCM. Big Data Mining and Analytics, 2019, 2(1): 1-11.

[29] Graves D, Pedrycz W. Kernel-based fuzzy clustering and fuzzy clustering: a comparative experimental study. Fuzzy Sets and Systems, 2010, 161(4): 522-543.

[30] Tzortzis G, Likas A. Kernel-based weighted multi-view clustering. Proceedings of the 12th International Conference on Data Mining, 2012: 675-684.

[31] Chen X J, Xu X F, Huang J Z, et al. TW-k-means: automated two-level variable weighting clustering algorithm for multiview data. IEEE Transactions on Knowledge and Data Engineering, 2013, 25(4): 932-944.

[32] Cai X, Nie F P, Huang H. Multi-view k-means clustering on big data. Proceedings of the 23th International Joint Conference on Artificial Intelligence, 2013: 2598-2604.

[33] Hinton G E, Osindero S, Teh Y W. A fast learning algorithm for deep belief nets. Neural Computation, 2006, 18(7): 1527-1554.

[34] Guo C, Yang Y, Jiang Y Q, et al. Condition analysis of a high-speed train based on similarity ratio and MDBN. Computing in Science and Engineering, 2020, 22(1): 64-76.

[35] Guo C, Yang Y, Pan H, et al. Fault analysis of high speed train with DBN hierarchical ensemble. Proceedings of the International Joint Conference on Neural Networks, 2016: 2552-2559.

第 6 章　智能医疗疾病诊断中的多视图方法

本章主要介绍智能医疗疾病诊断中的多视图方法。首先对智能医疗疾病诊断中的多视图方法进行概述，然后介绍三种基于多视图的疾病诊断模型，包括基于多视图聚类的阿尔茨海默病进展预测模型、基于多视图深度学习的帕金森病筛查模型及基于多视图深度学习的癫痫检测模型。

6.1　智能医疗疾病诊断中多视图方法概述

智能医疗指计算机通过机器学习、深度学习和计算机视觉等各种技术，从数据中获取信息，以协助制定临床决策为目的，实现辅助诊断、疗法选择、风险预测、疾病分诊、减少医疗事故和提高效率等一系列功能[1]。基于医疗影像数据的智能医疗疾病诊断是非常重要的一方面，医疗影像数据处理的对象是各种不同成像机理的医学影像，临床广泛使用的医学成像种类主要有 X 射线成像(x-ray imaging，XI)、超声波成像(ultrasonic imaging，UI)、计算机断层扫描(computed tomography，CT)和磁共振成像(magnetic resonance imaging，MRI)4 类[2]。在目前的 4 类影像医疗诊断中，获得的影像数据常常具有多个视角，从而能够形成多视图数据。在临床中，医生主要是通过观察多个视角的影像数据进行分析，并结合医生的经验去发现病变体及其他感兴趣的区域。由于仅靠专家经验进行临床诊断效率低，专家的主观性也会造成误差等原因，利用计算机图像处理技术对多视图数据进行分析和处理，可以辅助医生对病变体及其他感兴趣的区域进行定性甚至定量的分析，从而大大提高医疗诊断的准确性和可靠性。通过智能化的方案，也可以自动地分析患者的全部历史病历，提示风险疾病，减小误诊概率。

利用计算机图像处理技术对病变等进行检测，非常适合引入多视图学习方法。例如，Setio 等[3]提出一种使用多视图卷积网络的肺结节智能医疗诊断系统，其架构包含多个二维卷积网络，分别处理从特定视图中提取的图像块，再将多个二维卷积网络的输出特征，通过特定的方法融合得到最终分类结果。Zhang 等[4]提出一种基于功能连接(functional connectivity，FC)网络的多视图特征学习方法，用于 MRI 中的轻度认知功能障碍(mild cognitive impairment，MCI)的诊断。Wang 等[5]

提出将端到端的框架用于自动分析多视图超声心动图，采用深度可分离卷积的多通道网络对超声心动图视频进行诊断，同样，利用计算机图像处理技术对病灶进行分割，也适合引入多视图学习方法。例如，Tang 等[6]设计一个多序列 MRI 引导的深度特征融合模型，该网络利用多通道 CNN 架构同时迭代学习 CT 图像和多序列 MRI 图像的深度特征，提升在 CT 图像上术后胶质瘤的分割结果。

无论是基于多视图学习的病变检测还是病灶分割，一般都是在现有的多视图学习模型架构上进行扩展与迁移，使其适用于医疗领域。就网络模型而言，多视图医疗模型主要面临的问题在于如何设计新颖有效的视图特征提取、对齐以及融合网络。换言之，多视图医疗模型的核心在于网络既要能够学习到每一个视图特有的表达，又要能够有效融合不同视图以学习不同视图之间的共有特性，使得特征融合后得到的图像特征对场景有更全面、清晰的描述，有利于人眼的识别和机器的自动探测。为了更好地设计多视图医疗模型，充分挖掘多视图数据蕴含的丰富语义信息，许多基于医学图像处理的多视图方法被提出。例如，Chen 等[7]整合了甲状腺结节超声图像、基于 U-Net 输出的特征以及最大相关和最小冗余算法选择的特征组成的三视图数据，通过多数投票机制提升诊断结果。该方法可用于序列图像诊断，以解决由于不同视图的特征差异导致的误诊结果。Lan 等[8]提出一种具有前导和长尾粒子群优化的多视图卷积神经网络，利用多视图的额外特征信息，用于加强心脏病和乳腺癌检测效果。Li 等[9]提出一种基于 LASSO 学习和稀疏学习的多视图特征选择算法，通过特征选择提取最能代表患者症状的特征子集，从而提高阿尔茨海默病的诊断率。Cao 等[10]基于随机森林提出一种具有差异性的方法，将不同视图投影到相同的描述空间中进行融合，从而帮助诊断和治疗癌症等疾病。

综上所述，如何设计新颖有效的多视图医疗模型仍是值得研究的问题。尽管目前已经有很多方法来解决这个挑战，但是针对一些具体医疗诊断应用上仍有改进的空间，本章针对三种常见高风险疾病的智能医疗诊断模型展开详述。

6.2　基于多视图聚类的阿尔茨海默病进展预测模型

本节首先对一致性多视图聚类的老年痴呆预测进行概述；其次介绍基于非负矩阵分解(NMF)的一致性多视图聚类模型；最后介绍相关的实验分析，并验证基于 NMF 的一致性多视图聚类模型应用于老年痴呆症进展预测的有效性和鲁棒性。

6.2.1　一致性多视图聚类的阿尔茨海默病预测概述

阿尔茨海默病(Alzheimer's disease，AD)统称老年痴呆症，作为一种老年人群多发性的慢性中枢神经系统退行性疾病，通常进展缓慢，不易发现，当出现疾病症状时会急剧恶化。我国和全球其他国家每年的老年痴呆症患者数量都只增不减，而且现阶段尚无较好的 AD 治疗方案及相关药物，现实医疗行业中临床医生的数量和医疗资源也非常有限。因此，对患者提前进行智能筛查，检测统计出患 AD 风险的概率，进而减轻临床诊断、护理等方面的负担显得极为重要。

本节介绍一种基于多视图的一致性聚类(consensus multi-view clustering，CMC)模型[11]，用于预测 AD 的多阶段进展，以辅助医学诊断和医学检测。该模型集成了一致性表达、NMF、多视图学习和聚类技术，能够执行预测 AD 多阶段进展的任务。

6.2.2 基于 NMF 的一致性多视图聚类模型

这里介绍一种基于 NMF 的一致性多视图聚类模型，该模型能够集成多视图数据中的多维特征，并自动学习一致性表达矩阵来辅助聚类。它能够融合不同视图数据的特征，特别是对于数量少、差异性小的多视图 MRI 数据，可获取比单视图数据更好的聚类结果。本节先从 NMF 开始介绍，再介绍关系矩阵，最后介绍基于多视图的一致性聚类(CMC)模型。

1. NMF

近年来，随着人工智能技术的快速发展，基于 NMF 的相关方法也得到了发展。例如，Huang 等[12]提出一种鲁棒流形非负矩阵分解(robust manifold nonnegative matrix factorization，RMNMF)方法，该方法使用了 $L_{2,1}$ 范数，并在聚类框架下集成了 NMF 和谱聚类。此外，提出了一个额外的正交约束来解决现有 NMF 算法的解的唯一性问题。在这些研究基础上，Lu 等[13]将结构不相干和低秩引入 NMF 算法中，并提出一种新的非负矩阵分解方法，同时考虑数据的结构不相干和低秩特性，用于图像分类。值得注意的是，在这些已有的研究工作中，NMF 算法具有处理复杂数据和提取潜在数据结构的功能。因此，本节利用 NMF 算法的特性获取每个视图数据的有效特征。由于第 5 章已对 NMF 算法做了相关的介绍，此处不做详细介绍。NMF 算法求解问题的具体公式可参考式(5-20)。

2. 关系矩阵

通常不同视图中的数据样本或实例可能具有相似的关系模式。因此，可考虑为每个视图建立近邻关系，并定义关系矩阵来辅助不同视图数据特征信息的集成。

为每个视图构造关系矩阵，第 k 个视图的关系矩阵 $\boldsymbol{S}^k$ 定义为

$$\boldsymbol{S}_{ij}^k = \begin{cases} 1 \\ 0 \end{cases} \tag{6-1}$$

其中，$\boldsymbol{S}_{ij}^k \in \mathbb{R}^{N\times N}$，式(6-1)描述的是一种二元关系，也就是说，如果第 i 个样本数据属于第 j 个样本数据的近邻数据集合，则 $\boldsymbol{S}_{ij}^k = 1$，否则 $\boldsymbol{S}_{ij}^k = 0$。

3. CMC 模型

本节使用 NMF 算法的特性来获得每个视图数据的有效特征，并结合相似的近邻模式融合来自多个视图的知识。这不仅能够融合不同视图之间的共享信息和互补信息，而且可以避免人为设置每个视图的参数，充分学习包含有效特征的一致性系数矩阵。

假设有 V 个视图对应于不同的特征集，$\boldsymbol{X} = \{X^{(1)},\cdots,X^{(V)}\}$ 表示原始的多视图数据矩阵，提出的目标函数 $\mathcal{L}$ 的定义为

$$\mathcal{L} = \sum_{k=1}^{V} \| \boldsymbol{X}^{(k)} - \boldsymbol{P}^{(k)}\boldsymbol{U}^{(k)} \|_F^2 + \lambda_1 \| \boldsymbol{P}^{(k)} \|_1 + \lambda_2 \| \boldsymbol{P}^{(k)} - \boldsymbol{S}^k \boldsymbol{P}^* \|_F^2 \tag{6-2}$$

$$\text{s.t. } \boldsymbol{U}^{(k)\mathrm{T}}\boldsymbol{U}^{(k)} = \boldsymbol{I}$$

其中，$\boldsymbol{X}^{(k)} \in \mathbb{R}^{N\times M_k}$ (N 是样本数量，M_k 是第 k 个视图数据的特征维数)；$\boldsymbol{P}^{(k)} \in \mathbb{R}^{N\times d}$ 是第 k 个视图数据的系数矩阵(d 是所有视图数据因式分解后的维度)；$\boldsymbol{U}^{(k)} \in \mathbb{R}^{d\times M_k}$ 是基矩阵；$\boldsymbol{P}^*$ 是一致性系数矩阵；λ_1 和 λ_2 是权重参数。在式(6-2)中，目标函数有三个步骤。

步骤 1：利用 NMF 的特性将原始数据分解为系数矩阵和基矩阵；

步骤 2：定义每个特征视图的 L_1 范式；

步骤 3：学习一个一致性系数矩阵 $\boldsymbol{P}^*$，使得每个特征视图都可以表示为特定的相似模式与特征一致性表达的乘积。

在步骤 2 中，引入 L_1 范式的研究动机是为了保持解的稀疏性和避免过度拟合的问题。此外，步骤 3 利用近邻模式和关系矩阵来连接多个视图，并从不同的数据视图中获取一致性和互补性信息，从而得到统一的多视图表示。基于以上步骤的操作，CMC 模型能够直接融合来自多个视图的数据特征，而不需要人为手动设置每个视图的权重。

CMC 模型的主要核心关键在于计算 $\boldsymbol{P}^{(k)}$、$\boldsymbol{U}^{(k)}$ 和 $\boldsymbol{P}^*$。对于式(6-2)，CMC 模型使用了一个改进方法来分别计算和求解 $\boldsymbol{P}^{(k)}$、$\boldsymbol{U}^{(k)}$ 和 $\boldsymbol{P}^*$，利用目标函数 $\mathcal{L}$ 逼近和求解 $\boldsymbol{P}^{(k)}$、$\boldsymbol{U}^{(k)}$ 和 $\boldsymbol{P}^*$ 的具体改进过程如下。

(1)为了推导求解$\boldsymbol{P}^{(k)}$，这里首先重写式(6-2)中的目标函数，如式(6-3)所示。

$$\begin{aligned}\mathcal{L} \Leftrightarrow & \operatorname{tr}\left[\boldsymbol{X}^{(k)\mathrm{T}} \boldsymbol{X}^{k}\right]+\operatorname{tr}\left[\boldsymbol{P}^{(k)\mathrm{T}} \boldsymbol{P}^{(k)}\right]-2 \operatorname{tr}\left[\boldsymbol{X}^{(k)\mathrm{T}} \boldsymbol{P}^{(k)} \boldsymbol{U}^{(k)}\right] \\ & +\lambda_{1}\|\boldsymbol{P}^{(k)}\|_{1}+\lambda_{2}\|\boldsymbol{P}^{(k)}-\boldsymbol{S}^{k} \boldsymbol{P}^{*}\|_{F}^{2}\end{aligned} \tag{6-3}$$

然后去掉与$\boldsymbol{P}^{(k)}$无关的项，式(6-3)简化如下(此处用$\mathcal{L}'$来表示结果)：

$$\begin{aligned}\mathcal{L}'= & \operatorname{tr}\left[\boldsymbol{P}^{(k)\mathrm{T}} \boldsymbol{P}^{k}\right]-2 \operatorname{tr}\left[\boldsymbol{X}^{(k)\mathrm{T}} \boldsymbol{P}^{(k)} \boldsymbol{U}^{(k)}\right] \\ & +\lambda_{1}\|\boldsymbol{P}^{(k)}\|_{1}+\lambda_{2}\|\boldsymbol{P}^{(k)}-\boldsymbol{S}^{k} \boldsymbol{P}^{*}\|_{F}^{2}\end{aligned} \tag{6-4}$$

为了更方便地求解$\boldsymbol{P}^{(k)}$，引入了$\boldsymbol{E}^{(k)}$和$\boldsymbol{F}^{(k)}$两个变量，其中变量$\boldsymbol{E}^{(k)}$的定义为

$$\boldsymbol{E}^{(k)}=(1+\lambda_{2})\boldsymbol{I} \tag{6-5}$$

变量$\boldsymbol{F}^{(k)}$的定义如下：

$$\boldsymbol{F}^{(k)}=\boldsymbol{X}^{(k)} \boldsymbol{U}^{(k)\mathrm{T}}+\lambda_{2} \boldsymbol{S}^{k} \boldsymbol{P}^{*} \tag{6-6}$$

这时，目标函数$\mathcal{L}'$被重新定义为

$$\begin{aligned}\mathcal{L}' & =\operatorname{tr}\left[\boldsymbol{P}^{(k)\mathrm{T}} \boldsymbol{E}^{(k)} \boldsymbol{P}^{(k)}\right]-2 \operatorname{tr}\left[\boldsymbol{F}^{(k)\mathrm{T}} \boldsymbol{P}^{(k)}\right]+\lambda_{1}\|\boldsymbol{P}^{(k)}\|_{1} \\ & =\left(1+\lambda_{2}\right) \operatorname{tr}\left[\boldsymbol{P}^{(k)\mathrm{T}} \boldsymbol{P}^{(k)}\right]-2 \operatorname{tr}\left[\boldsymbol{F}^{(k)\mathrm{T}} \boldsymbol{P}^{(k)}\right]+\lambda_{1}\|\boldsymbol{P}^{(k)}\|_{1}\end{aligned} \tag{6-7}$$

式(6-7)中与$\boldsymbol{P}^{(k)}$相关的推导求解过程为

$$\frac{\partial \mathcal{L}'}{\partial \boldsymbol{P}^{(k)}}=2\left(1+\lambda_{2}\right) \boldsymbol{P}^{(k)}-2 \boldsymbol{F}^{(k)\mathrm{T}} \tag{6-8}$$

进一步设置

$$\frac{\partial \mathcal{L}'}{\partial \boldsymbol{P}^{(k)}}=0 \tag{6-9}$$

推导求解得

$$\boldsymbol{P}^{(k)}=\frac{\boldsymbol{F}^{(k)\mathrm{T}}}{1+\lambda_{2}} \tag{6-10}$$

(2)为了推导求解$\boldsymbol{U}^{(k)}$，目标函数$\mathcal{L}$中与$\boldsymbol{U}^{(k)}$无关的项被去掉，得

$$\mathcal{L}=-2 \operatorname{tr}\left[\boldsymbol{X}^{(k)\mathrm{T}} \boldsymbol{P}^{(k)} \boldsymbol{U}^{(k)}\right] \tag{6-11}$$

然后得

$$\min(\mathcal{L}) \Leftrightarrow \max\left[\operatorname{tr}\left(\boldsymbol{X}^{(k)\mathrm{T}} \boldsymbol{P}^{(k)} \boldsymbol{U}^{(k)}\right)\right] \tag{6-12}$$

假设：

$$\operatorname{SVD}\left[\boldsymbol{X}^{(k)\mathrm{T}} \boldsymbol{P}^{(k)}\right]=\boldsymbol{A} \boldsymbol{\Sigma} \boldsymbol{B}^{\mathrm{T}} \tag{6-13}$$

其中，SVD 表示奇异值分解；$\boldsymbol{\Sigma}$表示半正定对角矩阵；$\boldsymbol{A}$和$\boldsymbol{B}$分别表示$\boldsymbol{X}^{(k)\mathrm{T}}\boldsymbol{P}^{(k)}$的左右奇异数组。这时，求解得

$$\boldsymbol{U}^{(k)}=\boldsymbol{A} \boldsymbol{B}^{\mathrm{T}} \tag{6-14}$$

(3) 为了求解 $\boldsymbol{P}^*$，目标函数 $\mathcal{L}$ 中与 $\boldsymbol{P}^*$ 无关的项也被去掉，这时的目标函数为

$$\mathcal{L}=\sum_{k=1}^{V}\|\boldsymbol{P}^{(k)}-\boldsymbol{S}^k\boldsymbol{P}^*\|_F^2 \tag{6-15}$$

其中，$\boldsymbol{S}^k$ 是指数据对象自身存在的先验知识，代表第 k 个视图数据集中数据样本之间的关系，即相似度。在 CMC 模型中，用这种先验关系作为权重来帮助学习一致性视图，能够更好地考虑每个视图本身所隐含的结构，从而在学习过程中获得更有效的一致性视图。

式 (6-15) 中与 $\partial\boldsymbol{P}^*$ 相关的推导求解过程为

$$\frac{\partial\mathcal{L}}{\partial\boldsymbol{P}^*}=2\sum_{k=1}^{V}\boldsymbol{S}^{(k)\mathrm{T}}\left[\boldsymbol{S}^k\boldsymbol{P}^*-\boldsymbol{P}^{(k)}\right] \tag{6-16}$$

进而设置：

$$\frac{\partial\mathcal{L}}{\partial\boldsymbol{P}^*}=0 \tag{6-17}$$

推导得

$$2\sum_{k=1}^{V}\boldsymbol{S}^{(k)\mathrm{T}}\boldsymbol{S}^k\boldsymbol{P}^*=2\sum_{k=1}^{V}\boldsymbol{S}^{(k)\mathrm{T}}\boldsymbol{P}^{(k)} \tag{6-18}$$

因此，$\boldsymbol{P}^*$ 被优化计算如下：

$$\boldsymbol{P}^*=\left[\sum_{k=1}^{V}\boldsymbol{S}^{(k)\mathrm{T}}\boldsymbol{S}^k\right]^{-1}\left[\sum_{k=1}^{V}\boldsymbol{S}^{(k)\mathrm{T}}\boldsymbol{P}^{(k)}\right] \tag{6-19}$$

综合上述，CMC 模型的总体优化过程如算法 6-1 所示。

算法 6-1　CMC 模型的优化算法

输入：原始多视图矩阵为 $\boldsymbol{X}=\{X^{(1)},\cdots,X^{(V)}\}$；一致表示的维数为 d；最大迭代次数为 maxiter；停止系数为 stop_a；

输出：$\boldsymbol{P}=\left\{P^1,P^2,\cdots,P^V\right\}$；$\boldsymbol{U}=\left\{U^1,U^2,\cdots,U^V\right\}$；$\boldsymbol{P}^*$；

1. 初始化系数矩阵 $\boldsymbol{P}=\left\{P^1,P^2,\cdots,P^V\right\}$；
2. 初始基矩阵 $\boldsymbol{U}=\left\{U^1,U^2,\cdots,U^V\right\}$；
3. 初始一致性系数矩阵 $\boldsymbol{P}^*$；
4. 初始代价函数 $\mathcal{L}$ 参考式 (6-3)；
5. for i=1: maxiter do
6. 　for　$k=1:V$ do
7. 　　根据式 (6-10) 更新 $\boldsymbol{P}^{(k)}$；
8. 　　根据式 (6-14) 更新 $\boldsymbol{U}^{(k)}$；
9. 　　根据式 (6-19) 更新 $\boldsymbol{P}^*$；
10. 　end for
11. 　正则化 P^* 的元素
12. 　if loss ≤ stop_a then；
13. 　　终止循环；
14. 　end if
15. end for
16. 返回 $\boldsymbol{P}$，$\boldsymbol{U}$，$\boldsymbol{P}^*$。

6.2.3 实验结果与分析

1. 数据集与评价指标

使用的人脑 MRI 数据集来自阿尔茨海默病神经影像倡议平台(Alzheimer's disease neuroimaging initiative platform，ADNI)[14]的 ADNI2 和 ADNI3 数据集，主要用来对所介绍的一致性多视图聚类模型 CMC 进行评估。

两个 MRI 数据集中的受试者样本类别共有 6 个，分别为正常(cognitively normal，CN)、主观记忆减退(subjective memory complaint，SMC)、早期轻度认知功能障碍(early mild cognitive impairment，EMCI)、轻度认知功能障碍(mild cognitive impairment，MCI)、晚期轻度认知功能障碍(late mild cognitive impairment，LMCI)和 AD。概括来讲，ADNI2 和 ADNI3 数据集的分类中有 1 种正常样本、4 种 AD 前期不同发展阶段的样本和 1 种确诊 AD 的样本。每个样本都具有 2 个视图，其中横切面 MRI(axial，AXI)作为视图 1，纵切面 MRI(sagittal，SAG)作为视图 2。这两个视图均有 6 个类别，并对应 AD 进展的多个阶段。这两个数据集的信息统计分别如表 6-1 和表 6-2 所示。

表 6-1　ADNI2 数据集信息统计

类别	样本数	视图 1	视图 2	多阶段
正常	287	2449	2480	阶段 1
主观记忆减退	110	709	567	阶段 2
早期轻度认知功能障碍	307	2753	2469	阶段 3
轻度认知功能障碍	79	296	406	阶段 4
晚期轻度认知功能障碍	176	1808	1658	阶段 5
AD	159	1150	1016	阶段 6

表 6-2　ADNI3 数据集信息统计

类别	样本数	视图 1	视图 2	多阶段
正常	408	471	998	阶段 1
主观记忆减退	48	64	122	阶段 2
早期轻度认知功能障碍	74	107	229	阶段 3
轻度认知功能障碍	143	173	362	阶段 4
晚期轻度认知功能障碍	35	54	105	阶段 5
AD	44	52	117	阶段 6

从表 6-1 和表 6-2 观察可知，ADNI2 和 ADNI3 数据集中视图 1 和视图 2 的 MRI 数据的总数量不相同。为了解决两个视图的数据量不一致的问题，可以从视图 1 和视图 2 中为每个样本裁剪像素大小为 256×256 的 MRI 图像，以保证两个视图数据量的一致性。具体来说，每个样本都有来自视图 1 和视图 2 的两个 MRI 图像，ADNI2 数据集最终使用的视图 1 和视图 2 均有 1118 个原始 MRI 图像，同时，ADNI3 数据集的视图 1 和视图 2 选取原始 MRI 图像数量均为 752。这里给出了 ADNI2 和 ADNI3 数据集中 AXI 和 SAG 两个视图中 6 个类别的 MRI 图像样本示例，如图 6-1 所示。

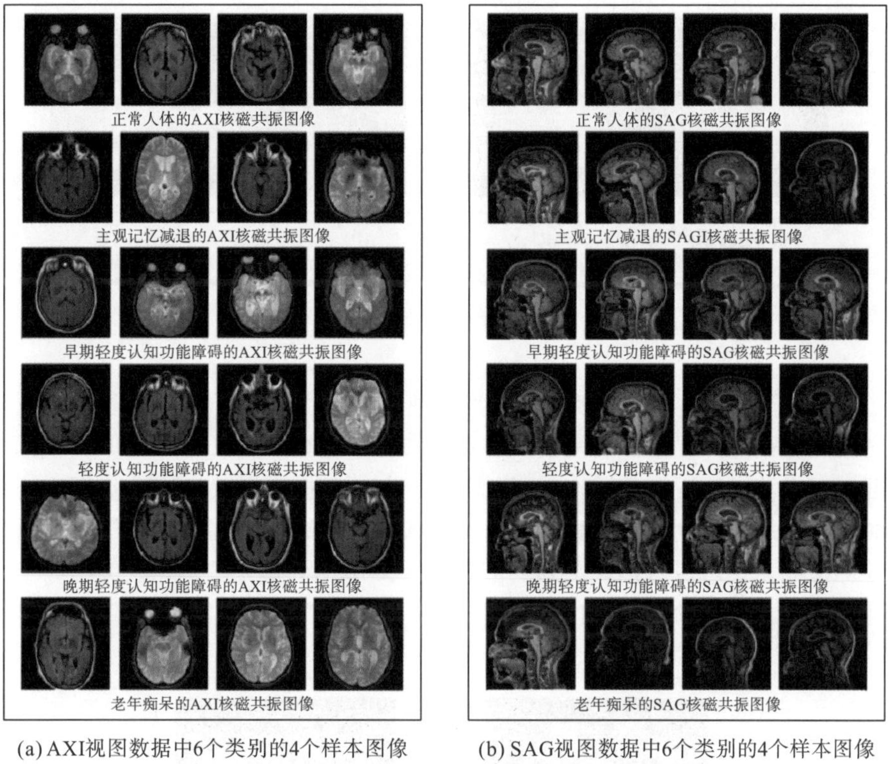

(a) AXI视图数据中6个类别的4个样本图像　(b) SAG视图数据中6个类别的4个样本图像

图 6-1　AXI 视图数据和 SAG 视图数据中的样本图像

此外，为了尽可能多地使用样本数据来训练 CMC 模型，本节在原始两个视图的基础上构造了 12 个视图的数据集。具体处理过程如下：首先，从 ADNI 平台随机选取了 AXI 和 SAG 两个视图的数据集；其次，分别用 SIFT 和 KAZE 方法对原始的两个视图数据集数据进行特征提取，构造 2 个视图的新数据集，再利用 Gabor 滤波技术将原始的 2 个视图和新构造的 2 个视图扩展为 8 个视图；最后，采用主成分分析和归一化处理方法对 12 个视图进行预处理，以得到丰富的特征。

下面进一步介绍用特征提取方法 SIFT、KAZE 和 Gabor 滤波技术构造多视图数据集的详细过程。

(1)基于 SIFT 方法的多视图数据构建。考虑到 SIFT 方法[15]处理图像时的尺度不变性，实验中选择 SIFT 特征提取方法对原始数据集进行局部特征提取来构建新的视图数据集。AXI 视图的一个 MRI 样本，通过 SIFT 方法提取图像特征后的视图如图 6-2(a)所示；SAG 视图的一个 MRI 样本，通过 SIFT 方法处理后的特征图像如图 6-2(b)所示。对图 6-2 的直观分析表明，不同人脑 MRI 之间的 SIFT 特征匹配提供了不同对象特征一致性的知识。

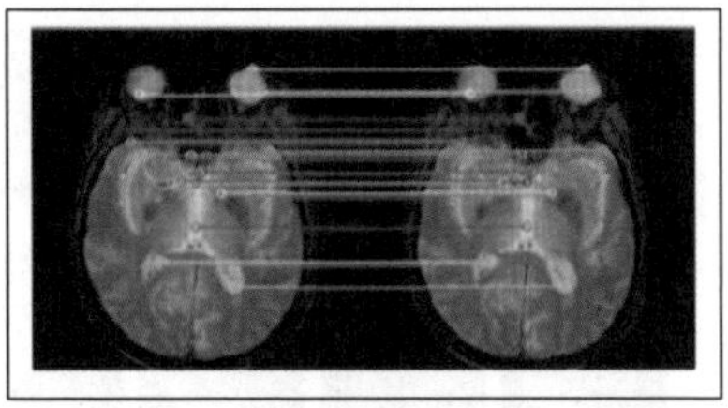

(a) 左：原始的AXI视图MRI；
右：原始MRI提取特征后的映射图

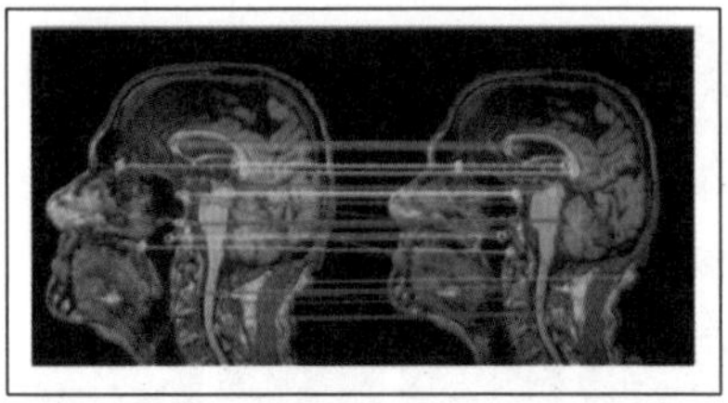

(b) 左：原始的SAG视图MRI；
右：原始MRI提取特征后的映射图

图 6-2 基于 SIFT 方法的多视图数据样本图

(2)基于 KAZE 方法的多视图数据构建。考虑到 KAZE 方法[16]基于非线性尺度空间的特征点，保留了图像细节信息，实验中选择 KAZE 方法对原始数据进行特征提取以获取新视图数据，AXI 视图的一个 MRI 样本提取 KAZE 特征后的图像如图 6-3(a)所示，同样 SAG 视图的一个 MRI 样本提取 KAZE 特征后的图像如图 6-3(b)所示。可以看出，图 6-3(a)和图 6-3(b)的关键点位置也已突出显示，有效地捕捉到了 MRI 的重要细节。

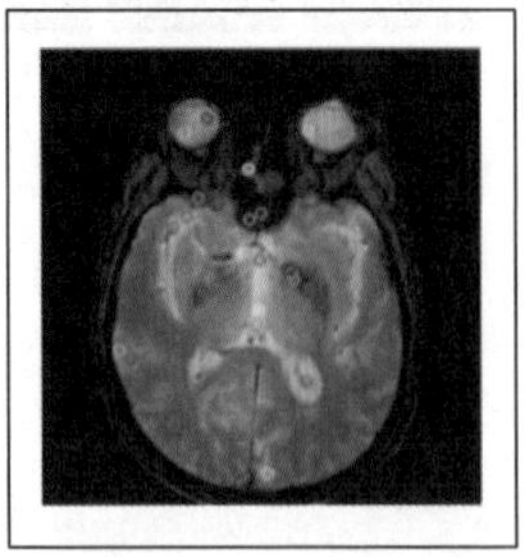

(a) 原始的AXI视图中MRI样本
及相应的KAZE特征映射图

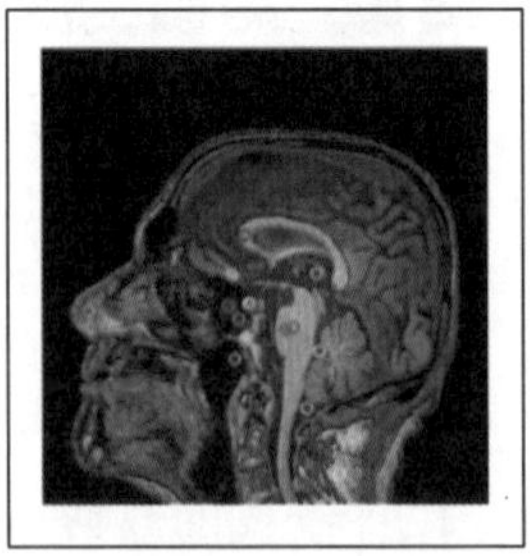

(b) 原始的SAG视图中MRI样本
及相应的KAZE特征映射图

图 6-3 基于 KAZE 方法的多视图数据样本图

(3) 基于 Gabor 滤波器方法的多视图数据构建。此外，考虑到 Gabor 滤波器[17]可提取不同尺度和方向的相关特征，为了进一步获得更多的视图数据，收集更多有效的信息，实验中采用了六个尺度的 Gabor 滤波器，提取了原始两个视图数据集数据在 0°、45°、90°、135°四个方向上的空间局部频率特征，通过这六个尺度和四个方向上的 Gabor 滤波器效果如图 6-4 所示。对图 6-4 的比较分析表明，当尺度设置为 15 时，Gabor 滤波器的性能最优越。因此，本节利用一个尺度为 15、四个方向分别为 0°、45°、90°、135°的 Gabor 滤波器构造了 8 个纹理特征视图数据集。通过 Gabor 滤波器从原始 AXI 视图的 MRI 数据集中筛选出的图像的样本示例如图 6-5 所示。对图 6-5 的直观分析显示了 Gabor 滤波器在尺度为 15、四个方向为 0°、45°、90°、135°时，处理原始 AXI 视图中 MRI 数据后构建的多视图数据样本效果(Gabor 滤波器处理原始 SAG 视图中 MRI 数据集后的新的多视图数据样本与图 6-5 非常相似，所以此处没有再显示)。

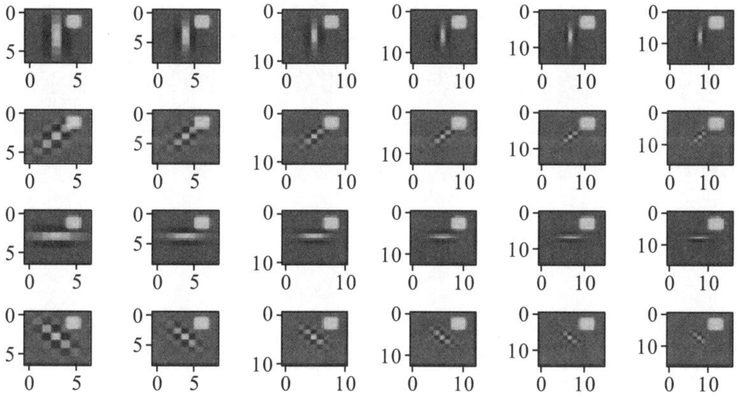

图 6-4　六个尺度和四个方向上的 Gabor 滤波器效果图

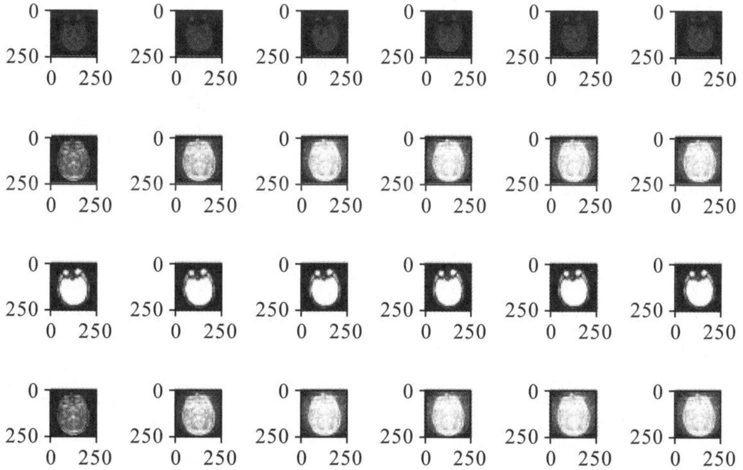

图 6-5　原始 AXI 视图中 MRI 数据集经过 Gabor 滤波器处理后的 24 个样本图像

(4) 多视图数据集预处理。在上述实验的基础上，将原始 2 个视图的 MRI 数据集扩展为 12 个视图的数据集，每个 MRI 数据都有 1024 个像素的特征，因此，ADNI2 数据集中每个视图数据集有 1118 个对象，每个对象有 1024 个特征和 6 个类别。同时，从 ADNI3 数据集中获得了 752 个对象，每个对象有 1024 个特征和 6 个类别。考虑到目前的大数据量和实验运行效率，需要对每个样本图像 1024 个特征的有用信息进行筛选和处理。在实验中，利用 PCA 算法对图像数据进行降维处理，同时保持了数据特征信息中的主要变化。采用 PCA 算法可以分别从 ADNI2 数据集中的每个样本图像选择 800 个特征，从 ADNI3 数据集中选择每个视图样本图像的 500 个特征，并进行了归一化处理。

对于模型评估指标的选取，本节采用了 4 个通用的聚类性能评估指标来衡量，分别是 ACC、NMI、F1 和调整兰德系数(adjusted Rand index，ARI)。

ARI 的计算方法如式(6-20)所示。

$$\mathrm{ARI}=\frac{\mathrm{RI}-E(\mathrm{RI})}{\max\left(\mathrm{RI}\right)-E(\mathrm{RI})} \tag{6-20}$$

其中，RI 表示兰德指数；$E(\mathrm{RI})$ 表示兰德指数的期望值；max 表示最大值。ARI 可以衡量两个数据分布的吻合程度，值越大意味着聚类结果与真实情况越吻合，$\mathrm{ARI}\in[-1,1]$。

2. 基准模型

对于基准模型的选取，本节将 CMC 模型与 2 种单视图、8 种多视图的聚类方法进行了比较，单视图聚类基准模型方法分别是 k 均值(*k*-means)算法[18]和近邻传播(affinity propagation，AP)算法[19]；多视图聚类基准模型方法分别是：多视图谱嵌入算法(multi-view spectrum embedding algorithm，MSE)[20]、加权鲁棒多视图 k 均值算法(weighted robust multiview k-means algorithm，WRMK)[21]、基于非负矩阵分解的多视图聚类算法(multi-view clustering algorithm based on NMF，MultiNMF)[22]、鲁棒多视图谱聚类算法(robust multi-view spectral clustering algorithm，RMSC)[23]、基于概念矩阵分解的多视图聚类算法(multi-view clustering algorithm based on concept matrix decomposition，MVCC)[24]、无参数自动加权多图学习算法(parameter-free automatic weighted multigraph learning algorithm，AMGL)[25]、自适应近邻多视图学习算法(adaptive nearest neighbor multi-view learning，MLAN)[26]和基于图的多视图聚类算法(graph based multi-view clustering algorithm，GMC)[27]。

在实验过程中，CMC 模型每个参数的设定值如表 6-3 所示，而其他基准模型的参数均按照其原始代码的设置来运行。

表 6-3　CMC 模型每个参数的设定值

参数	描述	取值
V	数据集的视图数	12
N	ADNI2 和 ADNI3 中每个视图的对象数	1118 和 752
D	矩阵维度	500
k	主成分分析法处理后的数据维度	800
lamp1	Trade-off 参数	0.5
lamp2	Trade-off 参数	0.4
maxiter	中间过程产生的矩阵数	200
$stop_a$	终止系数	0.1

3. 主要实验结果与分析

每个实验模型在 ADNI2 和 ADNI3 数据集多视图数据集的聚类性能评估指标 ACC、NMI、F1 和 ARI 的结果如表 6-4 所示。

表 6-4　每种聚类方法在 ADNI2 和 ADNI3 数据集中 12 个多视图数据集上的性能表现

指标	ADNI2				ADNI3			
	ACC	NMI	F1	ARI	ACC	NMI	F1	ARI
k-means 模型	0.2415	0.0047	0.2141	0.0017	0.3105	0.0052	0.3344	0.0009
AP 模型	0.2114	0.0163	0.1920	0.0043	0.3487	0.0050	0.3644	0.0057
MSE 模型	0.2865	0.0069	0.2933	0.0022	0.3513	0.0096	0.3464	0.0151
WRMK 模型	0.2971	0.0119	0.2647	0.0070	0.3096	0.0103	0.3086	0.0058
MultiNMF 模型	0.2746	0.0018	**0.4007**	0.0082	0.5426	0.0071	0.5169	0.0105
RMSC 模型	0.2526	0.0121	0.2565	**0.0085**	0.3065	0.0119	0.2996	0.0028
AMGL 模型	0.2823	0.0045	0.2749	0.0004	0.3793	0.0049	0.3953	0.0017
MVCC 模型	0.2745	0.0029	0.2565	0.0018	0.2980	0.0046	0.3093	0.0067
MLAN 模型	0.2951	0.0085	0.2921	0.0047	0.5452	0.0119	0.5367	0.0050
GMC 模型	0.2835	0.0021	0.3629	**0.0085**	0.5226	0.0064	0.5008	**0.0201**
CMC 模型	**0.3407**	**0.0213**	0.3216	0.0084	**0.5726**	**0.0260**	**0.5968**	0.0126

所有实验模型在 ADNI2 和 ADNI3 数据集的每个数据集上的最佳性能结果在表 6-4 中以粗体突出显示。值得注意的是，本节介绍的 CMC 模型在数据集 ADNI2 和 ADNI3 的 12 个多视图 MRI 数据集中的 ACC、NMI 评估指标中均获得了优异性能。这表明 CMC 模型能够捕获多视图 MRI 数据集更有效的特征和更丰富的信息。此外，本节的方法在 ARI 评估指标方面的性能不是很好，原因可能是本节中

的 AD 进度有 6 个阶段，即样本数据集分了 6 类状态，它们之间的距离和差异通常很小，同时可以看出，6 种多视图聚类方法相比 2 种基于单视图数据的聚类模型获得了更好的实验结果。

在 ADNI2 数据集的 12 个多视图数据集上，每个聚类模型的实验比较结果如图 6-6 所示，当 12 个多视图数据集来自 ADNI3 时，实验比较结果如图 6-7 所示。

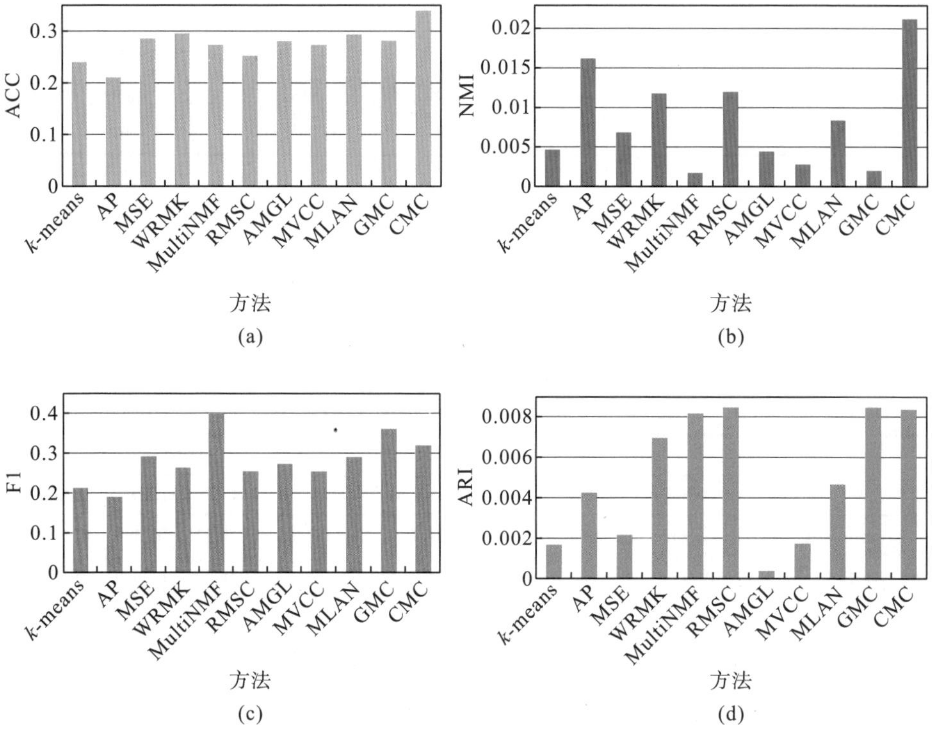

图 6-6 每个聚类模型在 ADNI2 数据集 12 个多视图数据集上的实验结果比较

通过对图 6-6 和图 6-7 的比较分析进一步表明，本节介绍的 CMC 模型在 ACC 和 NMI 评估指标方面均取得了最高值。图 6-6 和图 6-7 也有力地说明了多视图聚类模型的性能优于单视图聚类模型，这是因为在筛选 AD 病情进展的多阶段类别方面，多视图聚类比单视图聚类能够更有效地捕获 MRI 特征信息。此外，为了验证上述特征提取工具对其他数据视图的有用性和差异性，还分别在 ADNI2 和 ADNI3 数据集上实现了 CMC 模型在初始 2 个视图(即 AXI 和 SAG 视图)MRI 数据集上的聚类效果。CMC 模型的聚类与利用特征提取工具(SIFT、KAZE 和 Gabor 滤波器方法)对 2 个初始视图 MRI 数据集进行扩展的 12 个视图 MRI 数据集上聚类的对比实验结果如图 6-8 所示。从图 6-8 可以看出，CMC 模型基于 ADNI2 和

ADNI3 中 12 个视图的 MRI 数据集的聚类评估指标 ACC、NMI、F1 和 ARI 值明显高于初始 2 个视图数据集的聚类性能。实验比较结果表明，用这些特征提取工具得到的 12 个视图的 MRI 数据集比初始的 2 个视图数据集更有效。

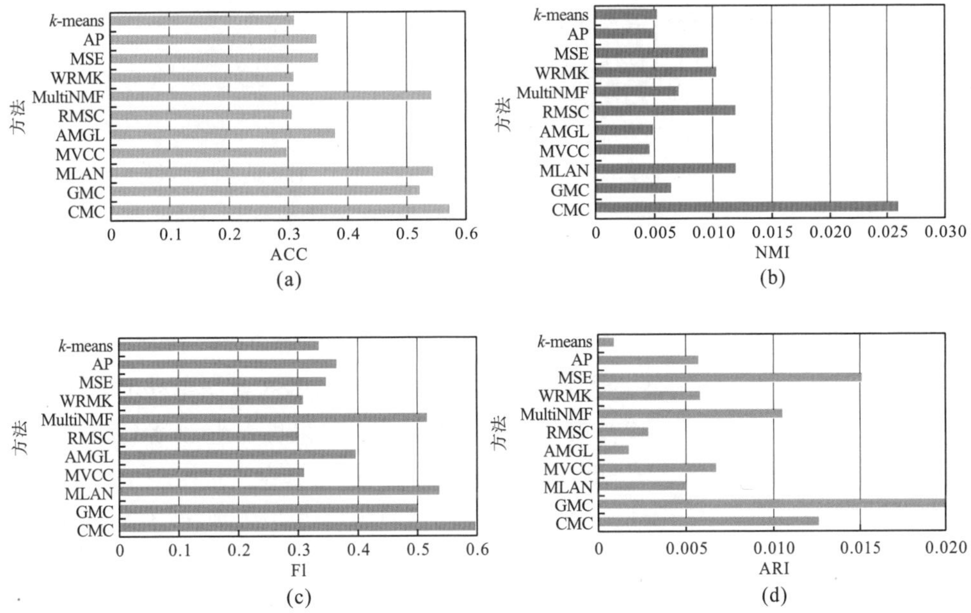

图 6-7　每个聚类模型在 ADNI3 数据集 12 个多视图数据集上的实验结果比较

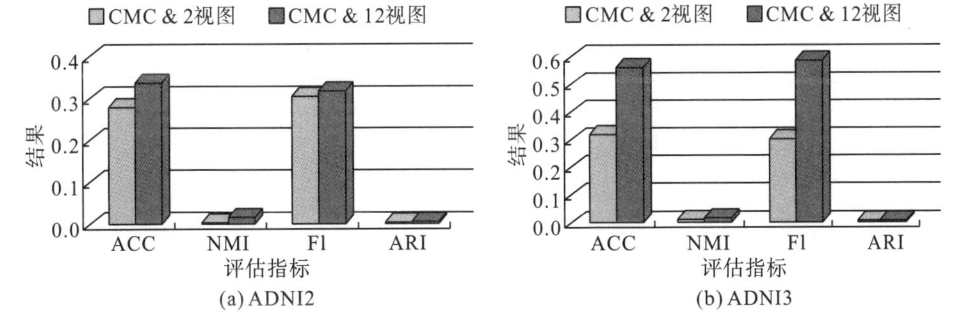

图 6-8　CMC 模型基于 ADNI2 和 ADNI3 初始 2 个视图和扩展后 12 个视图 MRI 数据集的聚类性能比较结果

为了进一步验证 CMC 模型对 ADNI2 和 ADNI3 数据集中样本数据的聚类效果，使用 t-分布随机近邻嵌入(t-distributed stochastic neighbor embedding，t-SNE)方法将样本数据集进行学习后的潜在表征可视化，具体效果如图 6-9 所示。

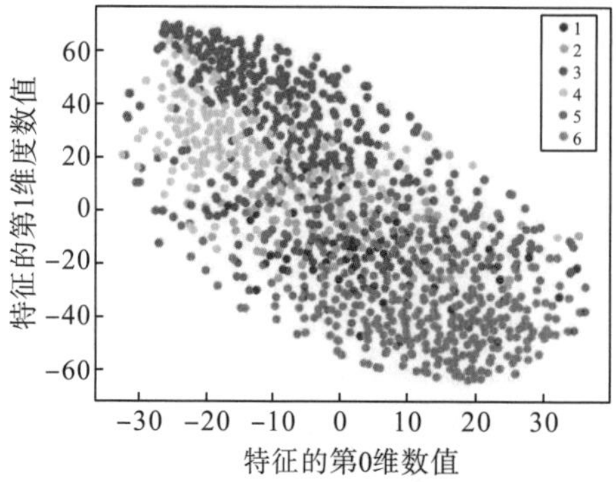

(a) ADNI2数据集样本数据的潜在表达的可视化结果

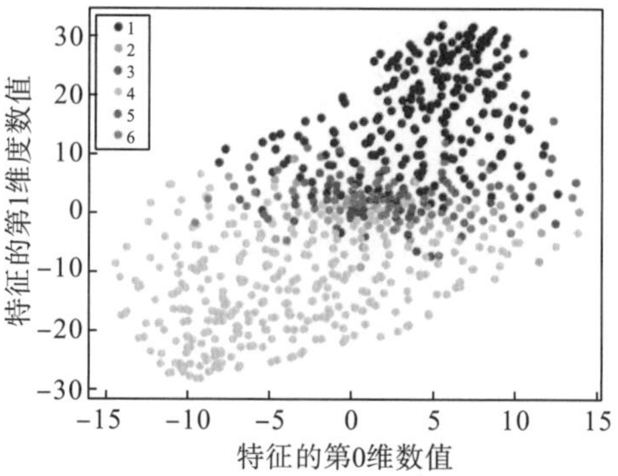

(b) ADNI3数据集样本数据的潜在表达的可视化结果

图 6-9 t-分布随机近邻嵌入方法效果图

图例中的数字(1,2,···,6)是指 MRI 数据集的 6 个类标签，即 CN、SMC、EMCI、MCI、LMCI 和 AD

很明显，图 6-9 中的聚类结果展示出 ADNI2 和 ADNI3 数据集样本的 6 个类别分别聚在了一起。从图 6-9 中得到的样本数据聚类结果也表明，CMC 模型能够挖掘 MRI 图像隐含的簇状结构并实现紧凑的潜在知识表达。

综上所述，CMC 模型在预测 AD 不同阶段进展的 6 个类别(即 CN、SMC、EMCI、MCI、LMCI 和 AD)方面效果最好。虽然从 ADNI2 和 ADNI3 数据集样本数据集中筛选 AD 多阶段进展的最高准确率分别只有 34.07%和 57.26%，但 CMC 模型仅使用了原始 MRI 图像数据集，没有融合任何其他的样本属性信息，如性别、年龄、基因等，同时，在实际研究中，若将 EMCI、MCI 和 LMCI 的样本数据作为统一的 MCI 整合到一个类别中，再使用 CMC 模型可以获得更好的聚类效果。可以说，本节介绍的 CMC 模型是一种有应用前景的无监督学习方法，能够用来预测更详细的 AD 进展阶段，为早期 AD 的智能医疗诊断提供了理论依据，因此具有极其重要的临床应用价值。

6.3 基于多视图深度学习的帕金森病筛查模型

本节首先对多视图深度学习的帕金森病筛查进行概述；其次介绍基于多视图深度学习的帕金森病筛查模型；最后通过大量的实验分析验证基于多视图深度学习的帕金森病筛查模型能够对帕金森病进行有效诊断。

6.3.1 多视图深度学习的帕金森病筛查概述

帕金森病(Parkinson's disease，PD)是一种影响运动的慢性神经退行性疾病，多出现于老年人群。这种疾病不仅会影响患者的生活质量，也会给家庭和社会带来沉重的负担。PD 的筛查旨在如何利用 MRI 的诊断数据来辅助预测、预防和延迟 PD 的恶化。

针对 PD 的筛查任务，本节介绍一种新的深度神经网络学习架构，称为具有宽视角(或多视图)的深度神经网络(deep neural networks with broad views，DBV)[28]。该模型的主要特点是：在 Wasserstein 生成对抗网络(Wasserstein generative adversarial networks，WGAN)[29]和残差变换卷积神经网络(residual transform convolution neural network，ResNeXt)[30]的基础上，联合学习多视图数据。

6.3.2　基于多视图深度学习的 PD 筛查模型

现有的智能医疗疾病诊断方法主要集中在 PD 的分类或预测上，而且多是基于单一视图的数据来研究机器学习分类方法对 PD 的辅助预测或诊断。相比之下，基于多视图的深度学习方法在 MRI 数据上对 PD 进行辅助筛查和诊断的研究还比较少。本节介绍一种基于多视图的 DBV 模型，能够对 PD 进行有效诊断。

1. DBV 模型框架

DBV 模型由数据预处理层、深度网络训练层和数据融合层组成，其主要架构如图 6-10 所示。DBV 模型的输入层包括两个独立的视图；一个是横切面磁共振成像(axial magnetic resonance imaging，AXI-MRI)视图；另一个是纵切面磁共振成像(sagittal magnetic resonance imaging，SAG-MRI)视图，这两个视图输入的数据集均包含原始样本数据和 WGAN 生成的数据。

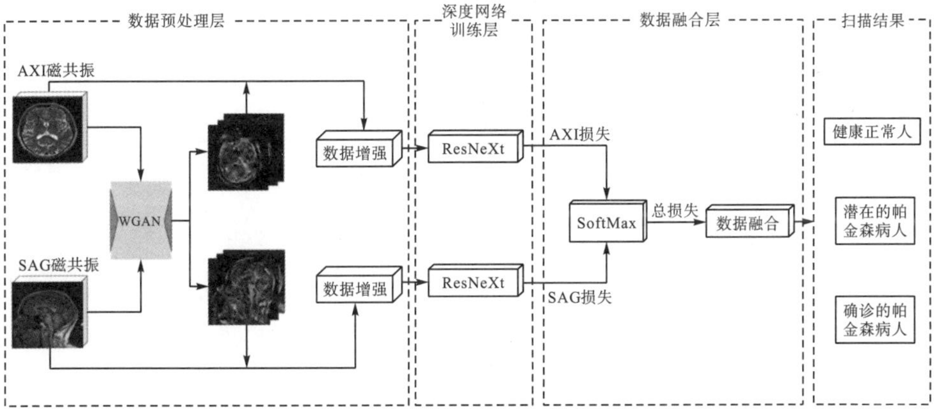

图 6-10　DBV 模型的主要架构图

在 DBV 模型中，首先在数据预处理层应用 WGAN 网络和 KIDRA[31]数据增强技术，以提高模型的鲁棒性；其次使用两个 ResNeXt 网络对两个不同的视图数据进行训练，这两个视图对应于各自的交叉熵损失，假定用 L_AXI 记录 AXI-MRI 视图的损失值，而用 L_SAG 记录 SAG-MRI 视图的损失值。DBV 模型基数为 32，瓶颈宽度为 4*d*，并采用随机梯度下降(stochastic gradient descent，SGD)算法作为优化器，同时，隐藏层通过向量连接起来，并将连接的向量输入到 SoftMax 层，该层也对应于一个交叉熵损失函数，其损失值用 L_ALL 记录；最后通过对以上三种损失值分配权重来实现多视图学习。三种损失值的线性融合方法如式(6-21)所示。

$$\mathcal{L} = W_1 \times \text{L\_AXI} + W_2 \times \text{L\_SAG} + W_3 \times \text{L\_ALL} \tag{6-21}$$

其中，W_1、W_2 和 W_3 是权重值的变量。

与其他实验基准模型相比，DBV 模型框架具有以下优势：

(1) DBV 模型集成的 WGAN 方法增加了潜在的帕金森病人类别 MRI 数据的数量，从而提高了自身的训练学习效率。

(2) DBV 模型使用了 keras 的图像数据生成器(keras′ image data generator api，KIDRA)方法对多视图的人脑 MRI 样本数据集进行了扩充，增强了样本数据的多样性，提高了 DBV 模型学习的鲁棒性。

(3) DBV 模型结合了多视图学习和线性融合方法的特点，能够学习更多不同视图数据的特征，以获得更高的 PD 筛选精度。

采用 DBV 模型框架，主要目的是建立一个基于人脑 MRI 数据的新型多视图深度学习网络模型，采用有监督学习的方法来筛选 PD。DBV 模型可能不是预测确诊 PD 的最佳模型，但其用于 PD 筛查的识别效果更具有临床医学意义。

2. WGAN 模型

DBV 模型中的 WGAN 是在原始 WGAN 模型的基础上，引入了约束器网络，并优化了超参，总体结构如图 6-11 所示。

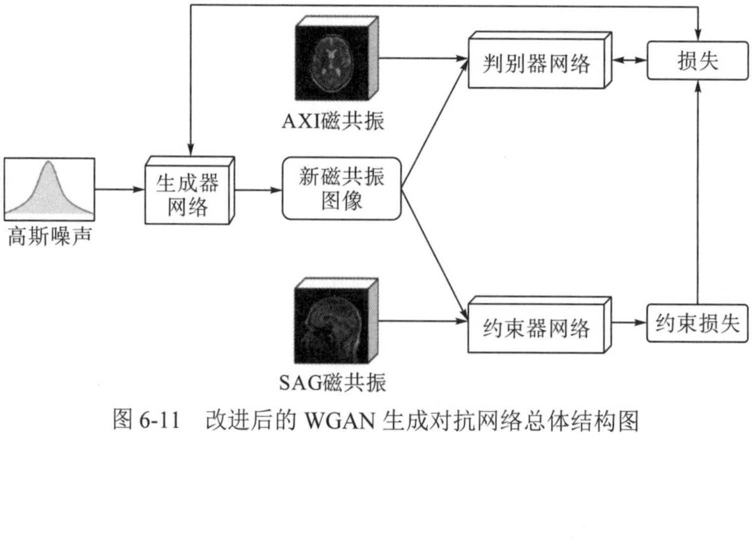

图 6-11　改进后的 WGAN 生成对抗网络总体结构图

新增约束器的损失函数如式(6-22)所示。

$$L_{\text{constraint}}(G,x')=E_{(x',z)}\left[M\left(G(z)\right)-M(x')\right]+\lambda_1\left(\left\|M\left(G(z)\right)\right\|_2^2+\left\|M(x')\right\|_2^2\right) \quad (6\text{-}22)$$

在式(6-22)中 $E_{(\cdot,\cdot)}$ 是指分布函数的期望值；x' 表示真实数据分布；M 表示约束器的映射输出；λ_1 为加权参数；而 $M\left(G(z)\right)-M(x')$ 表示生成数据分布与真实数据分布之间的 Wasserstein 距离，它代表了新生成数据分布和真实数据分布之间的差异性，称为类间距离；$\|M\left(G(z)\right)\|_2^2+\|M(x')\|_2^2$ 表示生成数据分布和真实数据分布之间的类内距离。

结合约束器的损失值，整个生成对抗网络的损失函数如式(6-23)所示。

$$L=\min_G\max_D L_{\text{WGAN}}(D,G)+\lambda_2[L_{\text{constraint}}(G,x')] \quad (6\text{-}23)$$

其中，D 表示判别器；G 表示生成对抗网络对高斯噪声 z 的操作；$L_{\text{WGAN}}(D,G)$ 表示 WGAN 原有损失；λ_2 表示加权参数。

图 6-11 中的判别器网络采用多层卷积进行堆叠提取特征，为确保判别器分辨真伪的性能，适当加厚了卷积层的层数，并使用跳跃连接计算残差，提高训练时梯度传播的效果。每个残差块包括 3 层卷积层，层与层之间使用 Leaky ReLU 激活函数，每个残差块后面使用下采样池化。改进 WGAN 中的判别器网络结构和残差块结构如图 6-12 所示。

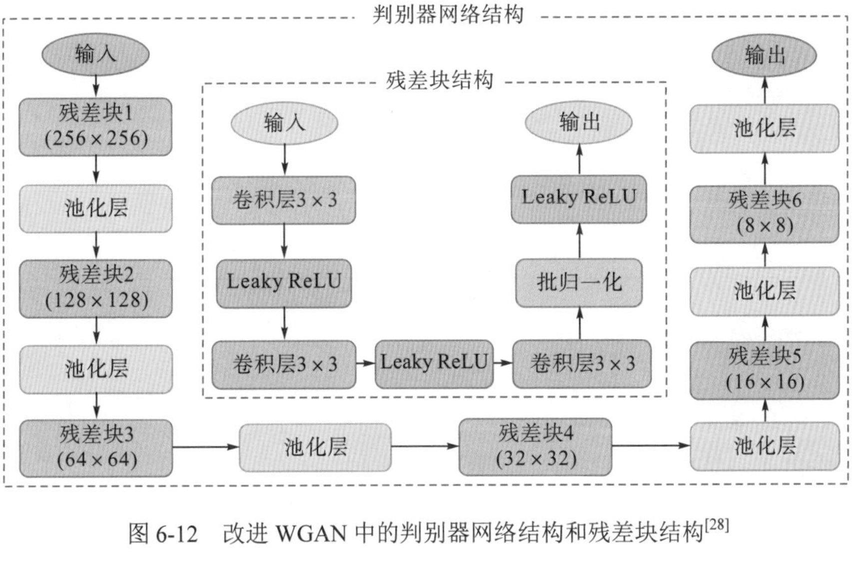

图 6-12　改进 WGAN 中的判别器网络结构和残差块结构[28]

在实验训练过程中先对生成对抗网络训练 10 次，再开始训练约束器，反复进行直到约束器的准确率达到稳定；在每次开始训练约束器前，需要将约束器参数重新初始化，以使得训练结果与上一次训练无关；生成器合成新的图像，判别器辨别新图像与真实图像之间的差异，同时，约束器约束新图像在 Wasserstein 距离上远离真实图像；重复训练，最终获得约束器准确率最高时的生成对抗网络模型，再利用该模型生成潜在的帕金森病人类别的新 MRI 数据，其整体生成对抗过程如算法 6-2 所示。

算法 6-2 WGAN 模型对抗生成 MRI 算法

输入：高斯噪声 z；初始的横切面视图 AXI 和纵切面视图 SAG 的 MRI 分布 x'；
输出：约束网络的损失函数 $L_{\text{constraint}}(G, x')$；WGAN 模型的损失函数 L；生成的 MRI 图像；
1. 初始化高斯噪声 z；
2. 初始化横切面视图 AXI 和纵切面视图 SAG 的 MRI 分布 x'；
3. 初始化约束网络的损失函数 $L_{\text{constraint}}(G, x')$；
4. 初始化 WGAN 模型的损失函数 L；
5. 高斯噪声 z 产生新的 MRI 图像；
6. 通过 x'和新产生的 MRI 图像训练判别器网络；
7. 通过 x'和新产生的 MRI 图像训练约束网络；
8. for epochs = 1: 18000 do
9. 　根据式(6-23)更新生成器网络参数，训练生成器；
10. 　梯度更新，优化生成器参数；
11. 　根据式(6-23)更新判别器网络参数，训练判别器；
12. 　梯度更新，优化判别器参数；
13. 　根据式(6-22)初始化约束网络参数，训练约束网络；
14. 　if 约束网络取得最高的准确率 then
15. 　　终止循环；
16. 　end if
17. end for
18. 返回 $L_{\text{constraint}}(G,x')$，$L$ 和新的 MRI 图像。

6.3.3 实验结果与分析

1. 数据集与评价指标

本节使用来自帕金森病进展标记倡议平台(Parkinson’s progression markers initiative，PPMI)[32]的多视图数据集进行实验，该实验数据集主要用来评估 DBV 模型筛查帕金森病的性能。

在实验数据集中，样本类别的数量分别为 163 名健康正常人、49 名潜在的帕金森病人(前驱性的帕金森病人)和 366 名确诊的帕金森病人，这三个类别中的每个样本均有两个视图。各视图下详细的 MRI 数量如表 6-5 所示。

表 6-5　原始 MRI 数据集 3 个类别样本中每个视图的 MRI 数量

类别	样本数	AXI 视图	SAG 视图
健康正常人	163	502	254
潜在的帕金森病人	49	171	102
确诊的帕金森病人	366	1474	844

在表 6-5 中，SAG 视图中的样本数量少于 AXI 视图数据集，为了使用尽可能多的数据来满足本节模型的输入，实验以 SAG 视图的数据集的数量为标准，为每个样本从 AXI 视图数据集中随机选择相同数量的 MRI，进而确保两个视图数据量的一致性。例如，每个样本有 7 个 AXI 视图的 MRI 数据和 5 个 SAG 视图的 MRI 数据，此时，5 个 SAG 视图 MRI 数据都选择使用，并随机选取 5 个 AXI 视图的 MRI 数据，最后得到两种视图的数据，每个视图均有 5 个 MRI 数据。在本次实验中，假设每个 MRI 数据都是一个新样本，因此，AXI 视图和 SAG 视图的数据集分别具有 1200 个原始的 MRI 数据集。原始 AXI 和 SAG 视图数据集中每个样本类别的 4 个 MRI 数据，如图 6-13 所示。

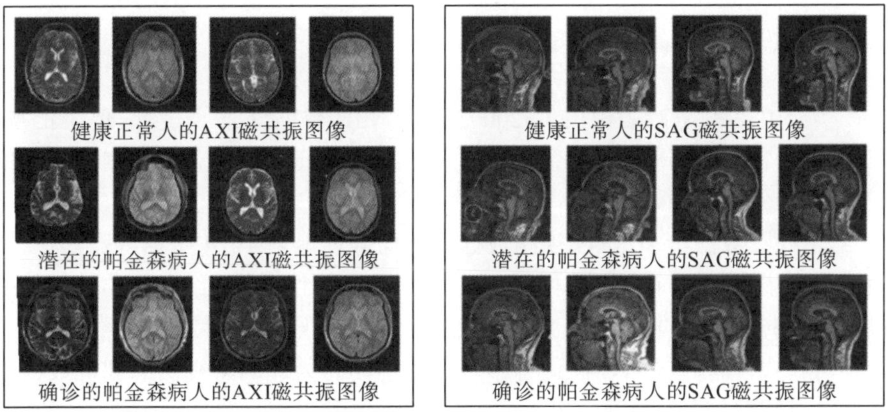

图 6-13　原始 MRI 数据集每个视图 3 个类别样本中的 4 个 MRI

本实验从 PPMI 获得的初始人脑 MRI 数据集，选择了 578 个受试者样本，包含 1200 个原始 AXI 和 1200 个 SAG 视图的数据集，共三个类别；然后，使用 WGAN 方法从原始数据生成 400 个 AXI 视图的 MRI 数据和 400 个 SAG 视图的 MRI 数据，再分别从两个视图各 1600 个 MRI 图像数据样本中，选取 80%作为训练数据集和验证数据集，将剩余 20%的样本作为测试数据集，同时，训练和验证数据集的数量比例分配为 8∶2。此外，通过 KIDRA 方法扩充增强两个视图中的训练数据集和使用 ACC 作为评估指标。

2. 基准模型

将多视图学习和线性融合技术引入到深度学习网络中，在预处理后的多视图MRI 数据集上运行 LeNet[33]模型、AlexNet[34]模型、ResNet[35]模型、ResNeXt[30]模型、DenseNet[36]模型和本节介绍的 DBV 模型，并比较了 DBV 与这些基准模型的分类性能。

(1) LeNet[33]模型：是深度学习卷积神经网络中经典的基本模型之一，也是其他深度学习模型的基础。LeNet 模型由 1 个卷积层、2 个池化层和 1 个全连接层组成。

(2) AlexNet[34]模型：是图像分类应用中经典的卷积神经网络结构模型。LeNet模型由 5 个卷积层、2 个池化层和 3 个全连接层组成。

(3) ResNet[35]模型：是一种残差网络结构模型。

(4) ResNeXt[30]模型：是一种改进的 ResNet 网络结构模型，它改进了 ResNet模型的 block 单元。

(5) DenseNet[36]模型：是一个深层次的网络结构模型，其参数较少，每一个网络层从前一层获取完整的信息输入，然后将自身的特征映射转移到后续层，这样能够增强特征映射的传输，减少深度学习的梯度消失问题。

3. 主要实验结果与分析

在实验中，将两个视图中的 3200 个人脑 MRI 数据分成了三类：健康正常人、潜在的帕金森病人和确诊的帕金森病人。训练和验证数据集总和与测试数据集按8∶2 的比例分配，训练数据集和验证数据集也按 8∶2 的比例分配，因此，在这两个 AXI 视图数据集和 SAG 视图数据集中均分别得到 1024 个训练数据集、256个验证数据集和 320 个测试数据集。实验过程中每个深度神经网络的输入都是一个张量为[256，256，1]的 MRI 图像。DBV 模型基于 ResNeXt 神经网络，结合多视图学习和线性融合技术，在训练学习过程中同时处理两个视图的训练数据集，而其他神经网络则分别从两个视图的训练数据集学习模型。随着训练次数的增加，参数的变化会越来越小，DBV 模型的学习率随训练次数而变化，初始学习率设定为 0.001。当训练次数超过设定次数的一半时，学习率降低为原始的 1/10，每个批次的通道宽度设置为 32 个样本(即批次大小取 32)，根据训练数据结果，每个模型的训练时间即迭代轮次设定为 30。

在数据融合的过程中，AXI 视图和 SAG 视图的训练数据集同时由两个ResNeXt 网络训练，对应两个交叉熵损失(即 L_AXI 和 L_SAG)。此外，还产生了另一个连接向量的交叉熵损失(即 L_ALL)。因此，对 L_AXI、L_SAG 和 L_ALL的损失值进行了对比实验，对应的权重分别为 W_1、W_2 和 W_3。在实验结果中，当 W_1设置为 1.0，W_2 设置为 0.5，W_3 设置为 0.7 时，数据融合的性能最好。

DBV 模型和各基准模型在 AXI 视图训练数据集上的分类准确率如表 6-6 所示，同时，在 SAG 视图训练数据集上的分类准确率如表 6-7 所示。

表 6-6　在 AXI 视图训练数据集上的分类准确率(%)

迭代轮数	LeNet 模型	AlexNet 模型	ResNet 模型	ResNeXt 模型	DenseNet 模型	DBV 模型(本节)
5	43.56	39.57	36.79	47.27	44.47	**50.34**
10	57.79	43.22	43.45	56.31	56.74	**58.14**
15	64.71	54.19	53.96	**68.35**	65.96	67.33
20	**75.76**	62.96	64.11	75.39	70.58	74.69
25	79.42	77.89	70.09	77.45	72.41	**79.62**
30	79.23	78.15	71.32	77.07	72.89	**79.77**

表 6-7　在 SAG 视图训练数据集上的分类准确率(%)

迭代轮数	LeNet 模型	AlexNet 模型	ResNet 模型	ResNeXt 模型	DenseNet 模型	DBV 模型(本节)
5	34.66	40.17	37.13	41.42	39.04	**50.34**
10	47.32	47.88	46.32	54.74	44.58	**58.14**
15	58.88	56.31	54.44	59.15	59.12	**67.33**
20	67.35	64.77	68.79	67.76	66.41	**74.69**
25	72.11	73.39	67.31	73.58	72.07	**79.62**
30	73.09	73.68	68.57	74.21	71.88	**79.77**

从表 6-6 中可看出，除了迭代轮数为 15 时的 ResNeXt 模型和迭代轮数为 20 时的 LeNet 模型外，DBV 模型基于其他迭代轮数的训练准确率值都高于其他基准模型。在表 6-7 中，DBV 模型基于不同迭代轮数的训练准确率值均优于其他基准模型，而当迭代轮数为 30 时获得最高准确率值 79.77%。

图 6-14 展示实验中 DBV 模型和各基准模型在 AXI 视图训练数据集上的分类准确率的比较结果；图 6-15 展示实验中 DBV 模型和各基准模型在 SAG 视图训练数据集上的分类准确率的比较结果。从图 6-14 和图 6-15 可看出，在使用两个视图的训练数据集训练学习后，DBV 模型的准确率整体高于其他基准模型。

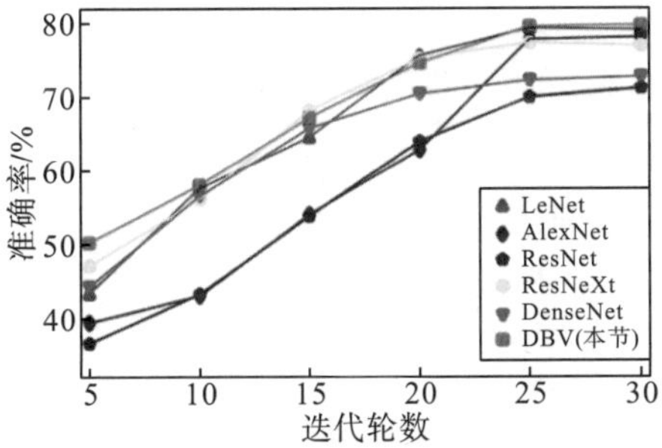

图 6-14　训练过程中基于 AXI 视图数据的准确率比较

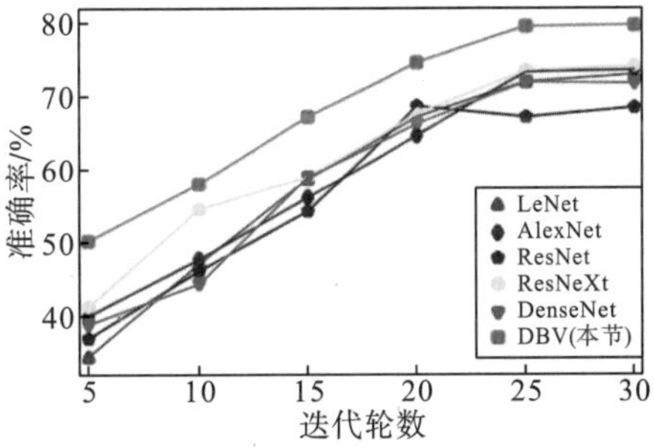

图 6-15　训练过程中基于 SAG 视图数据的准确率比较

DBV 模型和各基准模型在 AXI 视图和 SAG 视图的 512 个验证数据集上的分类准确率对比结果，分别如图 6-16 和图 6-17 所示。图 6-16 和图 6-17 的结果比较表明，DBV 模型与各基准模型相比，准确率最高。其验证过程结果与训练学习过程结果也类似，这验证了 DBV 模型的有效性和稳定性。

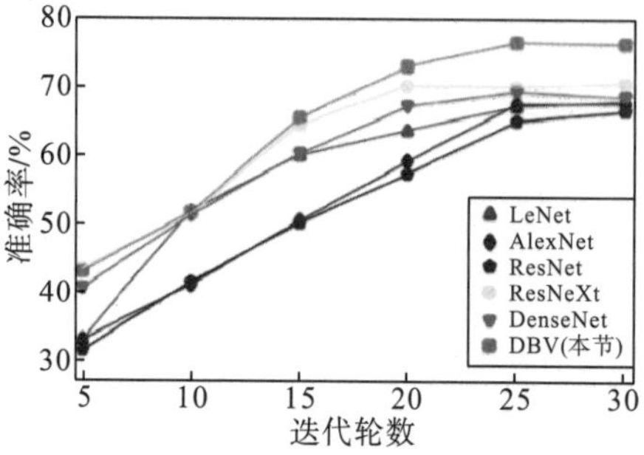

图 6-16 验证过程中基于 AXI 视图数据的准确率比较

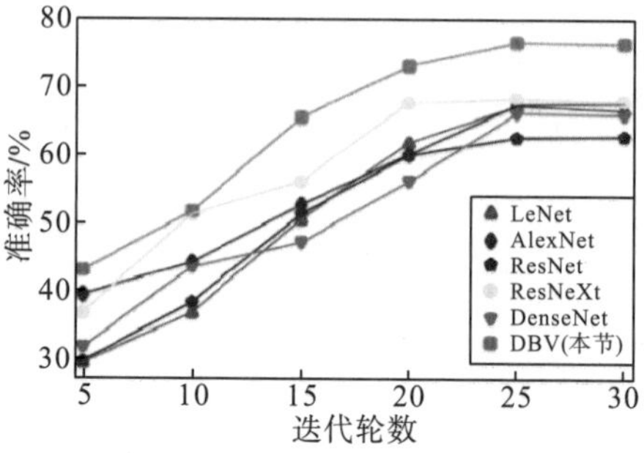

图 6-17 验证过程中基于 SAG 视图数据的准确率比较

DBV 模型和各基准模型在 AXI 视图测试数据集上的分类准确率如表 6-8 所示，同时，在 SAG 视图测试数据集上的分类准确率如表 6-9 所示。

表 6-8 在 AXI 视图测试数据集上的分类准确率(%)

迭代轮数	LeNet 模型	AlexNet 模型	ResNet 模型	ResNeXt 模型	DenseNet 模型	DBV 模型(本节)
5	34.07	34.49	32.66	**51.14**	46.72	46.76
10	53.15	42.67	42.78	**59.20**	57.47	55.52
15	61.35	52.09	51.51	**72.33**	66.55	69.40
20	65.08	60.50	59.29	72.15	68.78	**72.93**
25	68.54	68.91	67.07	71.97	71.01	**76.46**
30	69.35	69.07	68.50	72.57	70.19	**76.27**

表 6-9 在 SAG 视图测试数据集上的分类准确率(%)

迭代轮数	LeNet 模型	AlexNet 模型	ResNet 模型	ResNeXt 模型	DenseNet 模型	DBV 模型(本节)
5	37.04	38.32	37.87	**50.15**	33.94	46.76
10	44.47	43.17	46.66	**64.87**	45.82	55.52
15	58.39	51.72	59.78	**69.75**	49.52	69.40
20	63.77	59.04	62.43	70.41	59.62	**72.93**
25	69.15	66.36	65.08	71.07	69.72	**76.46**
30	68.53	66.65	65.24	70.66	69.43	**76.27**

在两个视图的 MRI 数据集上达到 20 个迭代轮数时筛查 PD 的分类准确率均获得最高值，DBV 模型明显优于各基准模型的分类效果。此外，也对实验过程中的 DBV 模型和各基准模型在学习过程中的损失函数随着迭代轮数的变化产生的损失值进行了收敛性的比较分析，当选择 AXI 视图的数据进行实验时，每个模型的损失值比较结果如图 6-18 所示；图 6-19 显示了选取 SAG 视图数据进行实验后的每个模型的损失值比较结果。从图 6-18 可看出，在迭代轮数达到 24 以后 DBV 模型的损失值都小于其他基准模型且收敛曲线开始平稳；在图 6-19 中，当迭代轮数取值大于 13 后，DBV 模型的损失函数对应的收敛曲线开始平稳下降，且损失值均小于其他基准模型。

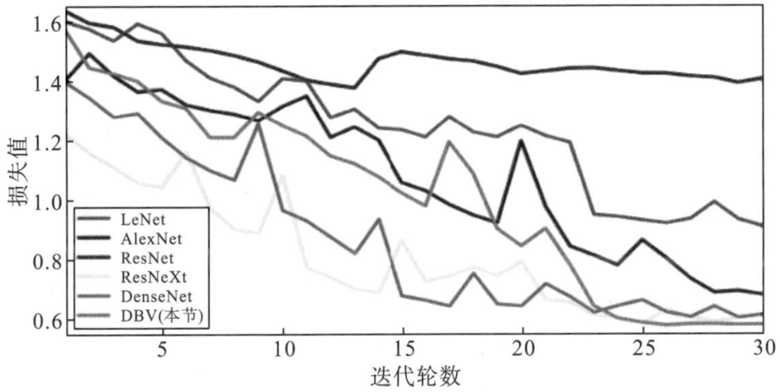

图 6-18　模型实验过程中基于 AXI 视图数据的损失函数收敛性分析

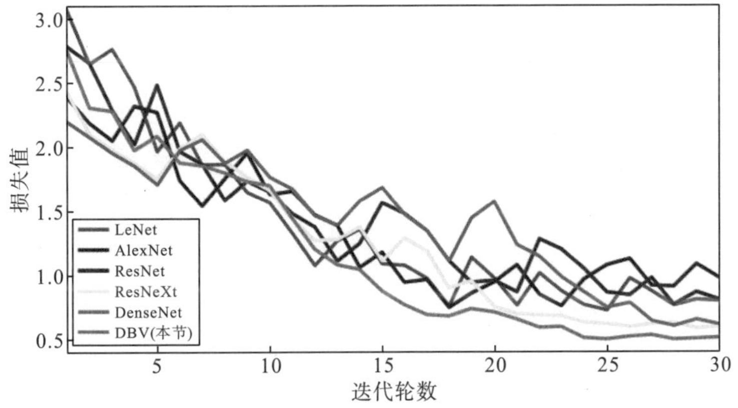

图 6-19　模型实验过程中基于 SAG 视图数据的损失函数收敛性分析

总的来说，DBV 模型在识别潜在的帕金森病人和确诊的帕金森病人类别方面表现最好。本节介绍的 DBV 模型筛查帕金森病的最高准确率为 76.46%，这里的

DBV 模型只使用了两个视图的 MRI 图像数据，没有用到其他任何的样本属性信息，如性别、年龄、基因等，未来相关研究可以增加更多的视图数据信息，以提高筛查 PD 的准确率。

6.4 基于多视图深度学习的癫痫检测模型

本节首先对多视图深度学习癫痫检测进行概述；其次介绍短时傅里叶变换视图和功率谱密度视图的多视图深度学习模型；最后通过大量实验分析和验证这种多视图深度学习的癫痫检测模型的有效性和鲁棒性。

6.4.1 多视图深度学习癫痫检测概述

癫痫是一种危及生命的神经系统疾病，目前基于脑电图的癫痫检测方法依然存在很多挑战。由于脑电图信号不稳定，不同的病人表现出的癫痫发作模式不同，传统的脑电信号人工检测不仅会给医务人员带来沉重的工作负担，还容易造成误检。所以，研究更精准的癫痫自动检测技术是非常有必要的。

本节基于深度学习的脑电图癫痫检测方法，介绍一个短时傅里叶变换视图和功率谱密度视图的多视图深度学习癫痫检测(short-time Fourier transform and power spectral density and multi-view deep learning network，FPMVNet)模型[37]，该模型首先分别对原始脑电信号进行短时傅里叶变换、功率谱密度谱估计得到多通道脑电信号外的其余两种视图数据；接着用注意力层决定横向维度间的重要程度，加权后用双向门控循环单元捕获纵向维度的关系；然后使用全连接层将隐层状态的信息进行融合，使用全局平均池化提取部分视图的全局特征；最后使用全连接操作将各部分视图特征融合并送入分类器，从而检测出患有癫痫的概率。

6.4.2 短时傅里叶变换视图和功率谱密度视图的多视图深度学习模型

多视图学习可以结合不同视图之间的多样性，从多视图数据中学习不同的信息，因此，多视图学习可被应用于脑电信号的癫痫检测中，以提高多通道脑电数据的学习性能。多通道脑电数据因其多通道这一特性，而容易构建多个视图，但因视图较多，在对每个通道数据提取特征时不能采取过于复杂的结构。此外，只在传统特征的基础上使用深度学习方法，结果的好坏严重依赖于提取的特征的好坏，可能忽略了原始信号蕴含的其他信息(如空间信息)。实际上，原始信号数据中蕴含的不仅有时域特征等，也有必要直接对原始信号进行深度特征提取。

针对以上问题，本节介绍短时傅里叶变换视图和功率谱密度视图的多视图深度学习模型，可用于对癫痫脑电图(electroencephalogram，EEG)信号进行检测，能够比单一的深度学习方法取得更好的检测效果。

1. 多通道脑电信号视图

可以将脑电信号切割成长为 4s 的样本，切割得到的每个样本可以表示为一组时间序列信号 $X=\{x_1,x_2,\cdots,x_n\}\in\mathbb{R}^{T\times n}$，其中，$x_i\in\mathbb{R}^T$，$n$ 表示脑电信号通道数，T 表示每个样本记录的时间长度。例如，4s 的 23 通道脑电信号数据是 1024×23 的一个矩阵，其转置后的数据(23×1024)对应的灰度图如图 6-20 所示(为了便于显示，将通道所在维度的宽度增大 10 倍)。标准化处理后的脑电信号 $X'=\{x_1',x_2',\cdots,x_n'\}\in\mathbb{R}^{T\times n}$ 构成了多通道脑电信号视图。

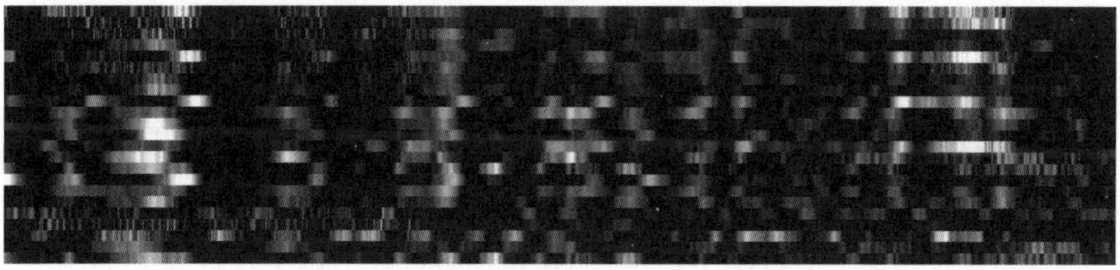

图 6-20　多通道脑电信号灰度图

2. 短时傅里叶变换和功率谱密度视图

短时傅里叶变换可以对脑电信号的时频局部化特征进行描述，对每个通道的脑电信号单独进行短时傅里叶变换，可以提取到每个通道脑电信号的时频域特征。短时傅里叶变换将脑电信号分解为小的序列或重叠的数据帧，这些脑电信号数据帧看起来是平稳或近似平稳的，窗函数会随着时间不断进行移动，用傅里叶变换对这些信号段进行分析，可得到对应时间段的频谱信息。式(6-24)为每个通道的脑电信号 x_i 的短时傅里叶变换，其中，$w(i)$ 表示窗函数。

$$\mathrm{STFT}_x(i,\omega)=\int_{-\infty}^{\infty}\left[x(\tau)w^*(\tau-i)\right]\mathrm{e}^{-j\omega\tau}\,\mathrm{d}\tau \tag{6-24}$$

使用高通滤波器对脑电信号处理后，删除掉直流分量(即 0Hz 处的频谱值)，得到每个通道的时频域特征，对每个通道的数据取对数并进行标准化处理后得到的时频域特征为 $S_i\in\mathbb{R}^{t\times p}$，其中，$t$ 表示时间维度，p 表示频谱分量维度。图 6-21 和图 6-22 分别显示癫痫发作期和癫痫非发作期的时频图。

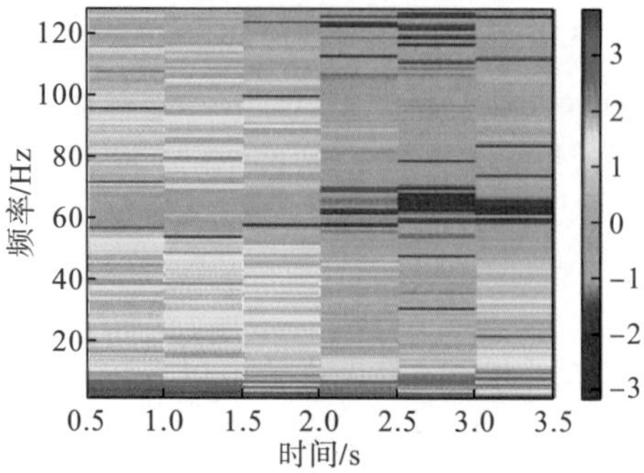

图 6-21　癫痫发作期时频图

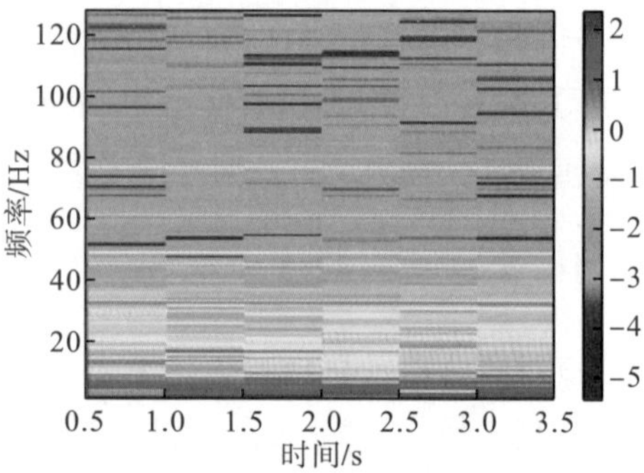

图 6-22　癫痫非发作期时频图

实际上，本节使用短时傅里叶变换后的时频域特征构成短时傅里叶变换视图，并不生成图 6-21 和图 6-22 所示的时频图图像，单通道脑电信号剔除直流分量后对应的短时傅里叶变换视图是一个 128×7 的矩阵，每个通道对应一个这样的视图，因此，针对 23 通道的脑电信号共构建 23 个短时傅里叶变换视图 $S_i \in \mathbb{R}^{t \times p}$，$i = 1, 2, \cdots, 23$。

当使用周期法进行功率谱密度(power spectral density，PSD)谱估计时，噪声会导致周期图法表现出不稳定性。由于原始的脑电信号是在人的头皮上采集的，因此这些信号不可避免地充满了噪声(如脑电信号伪影、小干扰)，且信噪比较低。所以，本节在进行 PSD 谱估计之前，先使用小波阈值收缩法进行去噪。

针对不同的脑电信号数据和不同的脑电任务，不同的文献选择的小波母函数也不尽相同。本节对比了 14 种小波母函数 db2、db4、db6、db8、coif2、coif3、coif4、coif5、sym4、sym6、sym7、sym9、bior4.4、bior6.8，选择出一种与脑电信号相似度最高的小波母函数。小波分解尺度的选择也极其重要，尺度越大，信号和噪声越容易分离，但尺度过大，重构的信号失真程度也越大。本节选择 4 层小波分解，利用硬阈值法对得到的小波系数进行阈值处理，如式(6-25)所示。

$$\tilde{w}_{j,k} = \begin{cases} w_{j,k}, & \left|w_{j,k}\right| \geqslant \lambda \\ 0, & \left|w_{j,k}\right| < \lambda \end{cases} \tag{6-25}$$

其中，$w_{j,k}$ 和 $\tilde{w}_{j,k}$ 分别表示小波系数和估计得到的小波系数；阈值 $\lambda = \sigma\sqrt{2\log N}$；$\sigma$ 表示噪声标准差。

大部分脑电信号的高频信息不在噪声范围内，这种情况下，极小极大阈值和无偏风险估计阈值规则可以提取出来微弱的信号，而固定阈值和启发式阈值规则几乎能完全去掉噪声，却很容易误认为高频信号是噪声而去除掉有用的高频信号。因此，本节选取无偏风险估计阈值法。

在信号处理中，估计功率谱密度可分析能量随频率的分布情况。脑电信号被分割为 4s 的样本，可以认为是平稳的随机信号，本节采用修正周期图功率谱密度估计方法(Welch)计算功率谱密度，通过在频域表征信号的能量变化来提取相应的脑电图特征。每个通道信号得到的 PSD 特征维度为 v_d，对每个通道的功率谱特征取 lg 对数并进行标准化处理后得到功率谱密度 d_i。最终，各个通道的功率谱密度构成功率谱密度视图 $D=\{d_1,d_2,\cdots,d_n\}\in\mathbb{R}^{v_d\times n}$。

因此，总共构建 25 个视图，其中，23 个短时傅里叶变换视图对应的是单个脑电通道，而多通道脑电信号视图和功率谱密度视图是全局的，覆盖全部 23 个脑电通道。

3. 多视图深度学习模型 FPMVNet

在构建的多视图数据的基础上，本节介绍一个利用多通道脑电信号视图、短时傅里叶变换视图和功率谱密度视图的多视图深度学习模型 FPMVNet，模型整体框架如图 6-23 所示。

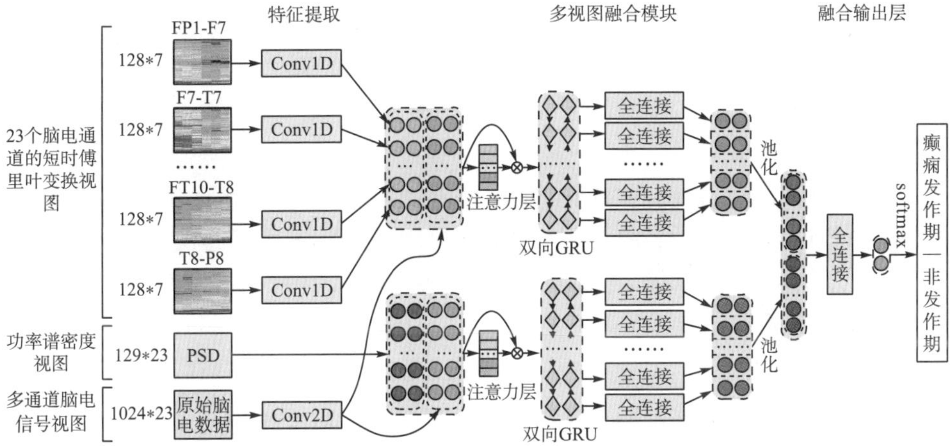

图 6-23　FPMVNet 模型整体架构图

首先，对多通道脑电信号视图和短时傅里叶变换视图进行特征提取。针对 23 个短时傅里叶变换视图，在每个视图上使用一维的 CNN 提取特征，23 个一维的 CNN 提取到的特征构成一个时频域特征矩阵；针对多通道脑电信号视图，使用二维的 CNN 捕获时域信息和脑电通道依赖关系，得到时域特征矩阵；其次，使用多视图融合模块将时域特征矩阵分别与时频域特征矩阵、功率谱密度视图矩阵进行融合，得到高层特征表示，多视图融合模块包括注意力层、双向门控循环单元、时间步的全连接层、池化层；最后，使用全连接层融合两个多视图融合模块提取到的高层特征，进而使用 SoftMax 进行癫痫检测。

1)特征提取

短时傅里叶变换视图携带的时频域信息具有很高的时间关联性，一方面，需要捕捉各时间段之间的关系；另一方面，每个通道通过短时傅里叶变换得到的都是二维数据，而信号和功率谱密度都是一维数据，构建的多视图数据需要维度统一，便于进行有效的融合。因此，本节使用一维卷积(Conv1D)对每个脑电通道的时频域特征进行数据压缩和特征提取。值得注意的是，本节使用的 Conv1D 是具有深度的，将每个时间维度看作一个深度，进而进行信息压缩，将全部的时间维度 t 压缩为 1，特征提取的整个示意图如图 6-24 所示。

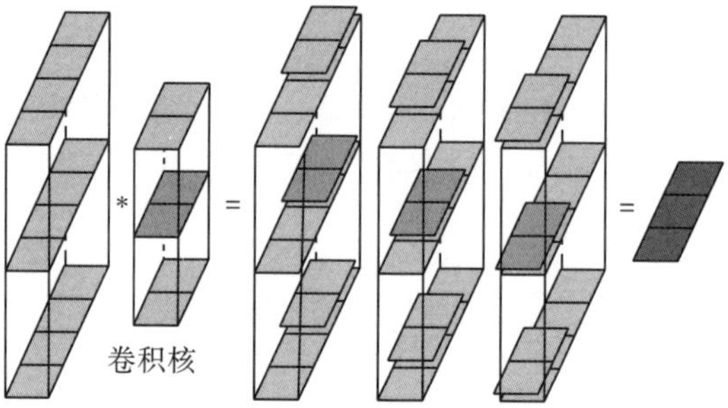

图 6-24 特征提取的整个示意图

短时傅里叶变换视图的时间维度为 t，因此，一维 CNN 的输入通道数为 t，卷积核个数也为 t。具体计算过程如式(6-26)所示，用 w 表示卷积核，*表示卷积操作，b 表示偏置项，则第 i 个脑电通道的时频域特征经过卷积操作之后，可以得到时频域特征表示 $c_i^{(1)} \in \mathbb{R}^{v_s}$ 。

$$c_i^{(1)} = f\left(w * s_i + b\right) \tag{6-26}$$

其中，f 表示非线性激活函数，这里使用 ReLU，如式(6-27)所示。

$$\mathrm{ReLU}\left(x\right) = \begin{cases} x, & x > 0 \\ 0, & x \leqslant 0 \end{cases} \tag{6-27}$$

将各个通道的时频域特征表示进行拼接，得到短时傅里叶变换视图的时频域特征表示矩阵 $\boldsymbol{CS} = \left\{c_1^{(1)}, c_2^{(1)}, \cdots, c_n^{(1)}\right\} \in \mathbb{R}^{v_s \times n}$ 。

为了有效利用多视图数据，既要不能丢失原脑电数据的特征，又要与所提取出的时频特征和功率谱特征相结合，因此，需要把从原脑电数据提取到的特征与其他特征进行局部融合。但是，4s 的原始信号的时间维度比频域维度大得多，直接拼接在一起会削弱维度较少的特征的作用，因此，本模型利用卷积神经网络得到脑电信号的特征表示，提取脑电信号的短期时间模式和各个脑电通道间的局部依赖关系以及空间信息。

卷积时使用 n 个滤波器，滤波器高度为 h，宽度也为 n(滤波器个数和宽度设置均与脑电信号通道数相同)。用∗表示卷积，用 $\boldsymbol{c}_k$ 表示第 k 个滤波器的输出向量，$\boldsymbol{b}_k$ 表示偏置项，$\boldsymbol{f}$ 为激活函数 ReLU，则第 k 个滤波器扫过按通道标准化处理之后的脑电时间序列信号 $\boldsymbol{X}'$ 得到输出，计算过程如式(6-28)所示。

$$\boldsymbol{c}_k = f\left(\boldsymbol{W}_k * \boldsymbol{X}' + \boldsymbol{b}_k\right) \tag{6-28}$$

激活函数之后使用批量归一化层(BN)增加收敛速度，使用 Dropout 操作避免过拟合。最终得到 CNN 特征表示 $C \in \mathbb{R}^{v\times n}$，再将多通道脑电信号视图提取的 CNN 特征表示分别与短时傅里叶变换视图下提取到的时频域特征表示矩阵、功率谱密度视图拼接，后续可使用多视图融合模块进行融合，如式(6-29)、式(6-30)所示，对不同视图下提取到的特征进行拼接操作，得到不同视图组合的特征表示矩阵 $\boldsymbol{V}^{(1)} \in \mathbb{R}^{(v+v_s)\times n}$、$\boldsymbol{V}^{(2)} \in \mathbb{R}^{(v+v_d)\times n}$。

$$\boldsymbol{V}^{(1)} = \mathrm{concat}\left(\boldsymbol{C}, \boldsymbol{CS}\right) \tag{6-29}$$

$$\boldsymbol{V}^{(2)} = \mathrm{concat}\left(\boldsymbol{C}, \boldsymbol{D}\right) \tag{6-30}$$

2) 多视图融合模块

多视图融合模块包括注意力层、双向门控循环单元、基于时间步的全连接层和平均池化层，在这个模块中，使用注意力机制捕获各个通道的重要程度便于进行数据融合，使用双向 GRU 提取各个视图数据的特征，然后使用全连接层对提取到的特征进行降维，使用平均池化层进一步得到最终的高层特征表示。

短时傅里叶变换视图下使用一维的CNN提取到的特征 $c_i^{(1)}$ 和功率谱密度 d_i 都是在单个通道变换得到的，并没有关注各个通道之间的关系，且送入多视图融合模块的特征矩阵分别由两部分特征拼接而成，因此，需要捕获各个通道之间的关系以便于两部分特征数据较好地融合。

注意力层为横向维度(即通道所在的维度)生成注意力权值，然后将权值按横向维度乘以每个特征矩阵的每个元素。注意力计算过程示意图如图 6-25 所示。

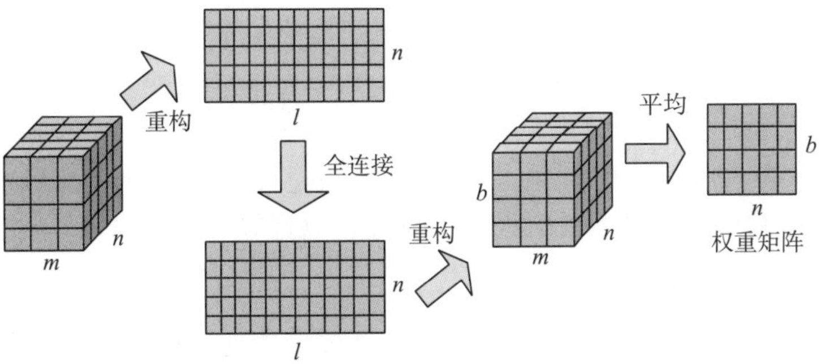

图 6-25 注意力计算过程示意图

首先，将特征矩阵进行平化操作，然后使用全连接层对数据起到融合作用，使用 SoftMax 函数计算出权重矩阵，将矩阵重新转化为原来的维度，计算出每个通道的权重平均值，将其与视图数据相乘即可得到加权后的数据。主要计算过程如式(6-31)～式(6-33)所示。

$$\boldsymbol{A} = \mathrm{SoftMax}\left\{\mathrm{View}\left[\boldsymbol{V}^{(i)}\right] * \boldsymbol{W} + \boldsymbol{B}\right\} \tag{6-31}$$

$$\boldsymbol{e} = \mathrm{Mean}\left[\mathrm{View}(\boldsymbol{A})\right] \tag{6-32}$$

$$\underline{\boldsymbol{V}}^{(i)} = \boldsymbol{e} \odot \boldsymbol{V}^{(i)} \tag{6-33}$$

View 函数用于张量重构，首先假设数据批次为 b，则式(6-31)中 View 函数对特征矩阵构成的张量 $\boldsymbol{V}^{(i)} \in \mathbb{R}^{b\times m\times n}$ 进行张量平坦化操作，令 $l = b\times m$，将其转化为 $\mathbb{R}^{l\times n}$；然后，用全连接操作融合数据，其中 $\boldsymbol{W} \in \mathbb{R}^{n\times n}$；随后又使用 SoftMax 得到权重矩阵 $\boldsymbol{A} \in \mathbb{R}^{l\times n}$，对权重矩阵，用 View 操作将其转化为原维度 $\mathbb{R}^{b\times m\times n}$，对每个批次按维度 m 求出通道的平均权重 $\boldsymbol{e} \in \mathbb{R}^{b\times n}$，$\odot$ 表示每个批次数据生成的多视图特征表示矩阵与权重按通道相乘；最后得到加权后的多视图特征表示张量 $\underline{\boldsymbol{V}}^{(i)}=\left\{B_1^{(i)}, B_2^{(i)}, \cdots, B_b^{(i)}\right\}$，其中，$\boldsymbol{B} = \left\{b_1, b_2, \cdots, b_m\right\} \in \mathbb{R}^{m\times n}$ 表示某个数据批次对应的多视图特征表示矩阵。

不同于 CNN，循环神经网络具有周期性的隐层状态。多视图特征表示矩阵的纵向维度涵盖了短期时间模式和频率维度，也存在一定的依赖关系，注意力机制捕获的只是横向维度之间的关系。另外，因为 GRU 的门数更少，需要学习的参数也更少，计算成本比 LSTM 低。同时，为了进一步增强学习效果，本模型使用双向门控循环单元(bidirectional gated recurrent unit，BiGRU)捕获纵向维度的关系。

BiGRU 得到的就是两个独立的 GRU 以双向方式组合，其中一个在正向读取输入序列，另一个则反向读取相同的序列。然后将每个 GRU 的隐层状态连接起来。通过 BiGRU 之后得到每个多视图特征表示矩阵的隐藏层输出 $\boldsymbol{G}^{(i)} \in \mathbb{R}^{m\times h}$，$h$ 表示拼接后的数据维度(即隐藏层维度的 2 倍)。最后，使用了 dropout 操作避免过拟合。

因为 BiGRU 的结果是直接拼起来的，为了进一步融合和提取特征，本节算法选择对每个时间步的隐层状态单独使用全连接操作，将其维度从 m 压缩为 k。如式(6-34)所示，得到提取信息之后的上下文特征表示矩阵 $\boldsymbol{D}^{(i)} \in \mathbb{R}^{m\times k}$。

$$\boldsymbol{D}^{(i)}=\boldsymbol{G}^{(i)} * \boldsymbol{W} + b \tag{6-34}$$

经过式(6-34)处理后的结果，再使用一个 dropout 层进行处理，以避免过拟合，然后使用平均池化操作按纵向维度进行池化，以提取每个样本的多视图融合后的高层特征表示 $\boldsymbol{res}^{(i)} \in \mathbb{R}^{k}$。

3) 融合输出层

融合输出层将全部的多视图高层特征表示进行拼接，得到最终全部视图的高

层特征向量 $\boldsymbol{res}=\left\{\mathrm{res}^{(1)},\mathrm{res}^{(2)}\right\}$，将其输入到全连接层进行融合，经 logsoftmax 函数计算得到最后的分类结果，如式(6-35)所示。

$$r=\mathrm{logsoftmax}\left(\boldsymbol{W}_r*\boldsymbol{res}+b_r\right) \tag{6-35}$$

其中，$\boldsymbol{W}_r$ 和 b_r 分别表示权重矩阵和偏置项。

6.4.3　实验结果与分析

1. 数据集与评价指标

实验数据使用头皮脑电图数据集(CHB-MIT)[38]，此数据集共包含 23 名患者 24 个病例记录(每个病例文件包含 9 至 42 个连续的.edf 格式的脑电数据文件)。将其处理成 23 通道的时长 4s 的样本(图 6-26 所示即时长为 4s 的多通道脑电图)。

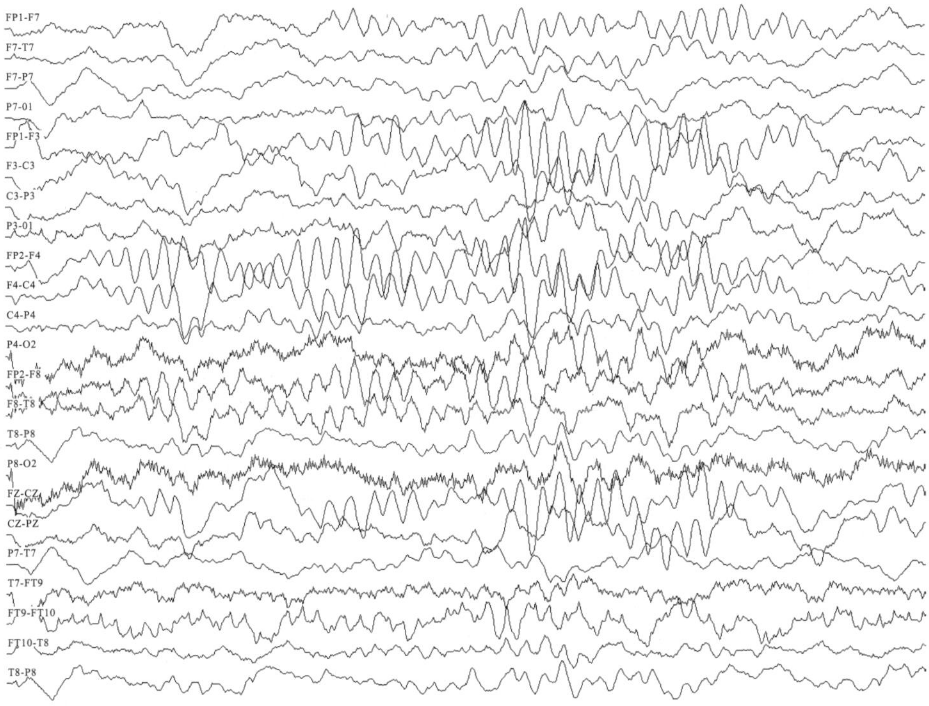

图 6-26　时长为 4s 的多通道脑电图

为比较不同小波对癫痫信号的去噪效果，本节使用信噪比(signal-to-noise ratio，SNR)和均方根误差(RMSE)两个评价指标。式(6-36)为信噪比的计算公式，其中，$f(i)$表示原始信号；$g(i)$表示去噪后的信号。

$$\mathrm{SNR}=10\lg\frac{\sum_{i=1}^{N}f^2(i)}{\sum_{i=1}^{N}\left[f(i)-g(i)\right]^2} \tag{6-36}$$

此外，用于癫痫检测的评价指标包括灵敏度(sensitivity，Sen)、特异性(specificity，Spe)、G-均值(G-mean)、准确率(Accuracy)和F1。式(6-37)、式(6-38)和式(6-39)分别为灵敏度、特异性和G-均值(G-mean)的计算公式。

$$\mathrm{Sen}=\frac{\mathrm{TP}}{\mathrm{FN+TP}} \tag{6-37}$$

$$\mathrm{Spe}=\frac{\mathrm{TN}}{\mathrm{TN+FP}} \tag{6-38}$$

$$G\text{-mean}=\sqrt{\mathrm{Sen}\times\mathrm{Spe}} \tag{6-39}$$

其中，TP 表示真阳性人数；FN 表示假阴性人数；TN 表示真阴性人数；FP 表示假阳性人数。

2. 基准设置

为了选择出合适的小波母函数进行小波阈值去噪，采样了一段既包含癫痫发作期又包含癫痫非发作期的数据，本节采样的信号为 CHB-MIT 中 chb01_21.edf 文件的第 300～450s 共 2.5min 的数据，采样结果如图 6-26 所示。

在采样的信号上就 14 种小波母函数 db2、db4、db6、db8、coif2、coif3、coif4、coif5、sym4、sym6、sym7、sym9、bior4.4、bior6.8，进行 4 层小波分解重构，使用硬阈值函数，采用无偏风险估计阈值法。对每个通道都进行小波分解重构实验，并求得 23 个通道的信噪比的平均值和均方根误差的平均值，实验结果如表 6-10 所示。

表 6-10 不同小波母函数的小波分解重构结果对比

小波母函数	SNR	RMSE
db2	53.3419	0.1845
db4	54.3685	0.1717
db6	53.5447	0.1870
db8	54.0816	0.1766
coif2	54.1066	0.1736
coif3	53.6601	0.1857
coif4	53.6114	0.1848
coif5	53.6660	0.1861
sym4	54.1534	0.1759
sym6	**54.4797**	**0.1702**
sym7	53.4820	0.1879
sym9	53.8987	0.1781
bior4.4	53.0110	0.1996
bior6.8	53.5928	0.1885

实验结果表明，小波母函数 sym6 信噪比的平均值最大约为 54.4797 且均方根误差的平均值最小为 0.1702，因此，本节选择 sym6 作为小波阈值去噪的小波母函数。

本节实验使用负对数似然损失函数 NLLLoss 作为损失函数，使用 Adam 优化器进行优化，相关参数设置见表 6-11。

表 6-11　相关参数设置

参数	参数设置
迭代轮次	200
批次大小	20
学习率	0.0001
Conv2D	kernel_size=(26,23), out_channels=23, stride=4
Conv1D	kernel_size=(3,), out_channels=1, stride=1
BiGRU	input_size=23, hidden_size=140, num_layers=1
全连接层	in_features=280, out_features=70

对于基准模型的选取，本节将 FPMVNet 模型与其他 4 种癫痫检测模型进行了比较，这 4 种模型分别是：BiLSTM[39]模型、ADIndRNN[40]模型、CNN[41]模型和基于注意力机制的 CNN-BiRNN[42]模型。

(1) BiLSTM[39]模型：是一种基于 S 变换和双向长短记忆(bi-directional long short-term memory，BiLSTM)的癫痫自动检测模型，其将 S 变换应用于原始 EEG 片段，并将获得的矩阵分组为时频块，作为输入送入到 BiLSTM 进行特征提取和分类。

(2) ADIndRNN[40]模型：集成了独立递归神经网络(independent recurrent neural network，IndRNN)，该模型具有密集结构和注意力机制，用于挖掘时间和空间区分特征并克服癫痫发作的变异性。

(3) CNN[41]模型：基于 CNN 的癫痫脑电自动检测模型，其将滑动窗口提取的多通道时间序列 EEG 记录输入到 CNN 模型，学习 EEG 记录的时域波形特征。首先，设计一个 12 层的 CNN 作为基准癫痫脑电图分类模型；然后，引入合并的递增序列和递减序列，以突出波形的特性。

(4) 基于注意力机制的 CNN-BiRNN[42]模型：该模型的原始信号首先被送入到多尺度卷积模型提取多尺度特征，然后其注意力模型利用通道之间的差异进行癫痫检测，最后通过多流双向递归模型获得鲁棒的时间特征，并进一步送到全连接层进行分类。

3. 主要实验结果与分析

在本节中，首先进行参数对比实验，研究多通道脑电信号视图的 CNN 步长和短时傅里叶变换视图的 Conv1D 卷积核大小的搭配对最终结果的影响；然后，进行了跨多患者癫痫检测实验，对比已有的不同方法和消融方法的性能表现；最后，进行了不同频域、时频域选择的适应性实验，探究了窗口函数对模型的影响。

1) 参数对比实验

首先就参数变化对最后分类性能的影响进行了研究。每个 EEG 片段的大小为(1024，23)，对多通道脑电信号视图进行 CNN 特征提取(记为 Conv2D)，更关注时间信息，卷积步长影响信息的压缩，需要对卷积步长的参数设置进行探究，而对傅里叶变换视图进行一维卷积操作时(记为 Conv1D)，其卷积核大小影响最终提取的结果。保证多通道脑电信号视图提取特征时 CNN 的卷积核大小不变，采用控制变量法，Conv1D 的卷积核大小分别取值 1、3、5。如图 6-27(a)所示，当 Conv2D 步长取 4、Conv1D 的卷积核大小取 3 时，准确率(ACC)和 F1 分数最大，分别为 97.42%、97.41%。如图 6-27(b)所示，当 Conv2D 步长取 6、Conv1D 的卷积核大小取 5 时，ACC 和 F1 分数最大，分别为 96.61%、96.58%。如图 6-27(c)所示，当 Conv2D 步长取 8、Conv1D 的卷积核大小取 3 时，ACC 和 F1 分数最大，分别为 97.13%、97.13%。综合来看，当 Conv2D 步长为 4、Conv1D 卷积核为 3 时，ACC 和 F1 分数都较高。

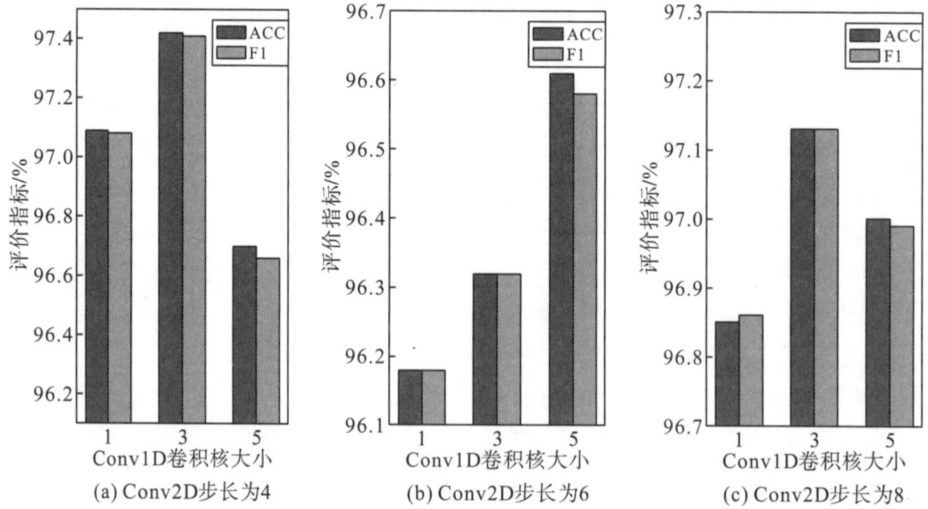

图 6-27 不同参数组合对整体分类性能的影响

2) 跨多患者癫痫检测实验

利用 CHB-MIT 进行跨多患者实验来评估本节所介绍方法的性能，并针对不同病例的测试集进行分析，对比几种不同方法的 Sen、Spe、ACC 和 F1 的指标。图 6-28(a) 显示了训练集和验证集上准确率的变化情况，图 6-28(b) 显示了训练集和验证集上损失值的变化情况，可以看出模型训练 200 个轮次基本达到收敛。

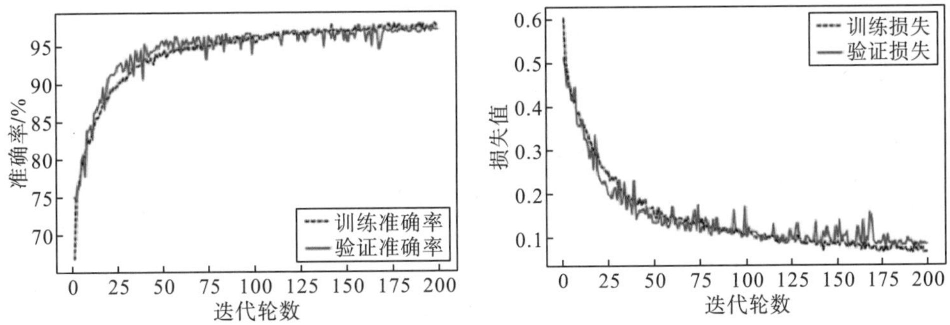

(a) 准确率的变化　(b) 损失值的变化

图 6-28　准确率和损失值随轮次的变化情况

具体实验结果如表 6-12 所示，模型 1～4 分别对应 BiLSTM[39]模型、ADIndRNN[40]模型、CNN[41]模型和基于注意力机制的 CNN-BiRNN[42]模型；模型 5 表示将多通道脑电信号视图与短时傅里叶变换视图融合而不考虑功率谱密度视图；模型 6 表示将多通道脑电信号视图与功率谱密度视图融合而不考虑短时傅里叶变换视图，融合输出层的全连接层的输入特征数为 70，它们的其余参数设置与本节一致；模型 7 与本节介绍方法只有一点区别，就是计算 PSD 特征前不进行小波阈值去噪，只用高通滤波器抑制直流分量(使用高通滤波器还可保证功率谱特征的对数可取)，其余均与本节所提方法一致；模型 8 是本节介绍的 FPMVNet。

表 6-12　不同模型在 CHB-MIT 数据集上的实验结果对比

模型编号	模型	Sen	Spe	G-mean	ACC	F1
1	BiLSTM[39]	0.9112	0.9236	0.9174	0.9174	0.9169
2	ADIndRNN[40]	0.8606	0.9408	0.8998	0.9007	0.8965
3	CNN[41]	0.8520	0.9694	0.9088	0.9107	0.9051
4	基于注意力机制的 CNN-BiRNN[42]	0.9160	0.9675	0.9414	0.9417	0.9402
5	FPMVNet_FT	0.9293	0.9599	0.9445	0.9446	0.9437
6	FPMVNet_PSD	0.9551	0.9752	0.9651	0.9651	0.9648
7	FPMVNet_Noise	0.9608	0.9752	0.9680	0.9680	0.9678
8	FPMVNet	**0.9713**	**0.9770**	**0.9741**	**0.9742**	**0.9741**

对比模型 1、模型 2、模型 3 和模型 4，可以看出，模型 4 的 Sen 最高；模型 3 的 Spe 最高，为 96.94%；模型 1、模型 2 和模型 3 的 G-mean 较低，模型 7 的 G-mean 较高为 96.80%，本节模型的 G-mean 为 97.41%是最高的；模型 4 的 ACC 和 F1 也都为最高，分别为 94.17%、94.02%。模型 5 由于只使用了本节算法的第一个多视图融合模块，除了 Spe 之外，均超过其他模型。而模型 6 只使用了本节算法的第二个多视图融合模块，结合了多通道脑电信号视图下的 CNN 特征和功率谱密度信息，各项指标均已超过前 4 个模型。由此看来，提取信号的特征是相当有必要的，有利于提高算法的各项指标。模型 8 则是综合了模型 5 和模型 6 两个视图，构成了更多的多视图，结果表明，各项指标均为最高，具有相当好的性能。此外，模型 8 各项指标略微高于模型 7，模型 7 抑制了直流分量，模型 8 使用了小波阈值去噪，表明了小波阈值去噪不仅对直流分量起到了作用，还对其他噪声有一定的抑制作用。

综合实验结果来看，将深度特征与传统特征相结合构建多视图数据，可以比单一的深度学习方法取得更好的检测效果。本节介绍的 FPMVNet 模型比较稳定，能有效检测不同患者的癫痫发作情况。

参 考 文 献

[1] He J X, Baxter S L, Xu J, et al. The practical implementation of artificial intelligence technologies in medicine. Nature Medicine, 2019, 25(1): 30-36.

[2] 施俊, 汪琳琳, 王珊珊, 等. 深度学习在医学影像中的应用综述. 中国图象图形学报, 2020, 25(10): 1953-1981.

[3] Setio A A A, Ciompi F, Litjens G, et al. Pulmonary nodule detection in CT images: false positive reduction using multi-view convolutional networks. IEEE Transactions on Medical Imageing, 2016, 35(5): 1160-1169.

[4] Zhang Y, Zhang H, Adeli E, et al. Multiview feature learning with multiatlas-based functional connectivity networks for MCI diagnosis. IEEE Transactions on Cybernetics, 2022, 52(7): 6822-6833.

[5] Wang J, Liu X F, Wang F Y, et al. Automated interpretation of congenital heart disease from multi-view echocardiograms. Medical Image Analysis, 2021, 69: 101942.

[6] Tang F, Liang S J, Zhong T, et al. Postoperative glioma segmentation in CT image using deep feature fusion model guided by multi-sequence MRIs. European Radiology, 2020, 30(2): 823-832.

[7] Chen Y F, Li D D, Zhang X, et al. Computer aided diagnosis of thyroid nodules based on the devised small-datasets multi-view ensemble learning. Medical Image Analysis, 2021, 67: 101819.

[8] Lan K, Liu L S, Li T Y, et al. Multi-view convolutional neural network with leader and long-tail particle swarm optimizer for enhancing heart disease and breast cancer detection. Neural Computing and Applications, 2020, 32(19):15469-15488.

[9] Li J Y, Wu L, Wen G Q, et al. Exclusive feature selection and multi-view learning for Alzheimer's disease. Journal of Visual Communication and Image Representation, 2019, 64(1): 102605.1-102605.8.

[10] Cao H L, Bernard S, Sabourin R, et al. Random forest dissimilarity based multi-view learning for radiomics application. Pattern Recognition, 2019, 88(1): 185-197.

[11] Zhang X B, Yang Y, Li T R, et al. CMC: a consensus multi-view clustering model for predicting Alzheimer's disease progression. Computer Methods and Programs in Biomedicine, 2021, 199(1): 105895.

[12] Huang J, Nie F P, Huang H, et al. Robust manifold nonnegative matrix factorization. ACM Transactions on Knowledge Discovery from Data, 2014, 8(3): 11.1-11.21.

[13] Lu Y W, Yuan C, Zhu W W, et al. Structurally incoherent low-rank nonnegative matrix factorization for image classification. IEEE Transactions on Image Processing, 2018, 27(11): 5248-5260.

[14] Weiner M W, Veitch D P, Aisen P S, et al. Recent publications from the alzheimer's disease neuroimaging initiative: reviewing progress toward improved ad clinical trials. Alzheimer's and Dementia, 2017, 13(4): e1-e85.

[15] Li Y S, Liu W, Li X T, et al. GA-SIFT: a new scale invariant feature transform for multispectral image using geometric algebra. Information Sciences, 2014, 281(1): 559-572.

[16] Alcantarilla P F, Bartoli A, Davison A J. KAZE features. Proceedings of the European Conference on Computer Vision, 2012: 214-227.

[17] Tong L, Wong W K, Kwong C K. Differential evolution-based optimal gabor filter model for fabric inspection. Neurocomputing, 2016, 173(1): 1386-1401.

[18] Steinley D. *k*-means clustering: a half-century synthesis. British Journal of Mathematical and Statistical Psychology, 2006, 59(1): 1-34.

[19] Frey B J, Dueck D. Clustering by passing messages between data points. Science, 2007, 315(5814): 972-976.

[20] Xia T, Tao D, Mei T, et al. Multiview spectral embedding. IEEE Transactions on Systems, Man, and Cybernetics, Part B (Cybernetics), 2010, 40(6): 1438-1446.

[21] Cai X, Nie F, Huang H. Multi-view *k*-means clustering on big data. Proceedings of the 23rd International Joint Conference on Artificial Intelligence, 2013: 2598-2604.

[22] Liu J, Wang C, Gao J, et al. Multi-view clustering via joint nonnegative matrix factorization. Proceedings of the 2013 SIAM International Conference on Data Mining, 2013: 252-260.

[23] Xia R K, Pan Y, Du L, et al. Robust multi-view spectral clustering via low-rank and sparse decomposition. Proceedings of the 28th AAAI Conference on Artificial Intelligence, 2014: 2149-2155.

[24] Wang H, Yang Y, Li T R. Multi-view clustering via concept factorization with local manifold regularization. Proceedings of the IEEE 16th International Conference on Data Mining, 2016: 1245-1250.

[25] Nie F P, Li J, Li X L. Parameter-free auto-weighted multiple graph learning: a framework for multiview clustering and semi-supervised classification. Proceedings of the Twenty-fifth International Joint Conference on Artificial Intelligence, 2016: 1881-1887.

[26] Nie F P, Cai G H, Li X L. Multi-view clustering and semi-supervised classification with adaptive neighbours. Proceedings of the 31st AAAI Conference on Artificial Intelligence, 2017: 2408-2414.

[27] Wang H, Yang Y, Liu B. GMC: graph-based multi-view clustering. IEEE Transactions on Knowledge and Data Engineering, 2019, 32(6): 1116-1129.

[28] Zhang X B, Yang Y, Wang H, et al. Deep neural networks with broad views for Parkinson's disease screening. Proceedings of the IEEE International Conference on Bioinformatics and Biomedicine. 2019: 1018-1022.

[29] Arjovsky M, Chintala S, Bottou L. Wasserstein gan. Computer Science, 2017: 214-223.

[30] Xie S N, Girshick R, Dollár P, et al. Aggregated residual transformations for deep neural networks. Proceedings of the IEEE Conference on Computer Vision and Pattern Recognition, 2017: 1492-1500.

[31] Gulli A, Pal S. Deep Learning with Keras. UK: Packt Publishing Ltd, 2017.

[32] Marek K, Jennings D, Lasch S, et al. The parkinson progression marker initiative (PPMI). Progress in Neurobiology, 2011, 95(4): 629-635.

[33] LeCun Y, Bottou L, Bengio Y, et al. Gradient-based learning applied to document recognition. Proceedings of the IEEE, 1998, 86(11): 2278-2324.

[34] Krizhevsky A, Sutskever I, Hinton G E. ImageNet classification with deep convolutional neural networks. Communications of the ACM, 2017, 60(6): 84-90.

[35] He K, Zhang X, Ren S, et al. Deep residual learning for image recognition. Proceedings of the IEEE Conference on Computer Vision and Pattern Recognition, 2016: 770-778.

[36] Huang G, Liu Z, Van Der M L, et al. Densely connected convolutional networks. Proceedings of the IEEE Conference on Computer Vision and Pattern Recognition, 2017: 4700-4708.

[37] 仝航. 基于深度学习的脑电图癫痫检测研究. 成都: 西南交通大学, 2021.

[38] Goldberger A L, Amaral L A, Glass L, et al. Physiobank, PhysioToolkit, and PhysioNet: components of a new research resource for complex physiologic signals. Circulation, 2000, 101(23): e215-e220.

[39] Geng M X, Zhou W D, Liu G Y, et al. Epileptic seizure detection based on stockwell transform and bidirectional long short-term memory. IEEE Transactions on Neural Systems and Rehabilitation Engineering, 2020, 28(3): 573-580.

[40] Yao X H, Cheng Q, Zhang G Q. Automated classification of seizures against nonseizures: a deep learning approach. Computer Science, 2019.

[41] Wei Z C, Zou J Z, Zhang J, et al. Automatic epileptic EEG detection using convolutional neural network with improvements in time-domain. Biomedical Signal Processing and Control, 2019, 53: 101551.1-101551.11.

[42] Huang C B, Chen W T, Cao G T. Automatic epileptic seizure detection via attention-based CNN-BiRNN. Proceedings of the IEEE International Conference on Bioinformatics and Biomedicine, 2015: 2048-2057.